G101 平法钢筋计算精讲 2 ——框架—剪力墙结构案例实战

（第二版）

（全面适应最新 11G101 平法图集）

彭 波 编著

中国建筑工业出版社

图书在版编目（CIP）数据

G101 平法钢筋计算精讲 2——框架—剪力墙结构案例
实战/彭波编著. —2 版 .—北京：中国建筑工业出版
社，2014.4
  ISBN 978-7-112-16448-6

  Ⅰ.①G… Ⅱ.①彭… Ⅲ.①钢筋混凝土结构-结构
计算②框架剪力墙结构-结构计算 Ⅳ.①TU375.01

  中国版本图书馆 CIP 数据核字(2014)第 030691 号

本书为建筑工程造价实战应用图书，以实际工程案例系统讲述钢筋工程量的
计算。全书分为七章，分别讲述桩承台基础、地下室防水底板、框架柱、剪力墙
柱、剪力墙、梁构件、现浇板七大类构件，以《G101》、《G901》系列平法图集
（《11G101-1》、《11G101-2》、《11G101-3》、《13G101-11》、《12G901-1》、《12G901-
2》、《12G901-3》）为基础，详细讲解每类构件中，每种钢筋在各种实际工程情况
下的计算。本书中对每根钢筋的计算不仅有详细的计算过程，还阐述了计算的来
源和依据，帮助读者更好地理解《G101》、《G901》系列平法图集；同时，本书所
有实例工程都附有实际工程中的三维钢筋绑扎效果图，直观易懂。本书通过各类
实例系统地梳理了钢筋工程量计算的知识体系，不仅让读者掌握了具体构件具体
钢筋的计算过程，更重要的是帮助读者建立钢筋工程量计算的系统知识。

本书可作为全国各类大中专院校建筑工程、工程造价、工程管理等相关专业
的预算课程专业工具书；也可作为建筑工程造价人员的参考用书。

* * *

责任编辑：刘 江 范业庶
责任校对：陈晶晶 赵 颖

G101 平法钢筋计算精讲 2
——框架—剪力墙结构案例实战
（第二版）
彭 波 编著

*

中国建筑工业出版社出版、发行（北京西郊百万庄）
各地新华书店、建筑书店经销
北京红光制版公司制版
北京画中画印刷有限公司印刷

*

开本：787×1092 毫米 1/16 印张：20 字数：500 千字
2014 年 6 月第二版 2016 年 8 月第四次印刷
定价：69.00 元
ISBN 978-7-112-16448-6
(25285)

第 二 版 前 言

本书第一版自 2011 年 12 月出版，2012 年 10 月重印更新为适应 11G101 图集的版本。2013 年 7 月，《13G101-11》发行，取代《08G101-11》，本书也随即改版更新。

1. 全面适应最新平法图集

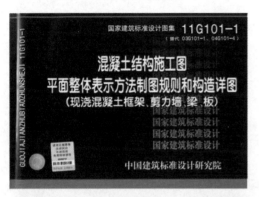

2. 随书附送本实例工程的 CAD 电子图纸

为了方便读者朋友更好地练习此工程，此次改版，随书附送本实例工程的 CAD 电子图纸。

购书后，请到作者网站http：//www.peng-bo.com 进行下载，或者与作者联系获取（作者联系邮箱：706717402@qq.com）。

- (1)-桩承台基础平面图.dwg
- (2)-防水板平面布置图.dwg
- (3)-基础~-0.05m柱及剪力墙平面图.dwg
- (4)-0.05~6.75m柱及剪力墙平面图.dwg
- (5)6.75m以下框柱墙柱配筋图.dwg
- (6)6.75标高以上柱施工图.dwg
- (7)一层梁配筋图(-0.05).dwg
- (8)二层梁配筋图(3.55).dwg
- (9)三层梁配筋图(6.75).dwg
- (10)楼梯间顶梁配筋图(9.65).dwg
- (11)一层板配筋图(-0.05).dwg
- (12)二层板配筋图(3.55).dwg
- (13)三层屋面板及楼梯间顶板配筋图(6.75).dwg

3. 本书是一个完整实例工程，方便综合学习

作者的前两本书《G101 平法钢筋计算精讲》、《平法钢筋识图算量基础教程》均是系统讲解平法钢筋的识图、构造及计算方法。本书则是一个完整的实例工程，方便综合练习。

在本书的编写过程中，感谢以下朋友提供的帮助，他们是：李娴、彭霞琴、蒋秀娥、李楚堂、彭贤坤、李远秀、李晟、黄大伟、吴毅、蔡丹。由于篇幅所限，还有一些为本书提供帮助的朋友未一一列出，一并表示感谢。

授人以鱼，不如授人以渔，本书的精髓在于系统的教学方法和学习方法，望广大读者能从中领会到系统思考的价值。

本书是根据本人对平法图集的理解以及自己的经验编写，能力所限，疏漏之处，请批评指正。

虽然我们已经多次校对，书中仍然有可能出现错误，希望大家谅解。

作者联系邮箱：706717402@qq.com

作者网站：http：//www.peng-bo.com

彭波

2014 年 1 月

第 一 版 前 言

一、本书特点

1. 国内独创：运作多种高科技手段，全楼全构件三维钢筋呈现

本书运用了多种科技手段，书中所有构件全部采用三维钢筋进行呈现，方便读者学习。

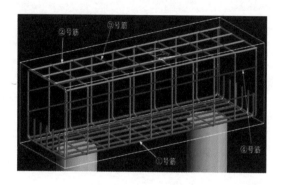

图1 承台三维钢筋

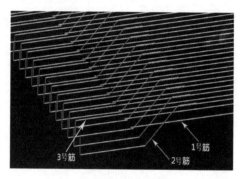

图2 防水底板三维钢筋

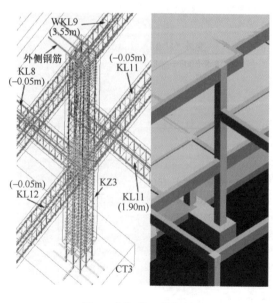

图3 框架柱三维钢筋

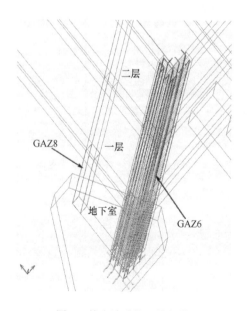

图4 剪力墙暗柱三维钢筋

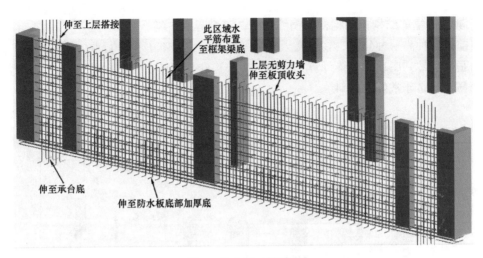

图 5　剪力墙三维钢筋

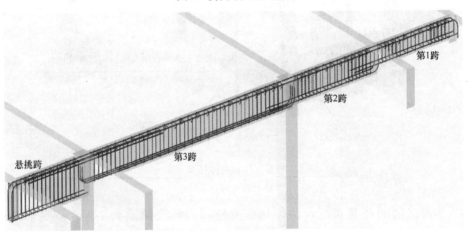

图 6　梁三维钢筋

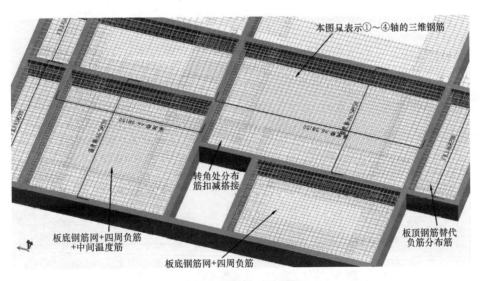

图 7　现浇板三维钢筋

2. 典型的框剪结构相关构件的钢筋计算，符合行业主流

目前，各种高层办公室、住宅楼大多数是框剪结构，本书符合行业主流。同时，是一幢楼从基础构件到屋顶的整体计算，能综合反映构件与构件之间的相互关系。对读者学习平法钢筋计算是非常好的材料。

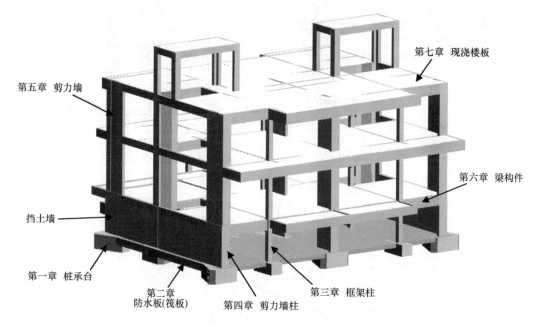

图 8　本书构件体系

体现构件之间的相互关系，例如与框架柱四周相交的梁高不同，则要注意 h_n 的取值：

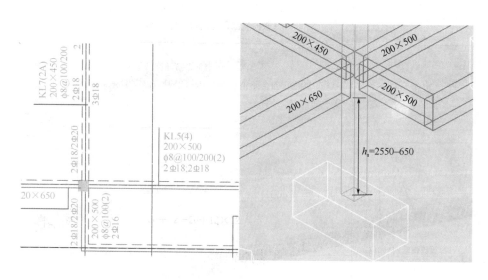

图 9　构件之间的相互关系示例——h_n 取值

3. 所有的钢筋计算，不仅讲解详细计算过程，还标注计算依据，帮助读者举一反三学习

KL7（2A）钢筋计算过程，见表6-2-8。

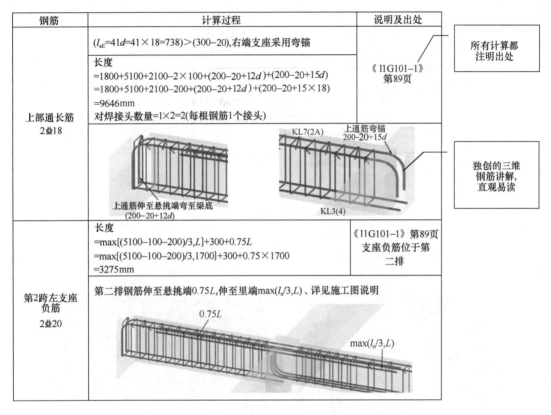

钢筋	计算过程	说明及出处
上部通长筋 2⊕18	(l_{aE}=41d=41×18=738)>(300−20),右端支座采用弯锚	《11G101-1》 第89页
	长度 =1800+5100+2100−2×100+(200−20+12d)+(200−20+15d) =1800+5100+2100−200+(200−20+12d)+(200−20+15×18) =9646mm 对焊接头数量=1×2=2(每根钢筋1个接头)	
第2跨左支座 负筋 2⊕20	**长度** =max[(5100−100−200)/3,L]+300+0.75L =max[(5100−100−200)/3,1700]+300+0.75×1700 =3275mm	《11G101-1》第89页 支座负筋位于第 二排
	第二排钢筋伸至悬挑端0.75L,伸至里端max(l_n/3,L)、详见施工图说明	

（右侧注释框）
- 所有计算都注明出处
- 独创的三维钢筋讲解，直观易读

图10　本书钢筋计算过程讲解示例

4. 系统的平法钢筋算量学习方法总结

每一章的第二节为钢筋详细计算过程，第三节则是该构件的平法学习方法及钢筋总结，引导读者进一步系统学习平法钢筋算量。

图6-3-1　梁钢筋知识体系

图11　平法钢筋学习方法（一）

2. 梁纵筋端支座构造

梁纵筋端支座构造，见表 6-3-1，不同的梁类型，其纵筋在端支座的锚固构造也有所不同，通过这样关联对照，就可以方便记忆和理解，这是本书一直强调的学习方法。表 6-3-1

梁构件种类	钢筋构造		说明及出处
KL	以框架柱为支座(直锚、弯锚)：		《11G101-1》第79页
	平行于剪力墙肢(按LL锚固)： 剪力墙肢		《08G101-11》第51页
	以另一根KL为支座：该支座按L锚固		《08G101-11》第46页

图 11　平法钢筋学习方法（二）

5. 本书是作者彭波的第三部平法钢筋专业图书

本书作者彭波已经连续出版了两部畅销专业图书，本书是彭波的第三部作品。作者具有成熟的平法钢筋专业图书编著经验。

图 12　彭波的前两部图书

图 13　彭波图书获奖

二、重要说明

"授人以鱼，不如授人以渔"，本书在案例实战中融入对平法钢筋知识的系统整理，望广大读者能从中领会到系统思考的价值。

本书是根据本人对平法图集的理解以及自己的经验编写，在具体细节上受作者学识所限，难免有不足之处，请批评指正。

虽然我们已经多次校对，书中仍然有可能出现错误，希望大家谅解。

作者联系邮箱：706717402@QQ.com

作者网站：http：//www.peng-bo.com

2011 年 8 月

目　　录

第一章　桩承台基础

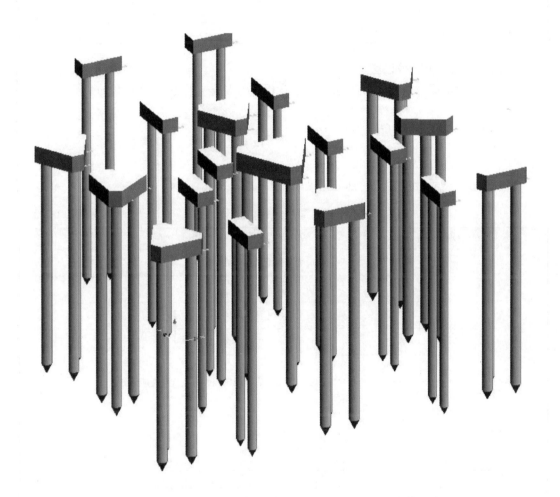

第一节　预应力混凝土管桩

本书的框架-剪力墙结构案例工程采用预应力混凝土管桩，这种桩构件是先制作好，然后在现场沉（锤击、静压）入地基，是一种成品构件，不像现浇构件一样计算钢筋。因此，本书对于预应力混凝土管桩构件，只是对管桩的识图、基本构造，以及桩顶与承台的连接钢筋计算进行描述。

一、预应力混凝土管桩识图及基本构造

1. 预应力混凝土管桩识图及基本构造知识体系
预应力混凝土管桩识图及基本构造知识体系，见表 1-1-1。

预应力混凝土管桩知识体系　　　　　　　　　　表 1-1-1

内　　容		图集《预应力混凝土管桩》03SG409 页码
识图	识图	第 7 页
基本构造	端板及套箍构造	第 15～16、23 页
	桩尖构造	第 24、25 页
	接桩构造	第 21、22、26 页
	桩顶与承台连接构造	第 27、28 页

2. 预应力混凝土管桩识图

（1）预应力混凝土管桩识图方法（图集《预应力混凝土管桩》03SG409）

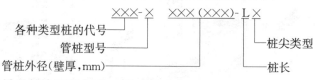

管桩代号、型号及桩尖型的划分，见表 1-1-2。

预应力混凝土管桩代号　　　　　　　　　　表 1-1-2

管桩型号划分		说　　明
管桩代号	PHC	预应力高强混凝土管桩
	PC	预应力混凝土管桩
	PTC	预应力混凝土薄壁管桩
管桩型号	A 型	按桩身混凝土有效预压应力值或抗弯性能划分
	AB 型	
	B 型	
	C 型	
桩尖类型	a	十字型桩尖
	b	开口型桩尖
	其他型式	比如在《川 03G316》图集中 C 表示锥型桩尖

（2）本书案例工程管桩识图

本书案例工程管桩见"结施 1"中的说明第 3 条（见本章施工图所示），是 PHC-A400（90）-12a 桩，这样来识图：

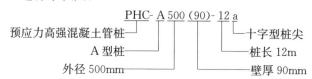

3. 预应力管桩基本构造

预应力管桩基本构造，见表 1-1-3。

预应力混凝土管桩基本构造　　　　　　　　　　　表 1-1-3

基本构造	图集《预应力混凝土管桩》03SG409 页码	实际工程效果
端板及套箍构造	第 15、16、23 页	
桩尖构造	第 24 页：十字桩尖 第 25 页：开口桩尖	
	锥型桩尖	
接桩构造	第 21、22 页：机械连接	
	第 26 页：焊接	
桩顶与承台连接构造	第 27、28 页	

二、桩顶与承台的连接钢筋计算

本书案例工程按不截桩考虑，根据桩型号应该查图集《预应力混凝土管桩》03SG409第28页。

1. 图集构造要求（《预应力混凝土管桩》03SG409 第28页）

图集构造要求，见图 1-1-1。

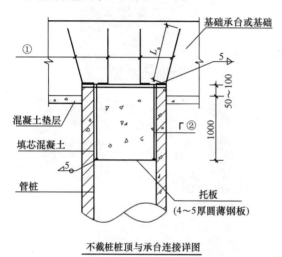

配 筋 表

管桩类型	外径(mm)	配 筋 ①	②
PHC桩及PC桩	φ300	4Φ16	4φ100
	φ400	4Φ20	4φ10
	φ500	6Φ18	4φ10
	φ550	6Φ18	4φ10
	φ600	6Φ20	4φ10
	φ800	6Φ20	4φ10
	φ1000	8Φ20	6φ10
PTC桩	φ300	4Φ16	4φ10
	φ350	4Φ16	4φ10
	φ400	4Φ18	4φ10
	φ450	4Φ18	4φ10
	φ500	6Φ18	4φ10

图 1-1-1 桩与承台的连接

2. 桩顶与承台的连接钢筋计算过程

桩顶与承台的连接钢筋计算过程，见表 1-1-4。

桩与承台连接钢筋计算　　　　　　　　表 1-1-4

计 算 参 数		
l_a	HPB300级钢筋：24d　HRB335级钢筋：30d	本工程桩填芯混凝土及承台混凝土强度等级为C30，查图集《12G901-3》第1-3页得到 l_a 的值
钢筋规格	①号筋：4Φ20　②号筋：4Φ10	见图 1-1-1
	计算过程	结果分析或说明
①号筋	长度=90+30×20=690mm　根数=4根	本工程管桩壁厚90mm，所以钢筋的弯折段为90mm。
②号筋	长度=1000+100+90=1190mm　根数=4根	②号筋的长度中的100mm，是指桩顶伸入承台的高度
钢筋施工效果		

第二节 桩承台钢筋计算

一、钢筋计算参数

1. 钢筋计算参数

CT1、CT2 是等边三桩承台，钢筋计算参数，见表 1-2-1。

承 台 计 算 参 数   表 1-2-1

参　数	值	说　明
承台钢筋端部保护层厚度	40mm	图集《11G101-3》第 55 页
承台底部保护层厚度	50mm	图集《11G101-3》第 85 页
承台侧面保护层厚度	40mm	图集《11G101-3》第 55 页
上部钢筋顶面保护层厚度	40mm	图集《11G101-3》第 55 页
分布筋	本实例未标注分布筋，不计算分布筋	
钢筋端部构造	按图计算，弯折200mm	

2. 钢筋计算简图

CT1、CT2 钢筋计算简图，见图 1-2-1。本例施工图上未注明承台钢筋的布置方式及间距（见本章施工图），此处按间距 100mm 布置，具体详见"计算结果分析"。

二、钢筋计算过程

1. CT1 钢筋计算过程

CT1 是等边三桩承台，我们只需计算任何一条边方向的钢筋即可，计算过程见表 1-2-2。

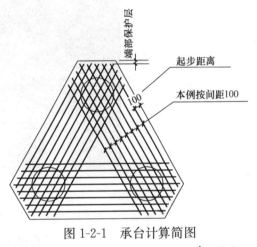

图 1-2-1 承台计算简图

CT1 钢筋计算过程   表 1-2-2

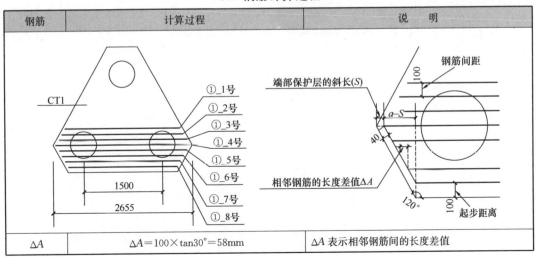

钢筋	计算过程	说　明
ΔA	$\Delta A = 100 \times \tan 30° = 58\text{mm}$	ΔA 表示相邻钢筋间的长度差值

5

续表

钢筋	计 算 过 程	说　明
①_4号筋	端部保护层厚度的斜长 $s=\cos30°/40=46$mm 钢筋长度$=A+2a+2$（$a-46$）$+2×$弯折 　　　　$=1500+2×289+2×$（$289-46$）$+2$ 　　　　$×200$ 　　　　$=2964$mm	①_4号筋位于桩中心线位置，端部弯折长度200mm 　其中，$A+2a+2$（$a-s$）是①_4号筋的直段长$=2564$mm
①_5号筋 ①_3号筋	钢筋长度$=2564-2×\Delta A+2×$弯折 　　　　$=2564-2×58+2×200$ 　　　　$=2848$mm	相邻钢筋间相差 ΔA 直段长$=2564-2×58=2448$mm
①_6号筋 ①_2号筋	钢筋长度$=2448-2×\Delta A+2×$弯折 　　　　$=2448-2×58+2×200$ 　　　　$=2732$mm	相邻钢筋间相差 ΔA 直段长$=2448-2×58=2332$mm
①_7号筋 ①_1号筋	钢筋长度$=2332-2×\Delta A+2×$弯折 　　　　$=2332-2×58+2×200$ 　　　　$=2616$mm	相邻钢筋间相差 ΔA 直段长$=2332-2×58=2216$mm
①_8号筋	钢筋长度$=2216-2×\Delta A+2×$弯折 　　　　$=2216-2×58+2×200$ 　　　　$=2500$mm	

CT1 钢筋三维效果：

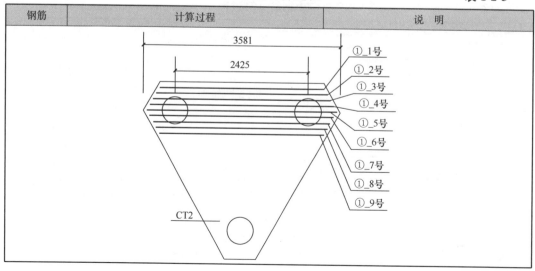

2. CT2 钢筋计算过程

CT2 是等边三桩承台，我们只需计算任何一条边方向的钢筋即可，计算过程见表 1-2-3。

CT2 钢筋计算过程　　　　　　　　　　　　　　　　　　　　　　表 1-2-3

钢筋	计 算 过 程	说　明

续表

钢筋	计算过程	说　明
ΔA	$\Delta A = 100\tan30° = 58\text{mm}$	ΔA、s、起步距离等参数同 CT1
①_5 号筋	端部保护层厚度的斜长 $s = \cos30°/40 = 46\text{mm}$ 钢筋长度 $= A + 2a + 2(a-s) + 2 \times$ 弯折 $= 2425 + 2 \times 289 + 2 \times (289-46) + 2 \times 200$ $= 3889\text{mm}$	① _5 号筋位于桩中心线位置，端部弯折长度 200mm 直段长 $= 2425 + 2 \times 289 + 2 \times (289-46)$ $= 3489\text{mm}$
①_4 号筋 ①_6 号筋	钢筋长度 $= 3489 - 2 \times \Delta A + 2 \times$ 弯折 $= 3489 - 2 \times 58 + 2 \times 200$ $= 3773\text{mm}$	相邻钢筋间相差 ΔA 直段长 $= 3489 - 2 \times 58 = 3373\text{mm}$
①_3 号筋 ①_7 号筋	钢筋长度 $= 3373 - 2 \times \Delta A + 2 \times$ 弯折 $= 3373 - 2 \times 58 + 2 \times 200$ $= 3657\text{mm}$	相邻钢筋间相差 ΔA 直段长 $= 3373 - 2 \times 58 = 3257\text{mm}$
①_2 号筋 ①_8 号筋	钢筋长度 $= 3257 - 2 \times \Delta A + 2 \times$ 弯折 $= 3257 - 2 \times 58 + 2 \times 200$ $= 3541\text{mm}$	相邻钢筋间相差 ΔA 直段长 $= 3257 - 2 \times 58 = 3141\text{mm}$
①_9 号筋 ①_1 号筋	钢筋长度 $= 3141 - 2 \times \Delta A + 2 \times$ 弯折 $= 3141 - 2 \times 58 + 2 \times 200$ $= 3425\text{mm}$	

CT2 钢筋三维效果：

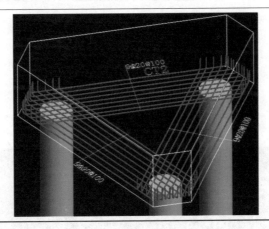

3. CT3 钢筋计算过程

CT3 钢筋计算过程，见表 1-2-4。

CT3 钢筋计算过程　　　　　　　　　　　　表 1-2-4

钢筋	计算过程	说　明
①号筋	长度 $= A + 2a - 2 \times 40 + 2 \times 200$ $= 1500 + 2 \times 400 - 2 \times 40 + 2 \times 200$ $= 2620\text{mm}$	端部保护层厚度 40mm 端部按施工图弯折 200mm
①号筋三维效果：		

续表

钢筋	计算过程	说　明
②号筋	长度＝A＋2a－2×40 ＝1500＋2×400－2×40 ＝2220mm	端部保护层厚度 40mm

②号筋三维效果：

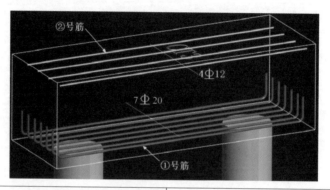

| ③号筋 | 长度＝2×[(800－2×40)＋(700－40－50)]－4×10＋2×11.9×10＝2858mm
本例中，箍筋按中心线计算，上式中"－4×10"是指算至箍筋中心线 | 侧面保护层厚度 40mm
纵筋顶面保护层厚度 40mm
底部保护层厚度 50mm |
| | 根数＝(1500＋2×400－2×50)/250＋1＝10 根 | 起步距离按 50mm 计算，若根数不为整数，按"向上取整" |

③号筋三维效果：

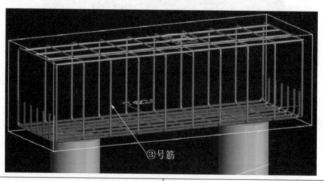

| ④号筋 | 长度＝A＋2a－2×40
＝1500＋2×400－2×40
＝2220mm | 端部保护层厚度 40mm |

④号筋三维效果：

4. CT4 钢筋计算过程

CT4 钢筋计算过程，见表1-2-5。

CT4 钢筋计算过程　　　　　　　　　　　　　　表 1-2-5

钢筋	计算过程	说　明
①号筋	长度＝$A+2a-2\times40+2\times200$ 　　　＝$1200+2\times400-2\times40+2\times200$ 　　　＝2320mm	端部保护层厚度 40mm
②号筋	长度＝$A+2a-2\times40$ 　　　＝$1200+2\times400-2\times40$ 　　　＝1920mm	端部保护层厚度 40mm
③号筋	长度＝$2\times[(800-2\times40)+(700-40-50)]-4\times10$ 　　　$+2\times11.9\times10=12858$mm 本例中，箍筋按中心线计算，上式中"$-4\times10$"是指算至箍筋中心线	侧面保护层厚度 40mm 顶面保护层厚度 40mm 底面保护层厚度 50mm
	根数＝$(1200+2\times400-2\times50)/250+1=9$根	起步距离按 50mm 计算，若根数不为整数，按"向上取整"
④号筋	长度＝$A+2a-2\times40$ 　　　＝$1200+2\times400-2\times40$ 　　　＝1920mm	端部保护层厚度 40mm

CT4 钢筋三维效果：

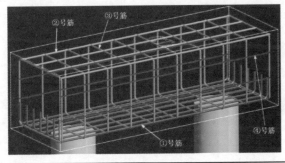

5. 桩承台整体效果图及钢筋汇总

（1）桩承台整体效果

本实例工程桩及承台整体效果图，见图1-2-2。

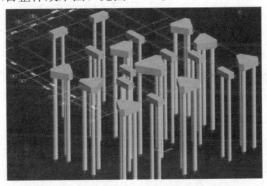

图 1-2-2　桩与承台整体效果

（2）桩承台钢筋汇总

本实例工程桩承台钢筋汇总，见表1-2-6。

9

桩承台钢筋汇总

表 1-2-6

构件名称	钢筋名称	钢筋规格	长度(m)	线密度(kg/m)	单根重(kg)	根数	单个构件钢筋总重(kg)	构件数量	所有构件钢筋总重(kg)	小计(kg)
CT1	①_1号筋	3×1Φ18	2.61	1.998	5.215	3	15.644	8	125.155	1047.463
	①_2号筋	3×1Φ18	2.732	1.459	5.459	3	16.376	8	131.005	
	①_3号筋	3×1Φ18	2.848	1.998	5.690	3	17.071	8	136.567	
	①_4号筋	3×1Φ18	2.964	1.998	5.922	3	17.766	8	142.130	
	①_5号筋	3×1Φ18	2.848	1.998	5.690	3	17.071	8	136.567	
	①_6号筋	3×1Φ18	2.732	1.998	5.459	3	16.376	8	131.005	
	①_7号筋	3×1Φ18	2.61	1.998	5.215	3	15.644	8	125.155	
	①_8号筋	3×1Φ18	2.5	1.998	4.995	3	15.985	8	119.880	
CT2	①_1号筋	3×1Φ20	3.425	2.466	8.446	3	25.338	1	25.338	241.774
	①_2号筋	3×1Φ20	3.541	2.466	8.732	3	26.196	1	26.196	
	①_3号筋	3×1Φ20	3.657	2.466	9.018	3	27.054	1	27.054	
	①_4号筋	3×1Φ20	3.773	2.466	9.304	3	27.913	1	27.913	
	①_5号筋	3×1Φ20	3.889	2.466	9.590	3	28.771	1	28.771	
	①_6号筋	3×1Φ20	3.773	2.456	9.304	3	27.913	1	27.913	
	①_7号筋	3×1Φ20	3.657	2.466	9.018	3	27.054	1	27.054	
	①_8号筋	3×1Φ20	3.541	2.466	8.732	3	26.196	1	26.196	
	①_9号筋	3×1Φ20	3.425	2.466	8.446	3	25.338	1	25.338	
CT3	①号筋	7Φ20	2.62	2.466	6.461	7	45.226	2	90.453	162.946
	②号筋	4Φ12	2.22	0.888	1.971	4	7.885	2	15.771	
	③号筋	Φ10@250(2)	2.858	0.617	1.763	10	17.634	2	35.268	
	④号筋	4Φ14	2.22	1.208	2.682	4	10.727	2	21.454	
CT4	①号筋	7Φ18	2.32	1.998	4.635	7	32.448	8	259.580	515.322
	②号筋	4Φ12	1.92	0.888	1.705	4	6.820	8	54.559	
	③号筋	Φ10@250(2)	2.858	0.617	1.763	9	15.870	8	126.964	
	④号筋	4Φ14	1.92	1.208	2.319	4	9.277	8	74.220	
合计										1967.505

第三节　桩承台钢筋总结

一、桩承台钢筋知识体系

桩承台钢筋的知识体系，见图 1-3-1。本书将平法钢筋识图算量的学习方法总结为"系统梳理"和"关联对照"，这也是本书的精髓所在，请读者多加理解。

"系统梳理"就是将某类构件的钢筋相关构造进行梳理，例如，我们将桩承台的钢筋构造梳理为"四周保护层厚度"、"钢筋布置方式"、"钢筋锚固"三点，也就是将平法图集上的内容进行分类归纳。

"关联对照"就是将相关的构件，或相关的图集规范进行对照理解。例如，我们对照行业标准《建筑桩基技术规范》JGJ 94—2008、国家标准图集《桩基承台》06SG812、图集《12G901-3》和最新《11G101-3》来理解桩承台的相关内容。

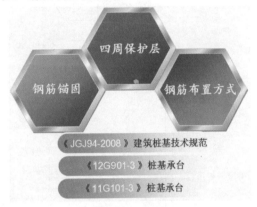

图 1-3-1　桩承台知识体系

二、桩承台的形状类型

桩承台的形状类型，见表 1-3-1。

桩 承 台 类 型　　　　　　　　　　　　　　　表 1-3-1

形状类型	图　例	钢筋骨架	相关图集页码
矩形承台	CT6—5 −6.250	底部钢筋网	《11G101-3》第 85 页
排桩承台（承台梁）	CT2-3 −7.950	上、下部纵筋 箍筋 侧部钢筋	《11G101-3》第 90 页

续表

形状类型	图 例	钢筋骨架	相关图集页码
等边三桩承台	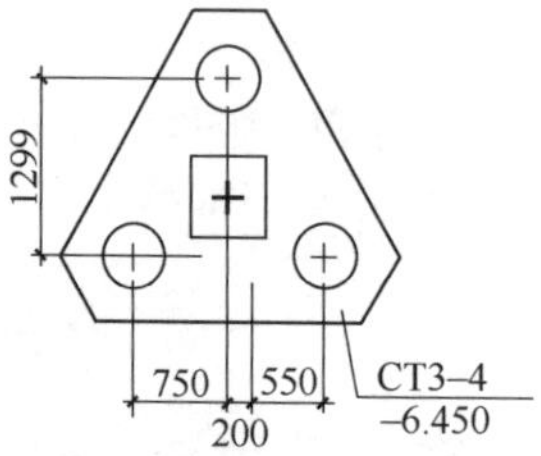	底部钢筋网,按三向板带均匀布置	《11G101-3》第 86 页
等腰三桩承台	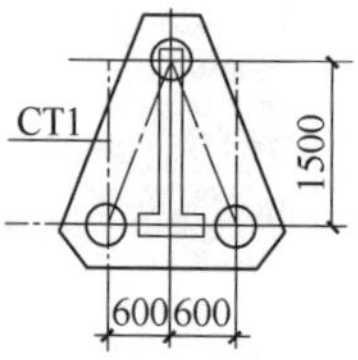	底部钢筋网,按三向板带均匀布置	《11G101-3》第 87 页
异形承台	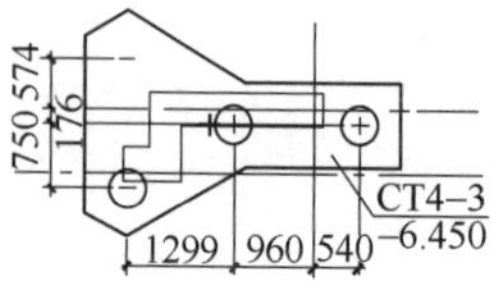	施工图具体设计	施工图具体设计

三、桩承台四周混凝土保护层厚度

桩承台四周混凝土保护层厚度,见表 1-3-2。

桩承台四周混凝土保护层厚度

表 1-3-2

部 位	保护层厚度	图集相关页码
底部保护层厚度	桩径＜800mm:50mm 桩径≥800mm:100mm	《11G101-3》第 85 页
端部保护层厚度	40mm	《11G101-3》第 55 页
侧面保护层厚度	40mm	《11G101-3》第 55 页
顶面保护层厚度	40mm	《11G101-3》第 55 页

续表

部　　位	保护层厚度	图集相关页码
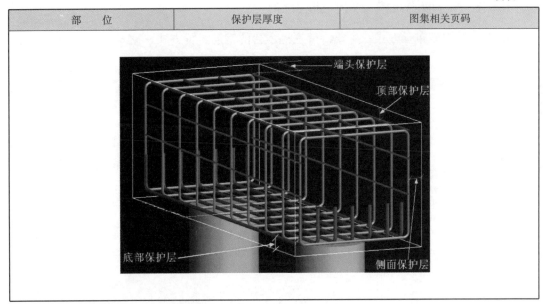		

四、桩承台受力钢筋锚固

桩承台受力钢筋的锚固，见表 1-3-3。

桩承台受力钢筋锚固　　　　　　　　　　　　　　表 1-3-3

承台类型	受力筋锚固方式	图集相关页码
矩形承台 二桩承台	直锚：伸至端部 弯锚：伸至端部弯折 10d（直段长满足下图要求） 方桩：≥25d 圆桩：≥25d+0.1D（D为圆桩直径） （当伸至端直段长度≥35d时不设弯段） X向钢筋 Y向钢筋 10d 100	《11G101-3》第 85 页 《12G901-3》第 4-1、4-2、4-3 页 《06SG812》第 2 页 《JGJ94-2008》第 13 页
三桩承台	直锚：伸至端部 弯锚：伸至端部弯折 10d（直段长满足下图要求） 方桩：≥25d 圆桩：≥25d+0.1D（D为圆桩直径） （当伸至端直段长度≥35d时不设弯段） ①　① ① 10d 100	《11G101-3》第 86、87 页 《12G901-3》第 4-4 页 《12G901-3》第 4-5 页
异形承台	施工图具体设计	

五、桩承台钢筋布置方式（三桩承台）

桩承台的钢筋布置方式，主要讲解三桩承台的钢筋布置方式，见表1-3-4。

三桩承台钢筋布置方式　　　　　　　　　　　　　　　表 1-3-4

布置方式	示 意 图	图集相关页码
国标规范图集： 三桩承台最里侧的三根钢筋围成的三角形应在柱截面范围内	最里面三根钢筋围成的三角形应在柱截面范围内	《06SG812》第9、16页 《JGJ94-2008》第13页
G901图集： 三桩承台最里侧的三根钢筋围成的三角形应在柱截面范围内； 三个方向受力未交叉处布置分布筋	最里面三根钢筋围成的三角形应在柱截面范围内　分布筋	《12G901-3》第4-4、4-5页
某些地方图集： ①号筋均匀布置在与桩直径等宽的桩间板带内 ②号筋叠置在①号筋上面	②号筋叠置在①号筋上面　①号筋均匀布置在与桩直径等宽的桩间板带内	比如： 《2004浙G24》第1-15页
本书实例工程： 本书实例工程中，承台中间不是独立柱，无法满足"最里侧三根钢筋围成的三角形在柱截面范围内"	起步距离　最后一根钢筋超过桩径范围　100	因此，本例参照相关图集，钢筋从承台边100mm起步，均匀布置，最后一根钢筋超过桩径范围

本章施工图：桩承台基础平面布置图

承台大样表：

项目 编号	承台尺寸			承台高度 H	承台配筋		
	a	l	B		①	②	③
CT1	289	1500	1299	800	3X8 Φ18	4Φ12	Φ10@250(2)
CT2	289	2425	2100	900	3X9 Φ20	4Φ12	Φ10@250(2)
CT3	400	1500	1500	700	7Φ18	4Φ14	4Φ14
CT4	400	1200	1200	700	7Φ20	4Φ14	4Φ14

桩承台基础平面布置图

说明：

1. 本工程基础根据建设单位委托的XXXXX勘察设计研究院设计部所设计院有限公司2010年10月提供的《XXXXXX场地详细勘察报告书》进行设计。

2. 本工程采用先张法预应力混凝土管桩基础，按图《建筑地基基础设计规范》(GB 50007-2002)进行设计，桩端持力层为中密卵石层，桩端土极限端阻力标准值q_{pa}=8000kPa。

3. 桩和承台选用《预应力混凝土管桩基础图集》(03SG409)，选用预应力高强混凝土管桩 (PHC-A500Q90-12a)，管桩型号为A型，管桩外径为：500mm。本设计采用单桩承载力特征值为：R_a=900kN。

4. 承台混凝土C30。

15

本章附图：彭波讲座照片、承台钢筋施工现场照片欣赏

附图 1-1　彭波平法讲座

附图 1-2　二桩梁式承台钢筋

附图 1-3　矩形承台钢筋

附图 1-4　三桩承台钢筋

附图 1-5　三桩承台模板

附图 1-6　承台钢筋施工牌

第二章　地下室防水底板

第一节　认识地下室防水底板

一、建筑工程基础类型

建筑工程中常见的基础类型有以下几种。

1. 独立基础

独立基础一般用于框架结构中，又称为独立柱基，见图 2-1-1。独立基础钢筋效果，见图 2-1-2。

图 2-1-1　独立基础

图 2-1-2　独立基础钢筋

2. 条形基础

条形基础一般用于砖混结构中，条形基础又分为两种：

（1）混凝土条形基础＋大放脚砖基（图2-1-3、图2-1-4）

图2-1-3　混凝土条形基础＋大放脚砖基（1）　　图2-1-4　混凝土条形基础＋大放脚砖基（2）

（2）混凝土条形基础＋基础梁（见图2-1-5）

图2-1-5　混凝土条形基础＋基础梁

3. 筏形基础

筏形基础一般用于高层框架、框架-剪力墙、剪力墙结构中，筏形基础分为梁板式筏形基础和平板式筏形基础。

（1）平板式筏形基础

平板式筏形基础，见图2-1-6。

图2-1-6　平板式筏形基础

平板式筏形基础钢筋，见图 2-1-7、图 2-1-8。

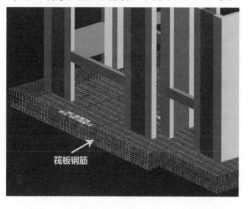
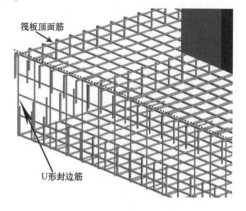

图 2-1-7　平板式筏形基础钢筋　　　图 2-1-8　平板式筏形基础钢筋大样

（2）梁板式筏形基础

梁板式筏形基础，见图 2-1-9。

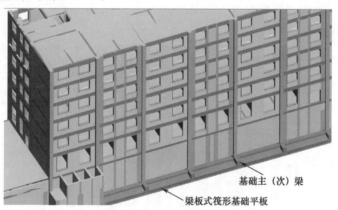

图 2-1-9　梁板式筏形基础

梁板式筏形基础钢筋，见图 2-1-10。

4. 桩承台基础

桩承台基础，见图 2-1-11。

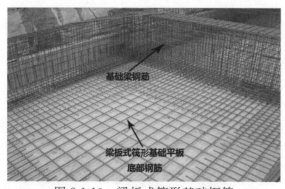

图 2-1-10　梁板式筏形基础钢筋　　　图 2-1-11　桩承台基础

二、认识地下室防水底板

在上述的独立基础、条形基础、筏形基础、桩承台基础中,什么时候会用到地下室防水底板呢? 既然叫"地下室防水底板",主要就是看工程是否有地下室,归纳起来见表 2-1-1。

基础类型与地下室防水底板　　　　　　　　表 2-1-1

基 础 类 型	地 下 室 底 板
独立基础	如果有地下室,就需要地下室防水底板
条形基础	采用条形基础的多层建筑一般没有地下室
筏形基础	筏板用作地下室底板
桩承台基础	如果有地下室,就需要地下室防水底板

从表 2-1-1 中可以看出,"地下室防水底板"就是在工程中有地下室,且又没采用筏形基础,就需要在独立基础和桩承台之间设置"地下室防水底板"。

地下室防水底板,见图 2-1-12。

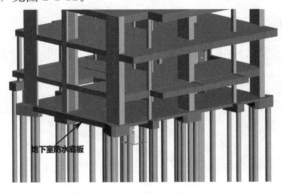

图 2-1-12　地下室防水底板

第二节　地下室防水底板钢筋计算

一、钢筋计算参数

1. 钢筋计算参数

地下室防水底板钢筋计算参数,见表 2-2-1。

地下室防水底板钢筋计算参数　　　　　　　　表 2-2-1

参　　数	值	说明及出处
顶部钢筋保护层厚度	40mm	《11G101-3》第 55 页
底部钢筋保护层厚度	40mm	《11G101-3》第 55 页
钢筋端头保护层厚度	40mm	参照底部钢筋保护层厚度

续表

参　数	值	说明及出处
l_a	$l_a = 1 \times l_{ab} = 29d$	《11G101-3》第 54 页
l_1	$1.4l_a$	《11G101-1》第 56 页 本例中，接头面积百分率按 50％取
边缘起步距离	$\min\ (75,\ s/2)$	关于边缘起步距离图集上无明确描述，本书参照《11G101-3》第 60 页独立基础取值
钢筋连接方式	绑扎搭接	
定尺长度	9000mm	

2. 钢筋计算简图

（1）X 向底部钢筋计算简图

X 向底部钢筋计算简图，见图 2-2-1。

（2）X 向顶部钢筋计算简图

X 向顶部钢筋计算简图，见图 2-2-2。

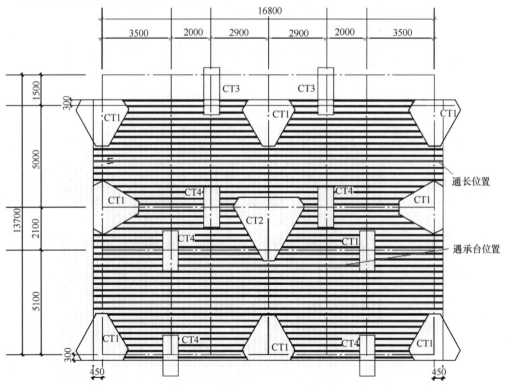

图 2-2-1　X 向底部钢筋计算简图

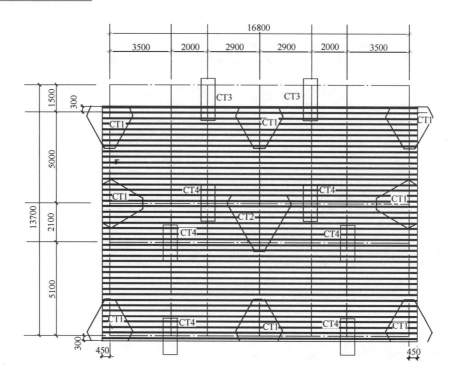

图 2-2-2　X 向顶部钢筋计算简图

（3）Y 向底部钢筋计算简图

Y 向底部钢筋计算简图，见图 2-2-3。

（4）Y 向顶部钢筋计算简图

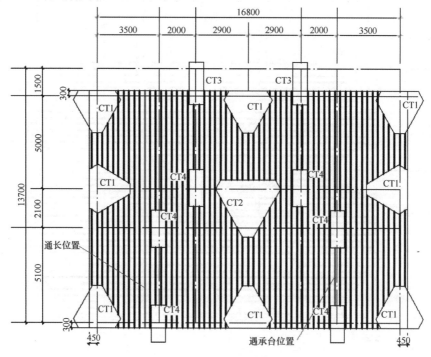

图 2-2-3　Y 向底部钢筋计算简图

Y向顶部钢筋计算简图，见图2-2-4。

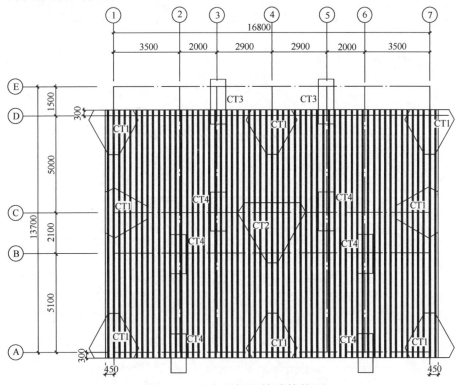

图 2-2-4　Y向顶部钢筋计算简图

二、钢筋计算过程

1. X向钢筋计算

（1）X向钢筋计算过程

X向钢筋计算过程，见表2-2-2。

X向钢筋计算过程　　　　　　　　　　　　　　　　　　　表 2-2-2

钢筋	计算过程	说　明
	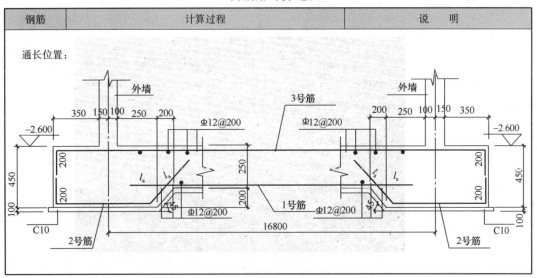	

续表

钢筋	计算过程	说　明
1 号筋 Φ12@200	长度＝16800－2×（100＋250＋200）＋2×29d ＝16800－2×（100＋250＋200）＋2×29×12 ＝16396mm 搭接长度＝1.4×29×12 ＝487mm 1 号筋总长度＝16393＋487 ＝169883mm	1）定尺长度9000mm，搭接1次 2）底部有高差时的构造可参见《11G101-3》第83页板底有高差构造
2 号筋 Φ12@200	长度＝350＋250＋250－2×40＋$\sqrt{200^2+200^2}$＋29d＋200 ＝350＋250＋250－2×40＋$\sqrt{200^2+200^2}$＋29×12＋200 ＝1601mm	底部有高差时的构造可参见《11G101-3》第83页板底有高差构造
3 号筋 Φ12@200	长度＝16800＋2×100＋2×350－2×40＋2×200 ＝18020mm 搭接长度＝1.4×29×12 ＝487mm 3 号筋总长度＝18020＋487 ＝18507mm	1）定尺长度9000mm，搭接1次 2）底部有高差时的构造可参见《11G101-3》第83页板底有高差构造
钢筋效果图		

续表

钢筋	计算过程	说　明
	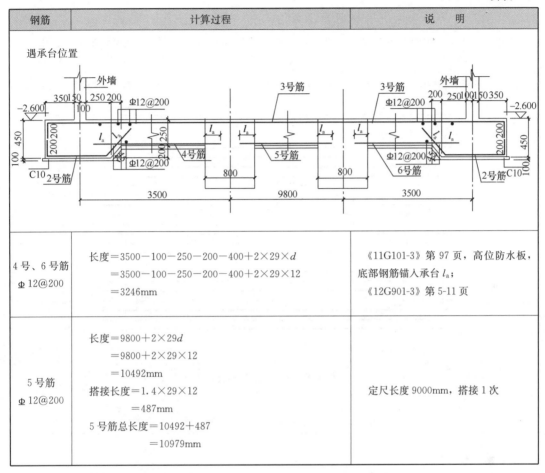	
4号、6号筋 Φ12@200	长度＝3500－100－250－200－400＋2×29×d 　　＝3500－100－250－200－400＋2×29×12 　　＝3246mm	《11G101-3》第97页，高位防水板， 底部钢筋锚入承台 l_a； 《12G901-3》第5-11页
5号筋 Φ12@200	长度＝9800＋2×29d 　　＝9800＋2×29×12 　　＝10492mm 搭接长度＝1.4×29×12 　　＝487mm 5号筋总长度＝10492＋487 　　＝10979mm	定尺长度9000mm，搭接1次

（2）X向钢筋计算结果分析

X向钢筋计算结果分析，见表2-2-3。

X向钢筋计算结果分析　　　　　　　　　　　　　　表2-2-3

序号	项　目　及　分　析
	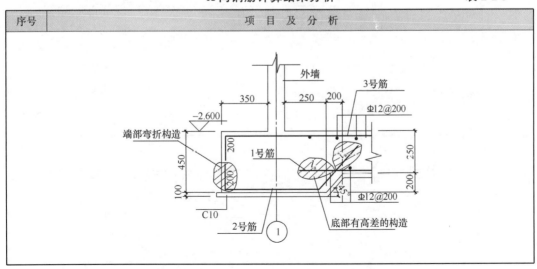

续表

序号	项·目 及 分 析
1)	1号钢筋、3号钢筋端部弯折，本例中，按施工图实际标注的200mm计算。参见本书第34页施工图。 在《11G101-3》第84页，关于筏板边缘封边构造，一共有两种构造，本例直接按施工图，不再计算封边。
2)	底部有高差时，1号、2号钢筋的锚固构造，本例中，按施工标注的 l_a 进行计算。相关图集依据可参考 《11G101-3》第83页
	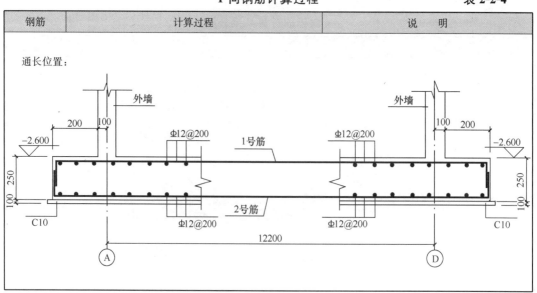
3)	X向底部钢筋与承台的关系： 根据《11G101-3》第97页，高位防水板，底部钢筋在承台内锚固 l_a
4)	X向顶部钢筋与承台的关系： 根据《11G101-3》第97页、《12G901-3》5-11页，高位防水板，顶部钢筋贯通承台

2. Y向钢筋计算

Y向钢筋计算过程，见表2-2-4。

Y向钢筋计算过程

表2-2-4

钢筋	计算过程	说 明

钢筋	计算过程	说　明
1号筋 $\Phi 12@200$	长度＝12200＋2×300－2×40＋2×（250－2× 　　40）/2 　　　＋75 　　＝12200＋2×300－2×40＋2×（250－2× 　　40）/2 　　　＋75 　　＝13040mm 搭接长度＝1.4×29×12 　　　　＝487mm 1号筋总长度＝13040＋487 　　　　　　＝13527mm	1) 定尺长度9000mm，搭接1次 2) 端部按《11G901-3》第84页，底部与顶部钢筋交叉搭接150mm
2号筋 $\Phi 12@200$	长度＝12200＋2×300－2×40＋2×（250－2× 　　40）/2＋75 　　＝12200＋2×300－2×40＋2×（250－2× 　　40）/2＋75 　　＝13040mm 搭接长度＝1.4×29×12 　　　　＝487mm 2号筋总长度＝13040＋487 　　　　　　＝13527mm	

通承台位置：

| 3号筋
$\Phi 12@200$ | 长度＝5100－850－1050＋2×29d
　　＝5100－850－1050＋2×29×12
　　＝3896mm | 《11G101-3》第97页，高位防水板，底部钢筋锚入承台 l_a
《12G901-3》第5-11页 |

续表

钢筋	计算过程	说　明
三维钢筋效果图	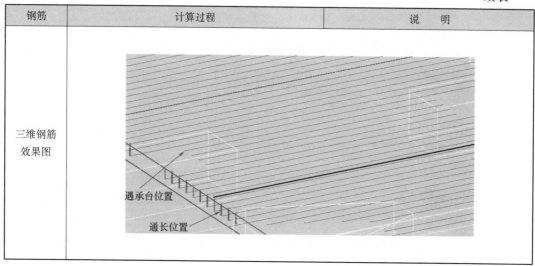 遇承台位置　通长位置	

3. 支撑钢筋（马凳筋）计算

支撑钢筋（马凳筋）计算过程，见表 2-2-5。

支撑钢筋（马凳筋）计算过程　　　　　　　　　　　　表 2-2-5

钢筋	计算过程	说　明
	施工图上未说明地下室防水底板支撑钢筋的规格，本例按 $\Phi 10@1200 \times 200$ 梅花形布置	
	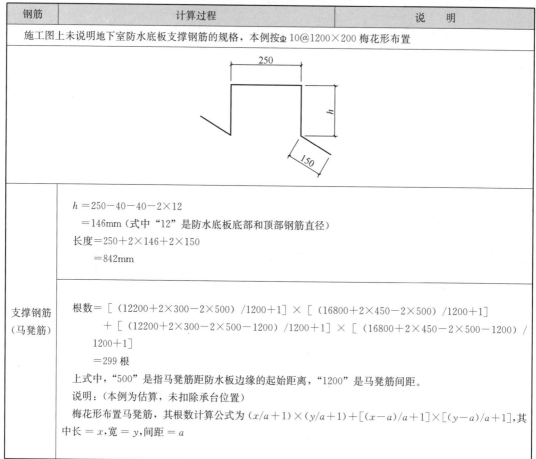	
支撑钢筋（马凳筋）	$h = 250 - 40 - 40 - 2 \times 12$ $\quad = 146$mm（式中"12"是防水底板底部和顶部钢筋直径） 长度 $= 250 + 2 \times 146 + 2 \times 150$ $\quad = 842$mm	
	根数 $= [(12200 + 2 \times 300 - 2 \times 500)/1200 + 1] \times [(16800 + 2 \times 450 - 2 \times 500)/1200 + 1]$ $\quad + [(12200 + 2 \times 300 - 2 \times 500 - 1200)/1200 + 1] \times [(16800 + 2 \times 450 - 2 \times 500 - 1200)/1200 + 1]$ $\quad = 299$ 根 上式中，"500"是指马凳筋距防水板边缘的起始距离，"1200"是马凳筋间距。 说明：（本例为估算，未扣除承台位置） 梅花形布置马凳筋，其根数计算公式为 $(x/a+1) \times (y/a+1) + [(x-a)/a+1] \times [(y-a)/a+1]$，其中长 $= x$，宽 $= y$，间距 $= a$	

续表

钢筋	计算过程	说　明

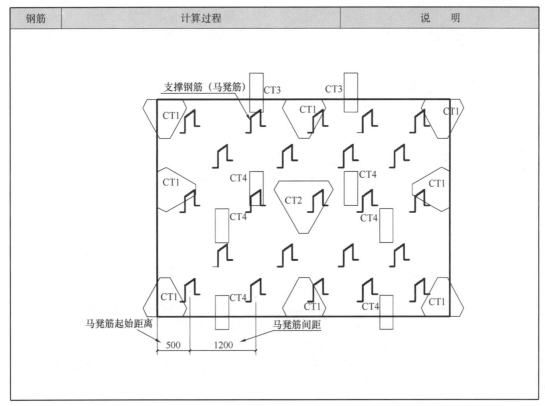

第三节　地下室防水板总结

一、地下室防水底板钢筋知识体系

地下室防水底板钢筋的知识体系，见图 2-3-1。本书将平法钢筋识图算量的学习方法总结为"系统梳理"和"关联对照"，这也是本书的精髓所在，请读者多加理解。

"系统梳理"就是将某类构件的钢筋相关构造进行梳理，例如，我们将地下室防水底

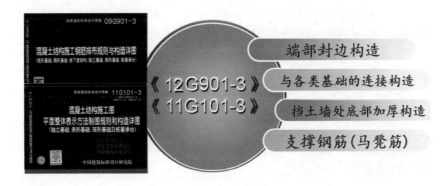

图 2-3-1　地下室防水底板钢筋知识体系

板的钢筋构造梳理为"端部封边构造"、"挡土墙处底部加厚构造"、"与各类基础的连接构造"、"支撑钢筋（马凳筋）"四点，也就是将平法图集上的内容进行分类归纳。

"关联对照"就是将相关的构件，或相关的图集规范进行对照理解。例如，我们对照《12G901-3》、《11G101-3》来理解桩承台的相关内容。

二、端部封边构造

地下室防水底板端部封边构造，见表 2-3-1。

地下室防水底板　　　　　　　　　　　　　　　　　　　表 2-3-1

序号	构　造　做　法	相关图集出处
1	纵筋弯钩交错封边 底部与顶部纵筋 弯钩交错150	《12G901-3》第 3-43 页 《11G101-3》第 84 页
2	无封边构造 $12d$ $12d$	《12G901-3》第 3-43 页 《11G101-3》第 84 页
3	U 形筋构造封边方式 $\max(15d,200)$ $12d$ $12d$ $\max(15d,200)$	《12G901-3》第 3-43 页 《11G101-3》第 84 页

三、挡土墙处底部加厚构造

挡土墙处底部加厚构造，见表 2-3-2。

挡土墙处底部加厚构造　　　　　　　　　　　　　　表 2-3-2

序号	构　造　做　法	相关图集出处

地下室防水底板在挡土墙处有底部加厚的构造，这其中包含两个构造，一是端部弯折构造，二是底部有高差的构造

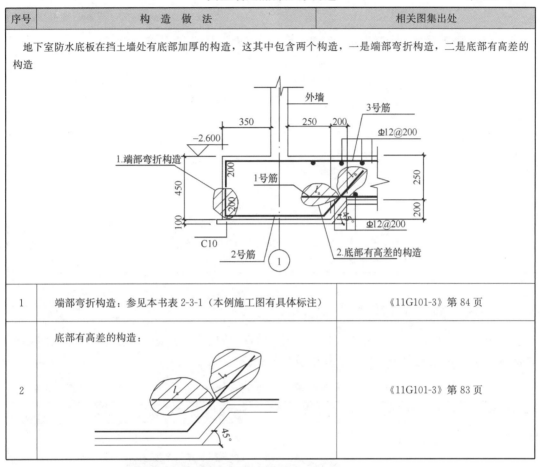

序号	构　造　做　法	相关图集出处
1	端部弯折构造：参见本书表 2-3-1（本例施工图有具体标注）	《11G101-3》第 84 页
2	底部有高差的构造：	《11G101-3》第 83 页

四、与各类基础的连接构造

地下室防水底板与各类基础的连接构造，见表 2-3-3。

地下室防水底板与各类基础的连接构造　　　　　　　　　表 2-3-3

分类			构　造　做　法	相关图集出处
（1）与独立基础、条形基础、桩承台、桩承台梁、基础连梁的连接构造	低板位	基础顶面无配筋	防水板顶筋连通布置 防水板底筋伸入基础 l_a	《11G101-3》第 97 页 《12G901-3》第 5-10 页
		基础顶面有配筋	防水板底筋、顶筋伸入基础 l_a	
	中板位	基础顶面有配筋	同低板位	《11G101-3》第 97 页 《12G901-3》第 5-10 页
		基础顶面无配筋	同低板位	
	高板位		防水板底筋伸入基础 l_a	《12G901-3》第 5-11 页 《11G101-3》第 97 页
			防水板顶筋连通布置	

续表

分类	构　造　做　法	相关图集出处
（2）与筏形基础的连接构造	图集上没有明确讲解防水地板与筏形基础的连接构造，此处以某个实际工程为例： 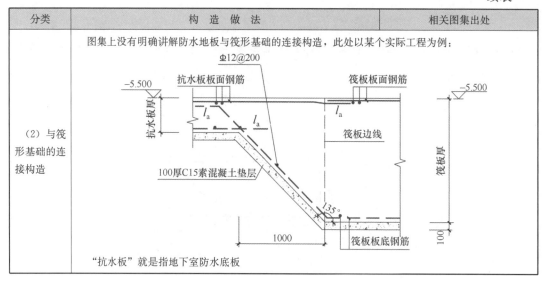 "抗水板"就是指地下室防水底板	

五、支撑钢筋（马凳筋）

　　地下室防水板、筏板、现浇楼板的支撑钢筋（马凳筋）构造，见表2-3-4。这些构造做法为施工中常见的做法，平法图集中没有相关描述。

支撑钢筋（马凳筋）构造　　　　　　　表2-3-4

序号	构造分类	钢　筋　构　造
1	筏板支撑钢筋构造	型钢支撑架 筏板支撑钢架

续表

序号	构造分类	钢　筋　构　造
1	筏板支撑钢筋构造	
2	地下室防水板、现浇楼板支撑钢筋	

本章施工图：地下室防水底板平面布置图

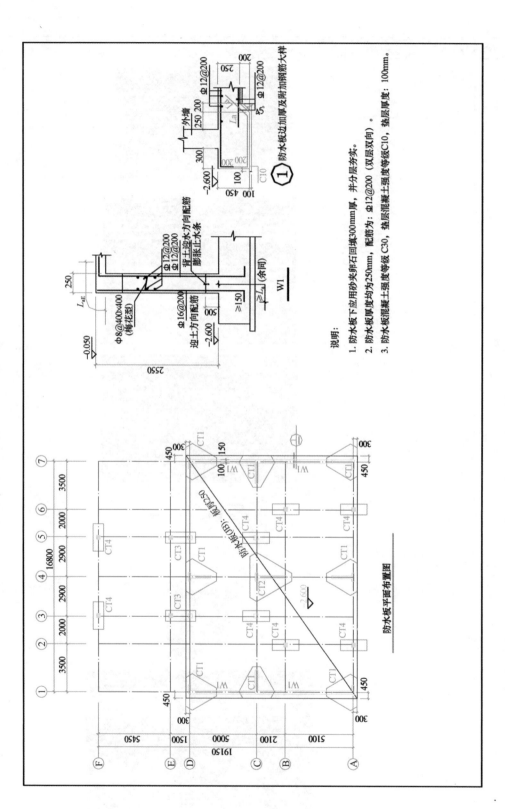

防水板平面布置图

说明：

1. 防水板下应用砂夹卵石回填300mm厚，并分层夯实。

2. 防水板厚度均为250mm，配筋为：Φ12@200（双层双向）。

3. 防水板边加厚及附加钢筋大样。防水板混凝土强度等级C30，垫层混凝土强度等级C10，垫层厚度：100mm。

① 防水板边加厚及附加钢筋大样

本章附图：彭波各地讲座及筏形基础钢筋欣赏

附图 2-1　彭波在山西讲座

附图 2-2　彭波在云南讲座

附图 2-3　筏形基础钢筋

附图 2-4　筏板封边钢筋

附图 2-5　筏板与基础梁钢筋关系

附图 2-6　梁板式筏板基础钢筋

附图 2-7 筏板基础底部非贯通筋

第三章 框架柱

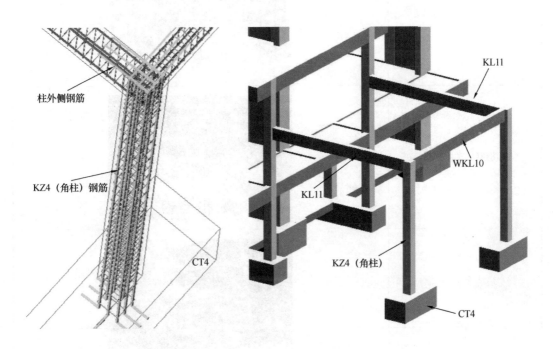

柱外侧钢筋

KZ4（角柱）钢筋

CT4

KL11

WKL10

KL11

KZ4（角柱）

CT4

第一节 关于框柱

一、关于框柱

1. 建筑工程中的柱

建筑工程有砖混结构、框架结构、剪力墙结构三大主要结构形式，其中的柱，见表 3-1-1。

建筑工程中的柱   表 3-1-1

结 构 形 式	柱
砖混结构	构造柱
框架结构	框柱系列
剪力墙结构	墙柱系列

2. 框柱系列

框柱系列，包括普通框架柱、框支柱、梁上柱和墙上柱，见表 3-1-2。

框 柱 系 列   表 3-1-2

框柱系列	说 明
普通框架柱 KZ	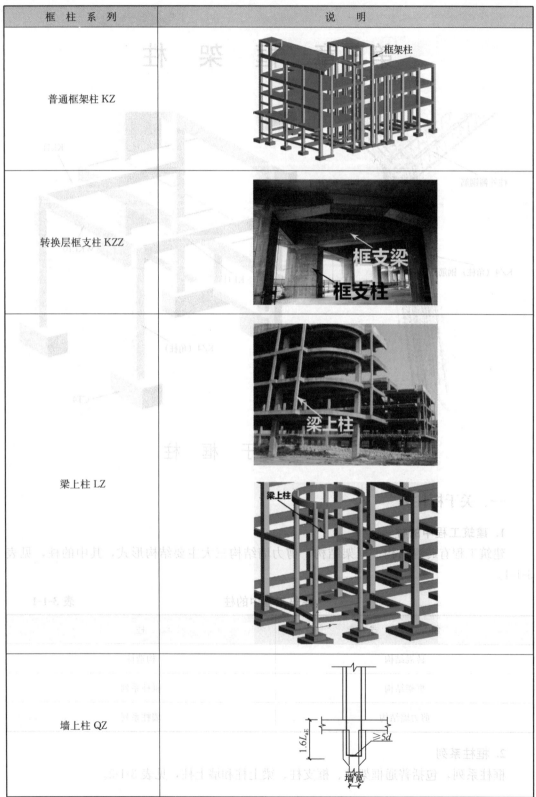
转换层框支柱 KZZ	
梁上柱 LZ	
墙上柱 QZ	

框 柱 系 列	说 明
芯柱 XZ 芯柱是在框架柱截面中间再布置纵筋及箍筋的一种柱	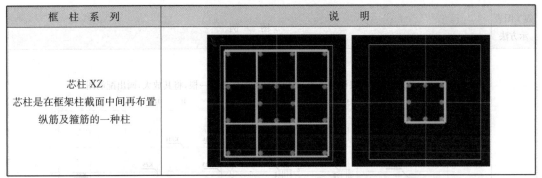

3. 关于转换层框支柱

转换层可分为三类：（1）上层和下层结构类型转换，多用于剪力墙结构和框架-剪力墙结构，它将上部剪力墙转换为下部的框架，以创造一个较大的内部自由空间；（2）上、下层的柱网、轴线改变，转换层上、下的结构形式没有改变，但是通过转换层使下层柱的柱距扩大，形成大柱网，并常用于外框筒的下层形成较大的入口；（3）同时转换结构形式和结构轴线布置，即上部楼层剪力墙结构通过转换层改变为框架的同时，柱网轴线与上部楼层的轴线错开，形成上下结构不对齐的布置。

转换层框支柱与框支梁举例，见表 3-1-3。

框支柱与框支梁　　　　　　　　　　表 3-1-3

框支柱与框支梁	图 例
转换层巨型框支柱	
大型框支梁	

二、框架柱及剪力墙柱施工图表示方法

框架柱施工图的表示方法，见表 3-1-4。

框架柱施工图表示方法

表 3-1-4

施工图表示方法	图 例
原位放大表示法	原位放大表示法，就是在框架柱平面图上，相同名称的柱选取一根，将其放大，画出配筋图 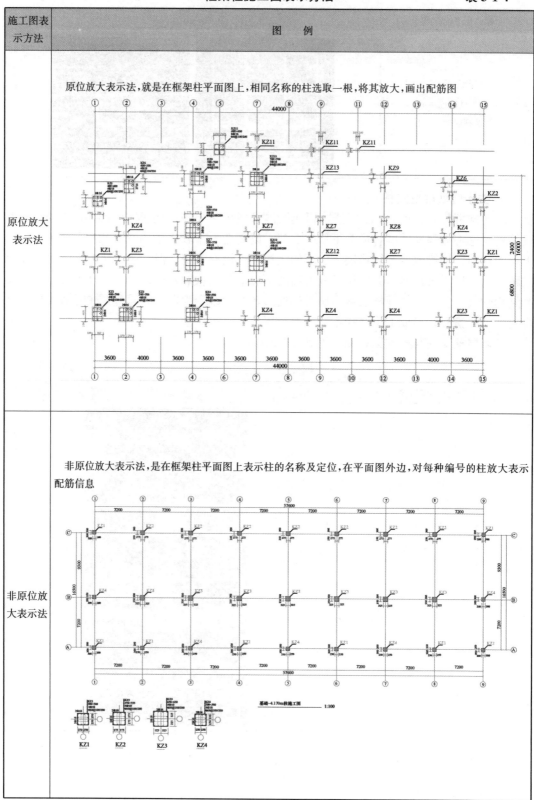
非原位放大表示法	非原位放大表示法，是在框架柱平面图上表示柱的名称及定位，在平面图外边，对每种编号的柱放大表示配筋信息

续表

施工图表示方法	图 例
框架柱表示法	柱表表示法是由平面图和柱表两部分组成,在平面图上表示柱的编号及定位,在柱表里表示柱的配筋信息 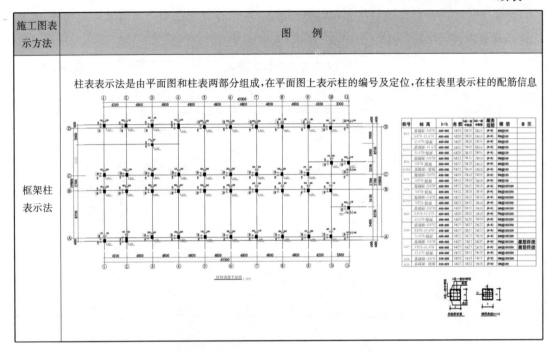

第二节 框架柱钢筋计算

一、框架柱钢筋计算参数及思路

1. 框架柱钢筋计算参数

框架柱钢筋计算参数,见表 3-2-1。

框架柱钢筋计算参数 表 3-2-1

参 数	值	说 明 及 出 处
框架柱保护层厚度	20mm	《11G101-1》第 54 页
l_{aE} 本工程柱混凝土强度等级 C30,二级抗震,钢筋级别为 HRB400 级钢	查表计算得,$l_a=1 \times l_{abE}=35d$ 因此,$l_{aE}=\zeta l_a=1.15 \times 35d=41d$	《11G101-1》第 53 页 本例中,接头面积百分率按 50% 取
l_{lE}	$1.4 l_{aE}$	
箍筋起步距离	50mm	
框架柱纵筋连接方式	本例采用电渣压力焊	
框架柱柱顶构造方式	本例选用"梁端顶部搭接方式"	《11G101-1》第 59 页 B 节点
±0.000 以下纵筋连接构造	本例采用柱纵筋从基础直接伸至±0.000 楼层的构造做法	
上部结构嵌固部位	本例设上部结构嵌固部位在负一层顶面,按《11G101-1》第 58 页	

41

2. 框架柱钢筋计算思路

建筑工程中的构件可以分为水平构件和竖向构件,柱是竖向构件。对于竖向构件,钢筋计算思路有两种,见表 3-2-2。

框架柱钢筋计算思路 表 3-2-2

计 算 思 路	图 例 及 说 明
以"层"为计算单位,将一个楼层的所有柱钢筋计算完成,再计算另一个楼层的柱钢筋	
以"一根柱"为计算单位,将一根柱从基础至屋顶全部计算完,再计算下一根柱	

本例中,采用第二种计算思路,即以"一根柱"为计算单位,完整地计算一根柱从基础到屋顶的全部钢筋,再计算下一根柱。

二、框架柱钢筋计算过程

1. KZ1 钢筋计算过程

（1）构件划分

本例中，KZ1 根据位置不同，有"边柱"和"中柱"两种，见图 3-2-1，我们分别计算。

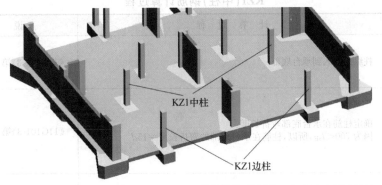

图 3-2-1　KZ1 划分

（2）KZ1（中柱）计算过程（Ⓑ/②轴、Ⓑ/⑥轴）

KZ1（中柱）的位置是：Ⓑ/②轴、Ⓑ/⑥轴，钢筋计算简图，见图 3-2-2。

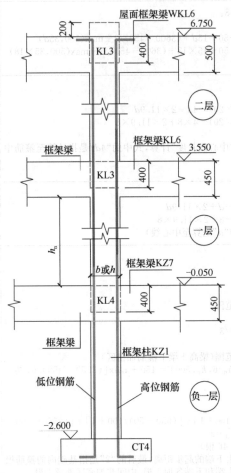

图 3-2-2　KZ1（中柱）计算简图

KZ1（中柱）钢筋计算过程，见表3-2-3。

KZ1(中柱)钢筋计算过程

表 3-2-3

钢　筋	计　算　过　程	说　明
负一层纵筋	柱纵筋插入到承台底部	《11G101-3》第59页
	确定柱筋在承台底部弯折长度： 因为 $700 < l_{aE}$，所以，柱筋在承台底部的弯折长度$=15d$	《11G101-3》第59页
	低位钢筋 4 Φ 18(共 8 根纵筋,错开连接)： 长度 $=2550+700-50+15d+h_n/3$ $=2550+700-50+15\times18+(3600-450)/3$ $=4520mm$	《11G101-3》第59页 《11G101-1》第58页
	高位钢筋 4 Φ 18： 长度 $=2550+700-50+15d+(3600-450)/3+\max(500,35d)$ $=2550+700-50+15\times18+(3600-450)/3+\max(500,35\times18)$ $=5150mm$	《11G101-1》第58页
负一层箍筋 Φ8@100/200	箍筋长度 $=4\times(300-2\times20)-4d+2\times11.9d$ $=4\times(300-2\times20)-4\times8+2\times11.9\times8$ $=1198mm$ 本书中箍筋按"中心线长度"计算,式中的"$4d$"是指计算至箍筋中心线	
	拉筋长度 $=300-2\times20-d+2\times11.9d$ $=300-2\times20-8+2\times11.9\times8$ $=443mm$(式中"d"是算至中心线)	
	箍筋根数： 1)下端加密区范围 $=h_n/3$ $=(2550-450)/3$ $=700mm$ 2)上部加密区范围(梁高+梁下箍筋加密区) $=450+\max(h_n/6,h_c,500)=450+\max[(2550-450)/6,300,500]$ $=950mm$ 3)箍筋数 $=[(700-50)/100+1]+[(950-50)/100+1]+[(2550-700-950)/200-1]+2$ $=23$根(拉筋$=46$根) 式中"50"是指上下端的起步距离;最后的"2"是指基础内的箍筋根数;计算根数时,上端和下端各加1根,中间非加密区就减1根	 《11G101-1》第61页 《11G101-3》第58页

钢　　筋	计　算　过　程	说　　明
负一层钢筋 三维效果		
一层纵筋	低位钢筋 4Φ18(共 8 根纵筋,错开连接): 长度 $=3600-h_n/3+\max(h_n/6,h_c,500)$ $=3600-(3600-450)/3+\max[(3200-500)/6,300,500]$ $=3050mm$	《11G101-1》第 58 页
	高位钢筋 4Φ18(共 8 根纵筋,错开连接): 长度 $=3600-h_n/3-\max(35d,500)+\max(h_n/6,h_c,500)+\max(35d,500)$ $=3600-(3600-450)/3-\max(35\times18,500)+\max[(3200-500)/6,300,500]+\max(35\times18,500)$ $=3050mm$ 低位钢筋和高位钢筋是错开连接,但长度相同	
一层箍筋 Φ8@100/ 200	箍筋长度 $=4\times(300-2\times20)-4d+2\times11.9d$ $=4\times(300-2\times20)-4\times8+2\times11.9\times8$ $=1198mm$	同负一层
	拉筋长度 $=300-2\times20-d+2\times11.9d$ $=300-2\times20-8+2\times11.9\times8$ $=443mm$	同负一层
	箍筋根数: 1)下端加密区范围 $=h_n/3$ $=(3600-450)/3$ $=1050mm$ 2)上部加密区范围(梁高+梁下箍筋加密区) $=450+\max(h_n/6,h_c,500)$ $=450+\max[(3600-450)/6,300,500]$ $=975mm$ 3)箍筋数 $=[(1050-50)/100+1]+[(975-50)/100+1]+[(3600-1050-975)/200-1]$ $=29$ 根(拉筋=58 根)	箍筋根数为小数时,本书按 "向上取整" 《11G101-1》第 58 页

钢　筋	计　算　过　程	说　　明
一层钢筋 三维效果		
二层纵筋 （顶层）	确定柱顶纵筋构造： 　　因为 $l_{aE}=41d=41\times18=738\text{mm}>500-20=480\text{mm}$，所以柱纵筋全部伸至柱顶并弯折 $12d$	《11G101-1》第 60 页
	低位钢筋 4Φ18(共 8 根纵筋,错开连接)： 长度 $=3200-\max(h_n/6,h_c,500)-20+12d$ $=3200-\max[(3200-500)/6,300,500]-20+12\times18$ $=2896\text{mm}$	《11G101-1》第 60 页
	高位钢筋 4Φ18(共 8 根纵筋,错开连接)： 长度 $=3200-\max(h_n/6,h_c,500)-\max(35d,500)-20+12d$ $=3200-\max[(3200-500)/6,300,500]-\max(35\times18,500)-20+12\times18$ $=2266\text{mm}$	

钢　　筋	计　算　过　程	说　　明
二层箍筋 Φ8@100/ 200	箍筋长度 $=4\times(300-2\times20)-4d+2\times11.9d$ $=4\times(300-2\times20)-4\times8+2\times11.9\times8$ $=1198mm$	同负一层
	拉筋长度 $=300-2\times20-d+2\times11.9d$ $=300-2\times20-8+2\times11.9\times8$ $=443mm$	同负一层
	箍筋根数:《11G101-1》第 61 页、《06G901-1》第 2-6 页 1)下端加密区范围 $=\max(h_n/6,h_c,500)$ $=\max[(3200-500)/6,300,500]$ $=500mm$ 2)上部加密区范围(梁高+梁下箍筋加密区) $=500+\max(h_n/6,h_c,500)$ $=500+\max[(3200-500)/6,300,500]$ $=1000mm$ 3)箍筋根数 $=[(500-50)/100+1]+[(1000-50)/100+1]+[(3200-500-1000)/200-1]$ $=24$ 根(拉筋$=48$ 根)	
二层(顶层) 钢筋三 维效果		
KZ1(中柱) 接头	KZ1(中柱)电渣压力焊接头个数 $=8\times2=16$ 个	

续表

钢 筋	计 算 过 程	说 明
KZ1（中柱） 整体钢筋 三维效果	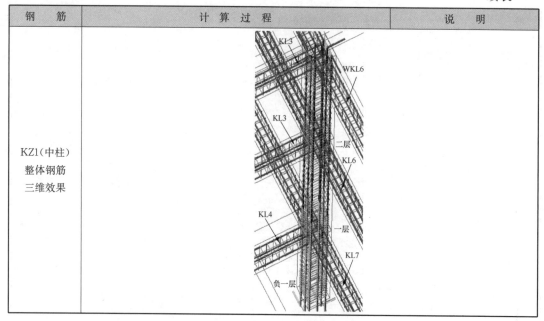	

（3）KZ1（边柱）计算过程（Ⓑ/②轴、Ⓑ/⑥轴）

KZ1（边柱）的位置是：Ⓐ/②轴、Ⓐ/⑥轴，钢筋计算简图，见图3-2-3。

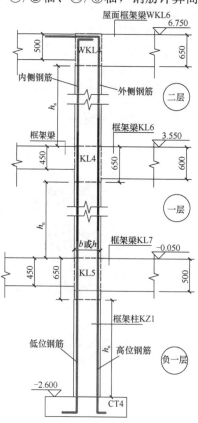

图 3-2-3 KZ1（边柱）计算简图

KZ1（边柱）钢筋计算过程见表 3-2-4。

KZ1（边柱）钢筋计算过程　　　　　　　　表 3-2-4

钢　筋	计　算　过　程	说　　明
负一层纵筋	确定柱钢筋在承台内的锚固方式： 柱纵筋全部插入到承台底部 （同 KZ1 中柱）	《11G101-3》第 59 页
	确定柱筋在承台底部弯折长度：$15d$ （同 KZ1 中柱）	《11G101-3》第 59 页
	低位钢筋 4Φ18(共 8 根纵筋，错开连接)： 长度 $=2550+700-50+15d+h_n/3$ $=2550+700-50+15\times18+(3600-650)/3$ $=4453mm$	《11G101-1》第 58 页
	高位钢筋 4Φ18： 长度 $=2550+700-50+15d+(3600-650)/3+\max$ $(500,35d)$ $=2550+700-50+15\times18+(3600-650)/3+$ $\max(500,35\times18)$ $=5083mm$	《11G101-1》第 58 页
负一层箍筋 Φ8@100/ 200	箍筋长度 $=4\times(300-2\times20)-4d+2\times11.9d$ $=4\times(300-2\times20)-4\times8+2\times11.9\times8$ $=1198mm$ 本书中箍筋按"中心线长度"计算，式中的"$4d$" 是指计算至箍筋中心线 （同 KZ1 中柱）	
	拉筋长度 $=300-2\times20-d+2\times11.9d$ $=300-2\times20-8+2\times11.9\times8$ $=443mm$ （同 KZ1 中柱）	
	箍筋根数： 1)下端加密区范围 $=h_n/3$ $=(2550-650)/3$ $=633mm$ 2)上部加密区范围(梁高+梁下箍筋加密区) $=650+\max(h_n/6,h_c,500)$ $=650+\max[(2550-650)/6,300,500]$ $=1150mm$ 3)箍筋数 $=[(633-50)/100+1]+[(1150-50)/100+$ $1]+[(2550-633-1150)/200-1]+2$ $=24$ 根(拉筋$=48$ 根) 式中"50"是指上下端的起步距离；最后的"2"是 指基础内的箍筋根数；计算根数时，上端和下端各 加 1 根，中间非加密区就减 1 根	 《11G101-1》第 61 页 《11G101-3》第 58 页

续表

钢　筋	计　算　过　程	说　明
负一层钢筋 三维效果		
一层纵筋	低位钢筋4Φ18(共8根纵筋,错开连接): 长度 $=3600-h_n/3+\max(h_n/6,h_c,500)$ $=3600-(3600-650)/3+\max[(3200-650)/6,300,500]$ $=3117\text{mm}$	《11G101-1》第58页
	高位钢筋4Φ18(共8根纵筋,错开连接): 长度 $=3600-h_n/3-\max(35d,500)+\max(h_n/6,h_c,500)+\max(35d,500)$ $=3600-(3600-650)/3-\max(35\times18,500)+\max[(3200-600)/6,300,500]+\max(35\times18,500)$ $=3117\text{mm}$ 低位钢筋和高位钢筋是错开连接,但长度相同	
一层箍筋 Φ8@100/ 200	箍筋长度 $=4\times(300-2\times20)-4d+2\times11.9d$ $=4\times(300-2\times20)-4\times8+2\times11.9\times8$ $=1198\text{mm}$	同负一层
	拉筋长度 $=300-2\times20-d+2\times11.9d$ $=300-2\times20-8+2\times11.9\times8$ $=443\text{mm}$	同负一层
	箍筋根数: 1)下端加密范围 $=h_n/3$ $=(3600-650)/3$ $=983\text{mm}$ 2)上部加密区范围(梁高+梁下箍筋加密区) $=650+\max(h_n/6,h_c,500)$ $=650+\max[(3600-650)/6,300,500]$ $=1150\text{mm}$ 3)箍筋根数 $=[(983-50)/100+1]+[(1150-50)/100+1]+[(3600-983-1150)/200-1]$ $=29$根(拉筋$=58$根)	箍筋根数为小数时,本书按"向上取整"

钢　筋	计　算　过　程	说　明
一层钢筋 三维效果		
二层纵筋 （顶层）	边柱顶纵筋构造：本例按"梁端顶部搭接"构造，即： 柱外侧纵筋至梁底起锚固 max$(1.5l_{abE}, h_b-20+15d)$ 柱内侧纵筋与 KZ1 中柱顶相同（伸至柱顶弯折 $12d$）	《11G101-1》第 53 页查表得 $l_{abE}=40d$ 《11G101-1》第 59 页
	外侧低位钢筋 2Φ18： （外侧共 3 根钢筋，错开连接，设 2 根为低位） 长度 $=3200-\max(h_n/6, h_c, 500)-h_b+\max(1.5l_{abE}, h_b-20+500)$ $=3200-\max[(3200-650)/6, 300, 500]-650+\max(1.5\times40\times18, 650-20+15\times18)$ $=3130\text{mm}$	
	外侧高位钢筋 1Φ18：（外侧共 3 根钢筋，2 根为低位，1 根为高位） 长度 $=3200-\max(h_n/6, h_c, 500)-\max(35d, 500)-h_b+\max(1.5l_{abE}, h_b-20+15d)$ $=3200-\max[(3200-650)/6, 300, 500]-\max(35\times18, 500)-650+\max(1.5\times40\times18, 650-20+15\times18)$ $=2500\text{mm}$	
	内侧低位钢筋 2Φ18： （内侧共 5 根钢筋，错开连接，设 2 根为低位） 长度 $=3200-\max(h_n/6, h_c, 500)-20+12d$ $=3200-\max[(3200-650)/6, 300, 500]-20+12\times18$ $=2896\text{mm}$	
	内侧高位钢筋 3Φ18： （外侧共 5 根钢筋，错开连接，3 根为高位） 长度 $=3200-\max(h_n/6, h_c, 500)-\max(35d, 500)-20+12d$ $=3200-\max[(3200-650)/6, 300, 500]-\max(35\times18, 500)-20+12\times18$ $=2266\text{mm}$	

钢 筋	计 算 过 程	说 明
二层箍筋 Φ8@100/ 200	箍筋长度 $=4\times(300-2\times20)-4d+2\times11.9d$ $=4\times(300-2\times20)-4\times8+2\times11.9\times8$ $=1198mm$	同负一层
	拉筋长度 $=300-2\times20-d+2\times11.9d$ $=300-2\times20-8+2\times11.9\times8$ $=443mm$	同负一层
	箍筋根数:《11G101-1》第 61 页、《06G901-1》第 2-6 页 1)下端加密区范围 $=\max(h_n/6,h_c,500)$ $=\max[(3200-650)/6,300,500]$ $=500mm$ 2)上部加密区范围(梁高+梁下箍筋加密区) $=650+\max(h_n/6,h_c,500)$ $=650+\max[(3200-650)/6,300,500]$ $=1150mm$ 3)箍筋数 $=[(500-50)/100+1]+[(1150-50)/100+1]+[(3200-500-1150)/200-1]$ $=25$ 根(拉筋$=50$ 根)	
二层(顶层) 钢筋三 维效果		
KZ1(边柱) 接头	KZ1(边柱)电渣压力焊接头个数 $=8\times2=16$ 个	

续表

钢 筋	计 算 过 程	说 明
KZ1（边柱） 整体钢筋 三维效果	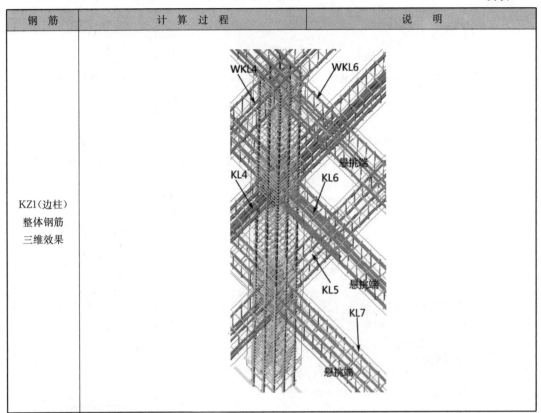	

2. KZ2 钢筋计算过程

KZ2 的位置是：ⓒ/③轴、ⓒ/⑤轴、ⓓ/③轴、ⓓ/⑤轴，均为中柱，顶标高到－0.050m，计算简图见图 3-2-4。

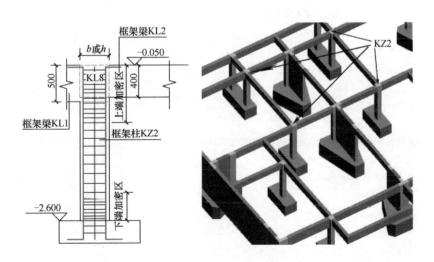

图 3-2-4 KZ2 计算简图

KZ2 钢筋计算过程，见表 3-2-5。

KZ2 钢筋计算过程

表 3-2-5

钢 筋	计 算 过 程	说 明
KZ2 纵筋	柱纵筋全部插入到承台底部	《11G101-3》第 59 页
	确定柱筋在承台底部弯折长度： 　因为 $700 > l_{aE}$，所以，柱筋在承台底部的弯折长度 $\max(6d, 150) = 150$	《11G101-3》第 59 页
	确定柱顶纵筋构造： 　因为 $l_{aE} = 41d = 41 \times 16 = 656\text{mm} > 500 - 20 = 480\text{mm}$，所以柱纵筋全部伸至柱顶并弯折 $12d$	《11G101-1》第 60 页
	纵筋 8$\oplus$16(KZ2 为中柱，纵筋长度相同)： 　长度 　$= 2550 + 700 - 50 - 150 - 20 + 12d$ 　$= 2550 + 700 - 50 - 150 - 20 + 12 \times 16$ 　$= 3522\text{mm}$	《11G101-1》第 60 页
KZ2 箍筋 Φ 8@100/ 200	箍筋长度 　$= 4 \times (300 - 2 \times 20) - 4d + 2 \times 11.9d$ 　$= 4 \times (300 - 2 \times 20) - 4 \times 8 + 2 \times 11.9 \times 8$ 　$= 1198\text{mm}$ 本书中箍筋按"中心线长度"计算，式中的"$4d$"是指计算至箍筋中心线	
	拉筋长度 　$= 300 - 2 \times 20 - d + 2 \times 11.9d$ 　$= 300 - 2 \times 20 - 8 + 2 \times 11.9 \times 8$ 　$= 443\text{mm}$	
	箍筋根数： 1)下端加密区范围 　$= h_n/3$ 　$= (2550 - 500)/3$ 　$= 683\text{mm}$ 2)上部加密区范围(梁高+梁下箍筋加密区) 　$= 500 + \max(h_n/6, h_c, 500)$ 　$= 500 + \max[(2550 - 500)/6, 300, 500]$ 　$= 1000\text{mm}$ 3)箍筋根数 　$= [(683 - 50)/100 + 1] + [(1000 - 50)/100 + 1] + [(2550 - 683 - 1000)/200 - 1] + 2$ 　$= 24$ 根(拉筋=48 根) 式中"50"是指上下端的起步距离；最后的"2"是指基础内的箍筋根数；计算根数时，上端和下端各加 1 根，中间非加密区就减 1 根	《11G101-1》第 61 页 《11G101-3》第 59 页

续表

钢　筋	计　算　过　程	说　明
KZ2 接头	KZ2 电渣压力焊接头个数： =0 个	
KZ2 整体钢筋三维效果	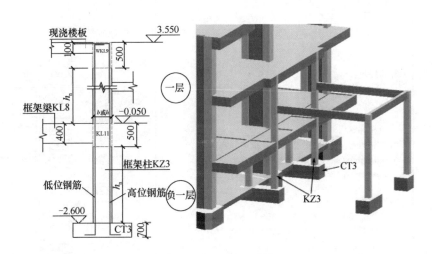	

3. KZ3 钢筋计算过程

KZ3 的位置是：Ⓔ/③轴、Ⓔ/⑤轴，均为边柱，顶标高到 3.550m，计算简图见图 3-2-5。

图 3-2-5　KZ3 计算简图

KZ3 钢筋计算过程，见表 3-2-6。

KZ3 钢筋计算过程

表 3-2-6

钢 筋	计 算 过 程	说 明
负一层 纵筋	确定柱钢筋在承台内的锚固方式： 柱纵筋全部插入到承台底部 （同 KZ2）	《11G101-3》第 59 页
	确定柱筋在承台底部弯折长度：150mm （同 KZ2）	《11G101-3》第 59 页
	低位钢筋 4Φ16（共 8 根纵筋，错开连接）： 长度 =2550+700−50+150+h_n/3 =2550+700−50+150+(3600−500)/3 =4383mm	《11G101-1》第 58 页
	高位钢筋 4Φ16： 长度 =2550+700−50+150+(3600−500)/3+max(500, 35d) =2550+700−50+150+(3600−500)/3+max(500, 35×16) =4943mm	《11G101-1》第 58 页
负一层箍筋 Φ8@100/ 200	箍筋长度 =4×(300−2×20)−4d+2×11.9d =4×(300−2×20)−4×8+2×11.9×8 =1198mm **本书中箍筋按"中心线长度"计算，式中的"4d"是指计算至箍筋中心线** （同 KZ1）	
	拉筋长度 =300−2×20−d+2×11.9d =300−2×20−8+2×11.9×8 =443mm （同 KZ1）	
	箍筋根数： 1）下端加密区范围 =h_n/3 =(2550−500)/3 =683mm 2）上部加密区范围（梁高+梁下箍筋加密区） =500+max(h_n/6,h_c,500) =500+max[(2550−500)/6,300,500] =1000mm 3）箍筋数 =[(683−50)/100+1]+[(1000−50)/100+1] 　+[(2550−683−1000)/200−1]+2 =24 根（拉筋=48 根） 式中"50"是指上下端的起步距离；最后的"2"是指基础内的箍筋根数；计算根数时，上端和下端各加 1 根，中间非加密区就减 1 根	 《11G101-1》第 61 页 《11G101-3》第 59 页

56

续表

钢　筋	计　算　过　程	说　明
负一层 钢筋三 维效果		
一层(顶层) 纵筋	确定边柱顶外侧纵筋构造： 本例按"梁端顶部搭接"构造,即： 柱外侧纵筋至梁底起锚固 $\max(1.5l_{abE}, h_b-20+15d)$	《11G101-1》第 59 页 《11G101-1》第 53 页查得 $l_{abE}=40d$
	确定柱顶内侧纵筋构造： 因为 $l_{aE}=41d=41\times16=656\text{mm}>500-30=470\text{mm}$, 所以柱纵筋全部伸至柱顶并弯折 $12d$	《11G101-1》第 59 页
	外侧低位钢筋 2ϕ16： (外侧共 3 根钢筋,错开连接,设 2 根为低位) 长度 $=3600-h_n/3-h_b+\max(1.5l_{abE}, h_b-20+15d)$ $=3600-(3600-500)/3-500+\max(1.5\times40\times$ 　$16,500-20+15\times16)$ $=3027\text{mm}$	
	外侧高位钢筋 1ϕ16： (外侧共 3 根钢筋,错开连接,设 2 根为低位,1 根为高位) 长度 $=3600-h_n/3-\max(35d,500)-h_b+\max(1.5l_{abE}, h_b-30+15d)$ $=3600-(3600-500)/3-\max(35\times16,500)-500+\max(1.5\times40\times16,500-30+15\times16)$ $=2467\text{mm}$	
	内侧低位钢筋 2ϕ16： (外侧共 5 根钢筋,错开连接,设 2 根为低位) 长度 $=3600-h_n/3-20+12d$ $=3600-(3600-500)/3-20+12\times16$ $=2739\text{mm}$	
	内侧高位钢筋 3ϕ16： (外侧共 5 根钢筋,错开连接,3 根为高位) 长度 $=3600-h_n/3-\max(35d,500)-20+12d$ $=3600-(3600-500)/3-\max(35\times16,500)-20+12\times16$ $=2179\text{mm}$	

钢 筋	计 算 过 程	说 明
一层(顶层) 箍筋 Φ8@100/ 200	箍筋长度 $=4\times(300-2\times20)-4d+2\times11.9d$ $=4\times(300-2\times20)-4\times8+2\times11.9\times8$ $=1198mm$	同负一层
	拉筋长度 $=300-2\times20-d+2\times11.9d$ $=300-2\times20-8+2\times11.9\times8$ $=443mm$	同负一层
	箍筋根数: 1)下端加密区范围 $=h_n/3$ $=(3600-500)/3$ $=1033mm$ 2)上部加密区范围(梁高+梁下箍筋加密区) $=500+max(h_n/6,h_c,500)$ $=500+max[(3600-500)/6,300,500]$ $=1017mm$ 3)箍筋数 $=[(1033-50)/100+1]+[(1017-50)/100+1]+[(3600-1033$ $-1017)/200-1]$ $=29$ 根(拉筋$=58$根)	箍筋根数为小数时,本书按 "向上取整"
一层钢筋 三维效果		
KZ3 接头	KZ3 电渣压力焊接头个数: $=8\times1=8$ 个	
KZ3 整体钢筋 三维效果		

4. KZ4 钢筋计算过程

KZ4 的位置是：Ⓕ/③轴、Ⓕ/⑤轴，均为角柱，顶标高到 1.900m，计算简图见图 3-2-6。

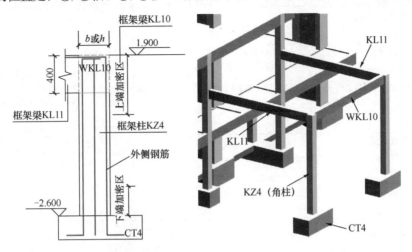

图 3-2-6 KZ4 计算简图

KZ4 钢筋计算过程，见表 3-2-7。

KZ4 钢筋计算过程   表 3-2-7

钢筋	计 算 过 程	说 明
KZ4 纵筋	确定柱钢筋在承台内的锚固方式： 柱纵筋全部插入到承台底部 （同 KZ2）	《11G101-3》第 59 页
	确定柱筋在承台底部弯折长度：150mm （同 KZ2）	《11G101-3》第 59 页
	确定边柱顶外侧纵筋构造： 本例按"梁端顶部搭接"构造，即： 柱外侧纵筋至梁底起锚固 $\max(1.5l_{abE}, h_b - 30 + 15d)$	《11G101-1》第 59 页 《11G101-1》第 53 页查表得 $l_{abE} = 40d$
	确定柱顶内侧纵筋构造： 因为 $l_{aE} = 41d = 41 \times 16 = 656\text{mm} > 500 - 20 = 480\text{mm}$，所以柱纵筋全部伸至柱顶并弯折 $12d$	《11G101-1》第 60 页
	外侧钢筋 5⊈16： 长度 $= 2550 + 700 - 50 + 150 + 1950 - 400 + \max(1.5l_{abE}, h_b - 20 + 15d)$ $= 2550 + 700 - 50 + 150 + 1950 - 400 + \max(1.5 \times 40 \times 16, 400 - 30 + 15 \times 16)$ $= 5860\text{mm}$	《11G101-1》第 58 页
	内侧钢筋 3⊈16： 长度 $= 2550 + 700 - 50 + 150 + 1950 - 20 + 12d$ $= 2550 + 700 - 50 + 150 + 1950 - 20 + 12 \times 16$ $= 5472\text{mm}$	《11G101-1》第 59 页

钢 筋	计 算 过 程	说 明
KZ4 箍筋 Φ8@100/ 200	箍筋长度 $=4\times(300-2\times20)-4d+2\times11.9d$ $=4\times(300-2\times20)-4\times8+2\times11.9\times8$ $=1198mm$ 本书中箍筋按"中心线长度"计算,式中的"$4d$"是指计算至箍筋中心线 (同 KZ1)	
	拉筋长度 $=300-2\times20-d+2\times11.9d$ $=300-2\times20-8+2\times11.9\times8$ $=443mm$ (同 KZ1)	
	箍筋根数: 1)下端加密区范围 $=h_n/3$ $=(2550+1950-500)/3$ $=1333mm$ 2)上部加密区范围(梁高+梁下箍筋加密区) $=400+\max(h_n/6,h_c,500)$ $=400+\max[(2550+1950-500)/6,300,500]$ $=1067mm$ 3)箍筋根数 $=[(1333-50)/100+1]+[(1067-50)/100+1]+[(2550+$ $1950-1333-1067)/200-1]+2$ $=37$ 根(箍筋=74 根) 式中"50"是指上下端的起步距离;最后的"2"是指基础内的箍筋根数;计算根数时,上端和下端各加 1 根,中间非加密区就减 1 根	 《11G101-1》第 61 页
KZ4 接头	KZ4 电渣压力焊接头个数: $=0$ 个	
KZ4 整体钢筋三维效果		

三、框架柱计算结果分析

前面对本工程的框架柱从基础到屋顶的完整计算过程进行了讲解，也有非常直观和独特的钢筋三维效果图，每一步的计算还讲解了图集的出处。接下来，就上述计算过程的关键要点进行进一步的分析。

1. 关于±0.000 以下框架柱纵筋连接

±0.000 以下框架柱纵筋连接，根据基础类型及基础埋深，有两种施工做法，见表3-2-8。本书实例采用第二种做法，柱纵筋直接从基础伸至±0.000 楼层处。

±0.000 以下框架柱纵筋连接　　　　　　表 3-2-8

构　造　做　法	施　工　图　例
构造做法 1：柱纵筋伸出基础顶面非连接区即可断开，待基础浇筑完毕后，再将柱纵筋连接伸至上层	 柱插筋伸出基础 错开连接
构造做法 2：柱纵筋从基础直接伸至±0.000 楼层处，±0.000 以下不断开	 从基础直接伸至 ±0.000 处 错开连接 ±0.000以下柱筋 独基（承台）

2. 关于上部结构嵌固部位

关于上部结构嵌固部位，见图 3-2-7。

《11G101-1》第 57、58 页，讲述了上部结构的嵌固部位。嵌固部位的纵筋非连接区

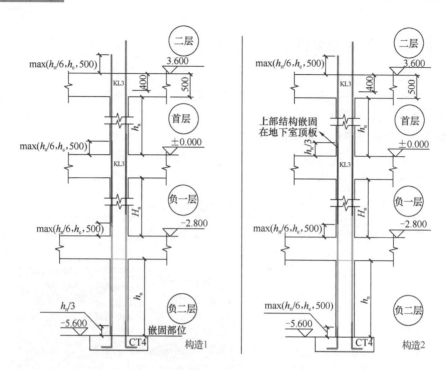

图 3-2-7　关于上部结构嵌固部位

高度（箍筋加密区高度）取值为 $l_n/3$。

3. 正确理解 KZ1（边柱）

要正确计算框架柱顶钢筋构造，就需要正确地确定该柱是中柱或是边柱或是角柱。在本书实例中，我们将Ⓐ/②轴、Ⓐ/⑥轴的 KZ1 理解为边柱，因为柱外侧是悬挑梁，见图 3-2-8。

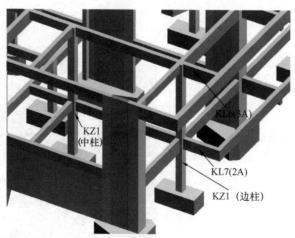

图 3-2-8　正确理解 KZ1（边柱）

4. 关于 h_n 的取值

"h_n"是指柱的净高，也就是 h_n＝层高－梁高。然而，在实际工程中，一根柱与四周的梁相接，这些梁可能截面高度不同，也可能标高不同，那么，如何具体确定 h_n 的值呢？本书实例中的 h_n 均取该层柱的最小净高值，见图 3-2-9。

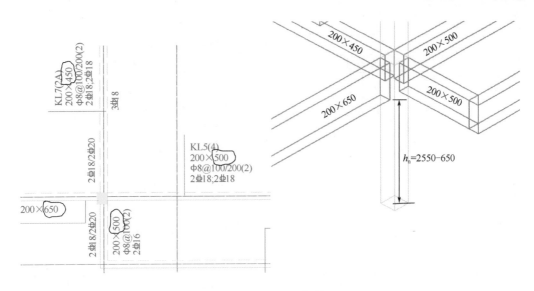

图 3-2-9 h_n 的取值

5. 边（角）柱顶钢筋构造（1）

边（角）柱顶钢筋与屋面框架梁钢筋的交接构造，有两种做法，见图 3-2-10。

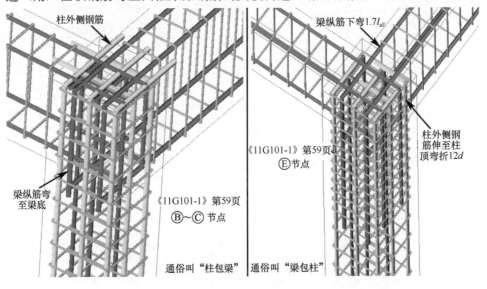

图 3-2-10 边（角）柱顶钢筋构造（1）

对于上述两种构造，根据实际工程选用，本书实例工程中选用"柱包梁"的构造做法。另外，要注意的是，无论选用哪种构造，关键的是柱与屋面框架梁要一致。请读者注意本书框架柱的钢筋计算与后面梁的章节中屋面框架梁的钢筋计算。

6. 边（角）柱顶钢筋构造（2）

对于边（角）柱顶钢筋构造，我们选用"柱包梁"（《12G901-1》上称为"梁端及顶部搭接方式"）。这时，柱外侧纵筋的长度在《11G101-1》和《12G901-1》上讲述为自梁底起算 $1.5l_{abE}$，且伸至柱顶弯折 $15d$，见图 3-2-11。

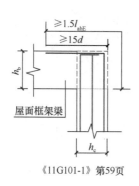
《11G101-1》第59页

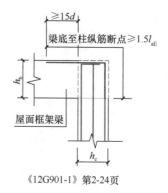
《12G901-1》第2-24页

图 3-2-11 边（角）柱顶钢筋构造（2）

四、框架柱钢筋汇总

本书实例框架柱钢筋汇总，见表3-2-9。

框架柱钢筋汇总表 表 3-2-9

构件	钢筋名称	钢筋规格	长度 （m）	线密度 （kg/m）	单重 （kg）	根数	总重 （kg）	构件数量	构件总重 （kg）	小计 （kg）
KZ1 （中柱）	负一层低位纵筋	4Φ18	4.52	2	9.040	4	36.160	2	72.320	464.385
	负一层高位纵筋	4Φ18	5.15	2	10.300	4	41.200	2	82.400	
	一层纵筋	8Φ18	3.05	2	6.100	8	48.800	2	97.600	
	二层低位纵筋	4Φ18	2.896	2	5.792	4	23.168	2	46.336	
	二层高位纵筋	4Φ18	2.566	2	5.132	4	20.528	2	41.056	
	箍筋	Φ8@100/200	1.198	0.395	0.473	76	35.964	2	71.928	
	拉筋	Φ8@100/200	0.443	0.395	0.175	152	26.598	2	53.195	
KZ1 （边柱）	负一层低位纵筋	4Φ18	4.453	2	8.906	4	35.624	2	71.248	466.136
	负一层高位纵筋	4Φ18	5.083	2	10.166	4	40.664	2	81.328	
	一层纵筋	8Φ18	3.117	2	6.234	8	49.872	2	99.744	
	二层外侧低位纵筋	2Φ18	3.13	2	6.260	2	12.520	2	25.040	
	二层外侧高位纵筋	1Φ18	2.5	2	5.000	1	5.000	2	10.000	
	二层内侧低位纵筋	2Φ18	2.896	2	5.792	2	11.584	2	23.168	
	二层内侧高位纵筋	3Φ18	2.266	2	4.532	3	13.596	2	27.192	
	箍筋	Φ8@100/200	1.198	0.395	0.473	78	36.910	2	73.821	
	拉筋	Φ8@100/200	0.443	0.395	0.175	156	27.298	2	54.595	
KZ2	纵筋	8Φ16	3.522	1.578	5.558	8	44.462	4	177.847	256.872
	箍筋	Φ8@100/200	1.198	0.395	0.473	24	11.357	4	45.428	
	拉筋	Φ8@100/200	0.443	0.395	0.175	48	8.399	4	33.597	

续表

构件	钢筋名称	钢筋规格	长度（m）	线密度（kg/m）	单重（kg）	根数	总重（kg）	构件数量	构件总重（kg）	小计（kg）
KZ3	负一层低位纵筋	4 Φ 16	4.383	1.578	6.916	4	27.665	2	55.331	269.801
	负一层高位纵筋	4 Φ 16	4.943	1.578	7.800	4	31.200	2	62.400	
	负一层箍筋	Φ 8@100/200	1.198	0.395	0.473	24	11.357	2	22.714	
	负一层拉筋	Φ 8@100/200	0.443	0.395	0.175	48	8.400	2	16.800	
	一层外侧低位纵筋	2 Φ 16	3.027	1.578	4.777	2	9.553	2	19.106	
	一层外侧高位纵筋	1 Φ 16	2.467	1.578	3.893	1	3.893	2	7.786	
	一层内侧低位纵筋	2 Φ 16	2.739	1.578	4.322	2	8.644	2	17.289	
	一层内侧高位纵筋	3 Φ 16	2.179	1.578	3.438	3	10.315	2	20.631	
	一层箍筋	Φ 8@100/200	1.198	0.395	0.473	29	13.723	2	27.446	
	一层拉筋	Φ 8@100/200	0.443	0.395	0.175	58	10.149	2	20.298	
KZ4	外侧纵筋	5 Φ 16	5.86	1.578	9.247	5	46.235	2	92.471	205.195
	内侧纵筋	3 Φ 16	5.472	1.578	8.635	3	25.904	2	51.809	
	箍筋	Φ 8@100/200	1.198	0.395	0.473	37	17.509	2	35.018	
	拉筋	Φ 8@100/200	0.443	0.395	0.175	74	12.949	2	25.898	
合计	—									1662.389
接头数量	KZ1 电渣压力焊接头数量＝8×2×4＝64 KZ2 电渣压力焊接头数量＝0 KZ3 电渣压力焊接头数量＝8×2＝16 KZ4 电渣压力焊接头数量＝0									80

五、楼梯间柱（6.750～9.650m 异形柱）钢筋计算过程

说明：楼梯间柱（6.750～9.650m）为异形柱，本书参考《混凝土异形柱结构技术规程》JGJ 149—2006。

1. LZ1 钢筋计算过程

LZ1 钢筋计算简图，见图 3-2-12。

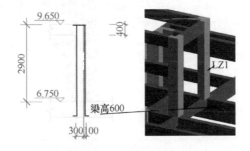

图 3-2-12　LZ1 钢筋计算过程

LZ1 钢筋计算过程，见表 3-2-10。

LZ1 钢筋计算过程

表 3-2-10

钢 筋	计 算 过 程	说明及出处
外侧纵筋 5 Φ 14 外侧钢筋	梁上柱伸入根部梁底弯折12d	《11G101-1》第 61 页
	异形角柱外侧钢筋从梁底起算 max (1.6l_{aE}, h_b -20+h_c -20+1.5h_b)	《JGJ 149-2006》第 19 页
	长度 =2900+600-20+12d-400+max (1.6l_{aE}, h_b-20+h_c-20+1.5h_b) =2900+600-20+12×14-400+ max (1.6×41×14, 400-20+400-20+1.5×400) =4608mm	
内侧纵筋 3 Φ 14	长度 =2900+600-20+12d-20+12d =2900+600-20+12×14-20+12×14 =3796mm	《JGJ 149—2006》第 19 页
箍筋 Φ 8@100	1号、2号箍筋长度 =2×[(200-2×20)+(400-2×20)]-4d+2×11.9d =2×[(200-2×20)+(400-2×20)]-4×8+2×11.9×8 =1198mm 式中"4d"是算至箍筋中心线	1号箍筋 2号箍筋
	1号、2号箍筋根数 =(2900-2×50)/100+1+2 =31根(1号、2号箍筋各31根) (式中"+2"是基础内加两根)	《12G901-1》第 2-8 页
LZ1 钢筋三维 效果图		

2. LZ2 钢筋计算过程

LZ2 钢筋计算简图，见图 3-2-13。

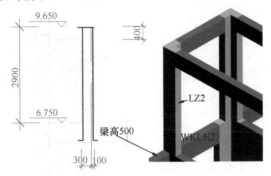

图 3-2-13　LZ2 钢筋计算过程

LZ2 钢筋计算过程，见表 3-2-11。

LZ2 钢筋计算过程　　　　　　　　　　　表 3-2-11

钢　筋	计　算　过　程	说明及出处
外侧纵筋 5 Φ14 **外侧钢筋**	梁上柱伸入根部梁底弯折 $12d$	《11G101-1》第 61 页
	异形角柱外侧钢筋从梁底起算 max（$1.6\,l_{aE}$，$h_b-20+h_c-20+1.5h_b$）	《JGJ 149-2006》第 19 页
	长度 $=2900+500-20+12d-400+$max（$1.6\,l_{aE}$，$h_b-20+h_c-20+1.5h_b$） $=2900+500-20+12\times14-400+$max（$1.6\times41\times14$，$400-20+400-20+1.5\times400$） $=4508$mm	
内侧纵筋 3 Φ14	长度 $=2900+500-20+12d-20+12d$ $=2900+500-20+12\times14-20+12\times14$ $=3696$mm	《11G101-1》第 61 页 《JGJ 149-2006》第 19 页
箍筋 Φ8@100	1 号、2 号箍筋长度 $=2\times$〔（$200-2\times20$）+（$400-2\times20$）〕$-4d+2\times11.9d$ $=2\times$〔（$200-2\times20$）+（$400-2\times20$）〕$-4\times8+2\times11.9\times8$ $=1198$mm 式中"$4d$"是算至箍筋中心线	
	1 号、2 号箍筋根数 $=$（$2900-2\times50$）$/100+1+2$ $=31$ 根（1 号、2 号各 31 根） （式中"$+2$"是基础内加两根）	《11G101-3》第 59 页 《12G901-1》第 2-8 页

续表

钢 筋	计 算 过 程	说明及出处
LZ2 钢筋三维效果图	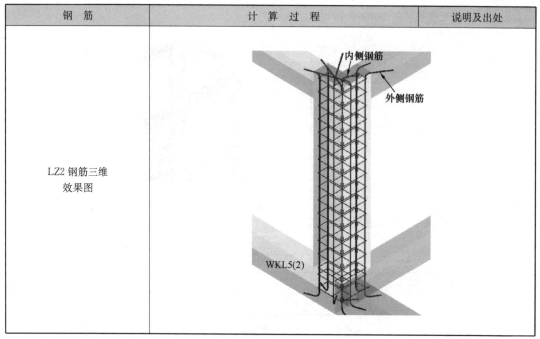	

3. 楼梯间柱（6.750～9.650m）钢筋计算汇总表

楼梯间柱（6.750～9.650m）钢筋计算汇总表，见表3-2-12。

楼梯间柱（6.750～9.650m）钢筋计算汇总表 　　　表3-2-12

构件	钢筋名称	钢筋规格	长度 (m)	线密度 (kg/m)	单重 (kg)	根数	总重 (kg)	构件数量	构件总重 (kg)	小计 (kg)
LZ1	外侧纵筋	5Φ14	4.608	1.21	5.576	5	27.878	4	111.514	283.988
	内侧纵筋	3Φ14	3.796	1.21	4.593	3	13.779	4	55.118	
	1号、2号箍筋	Φ8@100	1.198	0.395	0.473	62	29.339	4	117.356	
LZ2	外侧纵筋	5Φ14	4.508	1.21	5.455	5	27.273	4	109.094	280.116
	内侧纵筋	3Φ14	3.696	1.21	4.472	3	13.416	4	53.666	
	1号、2号箍筋	Φ8@100	1.198	0.395	0.473	62	29.339	4	117.356	
合计				—						564.103

第三节　框架柱钢筋总结

一、框架柱钢筋知识体系

框架柱钢筋的知识体系，见图3-3-1。本书将平法钢筋识图算量的学习方法总结为"系统梳理"和"关联对照"，这也是本书的精髓所在，请读者多加理解。

图 3-3-1　框架柱钢筋知识体系

　　"系统梳理"就是将某类构件的钢筋相关构造进行梳理，例如，我们将框架柱的钢筋构造梳理为"柱插筋构造"、"中间层纵筋构造"、"柱顶纵筋构造"、"柱根构造"、"箍筋构造"五点，也就是将平法图集上的内容进行分类归纳。

　　"关联对照"就是将相关的构件，或相关的图集规范进行对照理解。例如，我们对照《11G101-3》、《11G101-1》、《12G901-1》来理解框架柱钢筋的相关内容。

二、框架柱插筋构造

　　框架柱插筋构造，见表 3-3-1。

框架柱插筋构造　　　　　　　　　　　　　　　　　　　　　表 3-3-1

基础形式	柱 插 筋 构 造	图 例
独立基础（独立承台）、条形基础、条形基础梁、承台梁	《11G101-3》第 59 页 基础高度＜1200： 柱全部纵筋伸到基础底部弯折	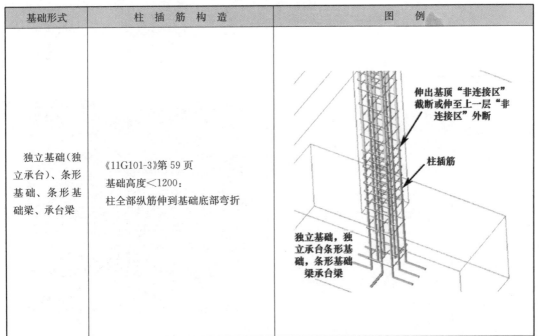

续表

基础形式	柱 插 筋 构 造	图 例
独立基础	《11G101-3》第 59 页 基础高度≥1200： 柱角筋伸到基础底部弯折； 柱各边中部其余钢筋锚固 $l_{aE}(l_a)$	 伸出基顶"非连接区"截断或伸至上一层"非连接区"外截断 各边中部钢筋伸至：$l_{aE}(l_a)$《11G101-3》第59页 角筋：伸至基础底《11G101-3》第59页
梁板式筏形基础	《11G101-3》第 59 页 柱全部纵筋伸至基础底部弯折	 伸出基顶"非连接区"截断或伸至上一层"非连接区"外断 《11G101-3》第59页柱插筋 筏板 基础梁
平板式筏形基础	《11G101-3》第 59 页 柱全部纵筋伸至基础底部弯折；	 平板式筏板 柱插筋《11G101-3》59页

续表

基础形式	柱插筋构造	图例
大直径灌注桩	柱全部纵筋伸入灌注桩内 $\max(l_{aE}/l_a，35d)$	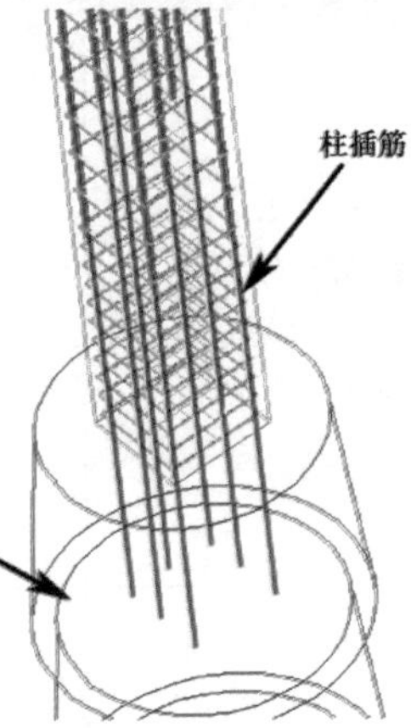

三、框架柱纵筋中间层构造

框架柱纵筋中间层构造，见表 3-3-2。

框架柱纵筋中间层构造　　　　　　表 3-3-2

构造分类	构造要点	图例
基本构造	以楼层为单，纵筋相互错开连接； 低位钢筋长度＝本层层高－本层下端非连接区高度＋伸入上层的非连接区高度； 高位钢筋长度＝本层层高－本层下端非连接区高度－错开高度＋伸入上层非连接区高度＋错开高度	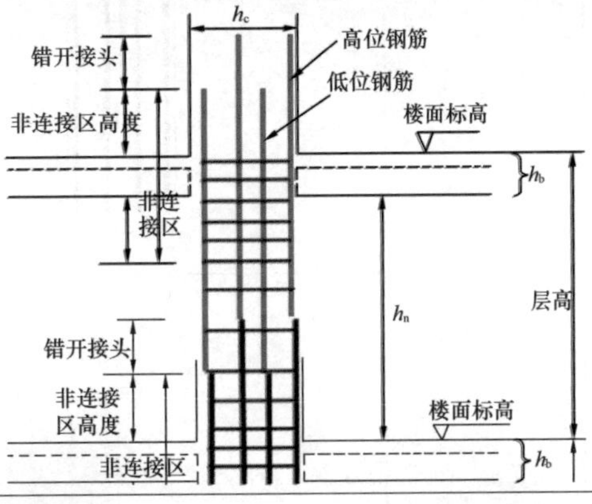
柱变截面	《11G101-1》第60页 《12G901-1》第 2-18、2-19 页 $c/h_b \leqslant 1/6$： 钢筋斜弯通过 $c/h_b > 1/6$： 下层钢筋弯折锚固 $12d$，上层钢筋插入下层	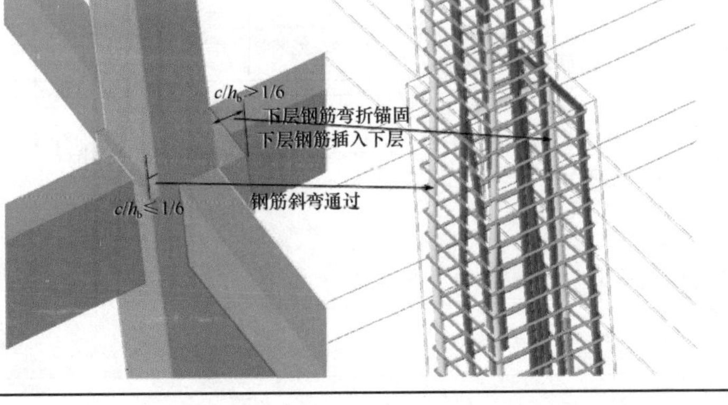

71

续表

构造分类	构造要点	图 例
柱变截面	当 $c/h_b>1/6$ 时，下层钢筋弯折锚固：《11G101-1》第 60 页：伸至顶弯折 $12d$	《11G101-1》第60页　　《03G101-1》第38页
柱变钢筋	《11G101-1》第 57 页 上柱钢筋比下柱钢筋多： 　上柱多出的钢筋，插入下层 $1.2\,l_{aE}$	三层　max($35d$,500)　max($h_n/6,h_c$,500)　$1.2l_{aE}$　二层　上柱钢筋　下柱钢筋　上柱多出的钢筋插入下层
	《11G101-1》第 57 页 下柱钢筋比上柱钢筋多： 　下柱多出的钢筋，自梁底起向上伸入 $1.2\,l_{aE}$	三层　max($35d$,500)　max($h_n/6,h_c$,500)　$1.2l_{aE}$　二层　上柱钢筋　下柱多出的钢筋　下柱钢筋

四、框架柱纵筋柱顶构造

框架柱纵筋柱顶构造，见表 3-3-3。

框架柱纵筋柱顶构造   表 3-3-3

构造分类	构 造 要 点	图 例
中柱顶	《11G101-1》第 60 页 《12G901-1》第 2～28 页 够直锚时伸至柱顶截断； 不够直锚时伸至柱顶弯折 $12d$	 弯锚　　　　　直锚
边角柱顶	边角柱的钢筋分"内侧钢筋"和"外侧钢筋"； 边角柱的"内侧钢筋"同中柱顶的钢筋构造； 边角柱的"外侧钢筋"有以下三种构造	 边柱　　　　　角柱 外侧钢筋　　　外侧钢筋
	边角柱外侧钢筋构造（一）：《11G101-1》第 59 页Ⓑ＋Ⓓ、Ⓒ＋Ⓓ 65%的外侧钢筋　　35%的外侧钢筋中位于第一层的钢筋　　35%的外侧钢筋中位于第二层的钢筋 (1) 65%的柱外侧纵筋从梁底起算 $1.5l_{aE}$，且伸入梁内不小于 500mm； (2) 其余 35%的外侧钢筋中，位于第一层的，伸至柱内侧边下弯 $8d$； (3) 其余 35%的外侧钢筋中，位于第二层的，伸至柱内侧边	

构造分类	构 造 要 点	图 例
边角柱顶	边角柱外侧钢筋构造（二）： 《11G101-1》第 59 页©节点 柱全部外侧纵筋从梁底起算 $1.5l_{aE}$，且伸至柱顶弯折 $\geq 15d$	外侧钢筋
	边角柱外侧钢筋构造（三）： 《11G101-1》第 59 页©节点 柱全部外侧纵筋伸至柱顶	外侧钢筋

五、柱根构造

柱根构造，见图 3-3-2。

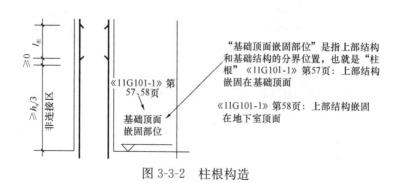

"基础顶面嵌固部位"是指上部结构和基础结构的分界位置，也就是"柱根"《11G101-1》第57页：上部结构嵌固在基础顶面

《11G101-1》第58页：上部结构嵌固在地下室顶面

图 3-3-2　柱根构造

六、框架柱箍筋构造

框架柱箍筋构造，见表3-3-4。

框架柱箍筋构造 表 3-3-4

构造分类	构 造 要 点	说　　明
箍筋长度	矩形箍筋中心线长： $2\times[(b-2c)+(h-2c)]-4d+2\times11.9d$ 矩形箍筋外边线长： $2\times[(b-2c)+(h-2c)]+2\times11.9d$	
基础内箍筋根数	间距≤500mm且不少于两道矩形封闭箍筋	 基础顶面 间距≤500且不小于两道矩形封闭箍筋
柱根位置箍筋加密区	$h_{n}/3$	《11G101-1》第57、58页
中间节点高度	梁顶标高或梁高度不同时，节点高度是指最高的梁顶标高至最低的梁底标高	 节点高度　　节点高度

七、抗震框架柱钢筋构造总结大表

1. 基础插筋构造总结表

基础插筋构造总结表，见表3-3-5。

框架柱基础插筋构造总结表   表 3-3-5

条件		钢筋构造	图集出处
基础高度影响底部弯折长度	基础高度＞柱纵筋锚固倍数时	柱全部纵筋伸至基础底部，弯折长度为 max(6d，150)	《11G101-3》第 59 页构造(一)
	基础高度＞柱纵筋锚固倍数时，且当基础为独立基础，基础高度≥1200 时	柱角筋伸至基础底部，弯折长度为 max(6d，150)，柱其余钢筋伸至基础内 1 个锚固倍数	《11G101-3》第 59 页，注 4
	基础高度≤柱纵筋锚固倍数时	柱全部纵筋伸至基础底部，弯折长度为 15d	《11G101-3》第 59 页构造(二)
柱插筋混凝土保护层厚度影响基础高度范围内柱箍筋数量	柱插筋混凝土保护层厚度≤5d 时	设置锚固横向箍筋，也就是箍筋要加密一些	《11G101-3》第 59 页构造(三)、(四)
	柱插筋混凝土保护层厚度＞5d 时	基础高度范围内设置间距不大于 500mm，且不少于两道箍筋	《11G101-3》第 59 页构造(一)、(二)

2. 框架柱中间层钢筋构造总结表

框架柱中间层钢筋构造总结表，见表 3-3-6。

框架柱中间层钢筋构造总结表   表 3-3-6

条件		钢筋构造	图集出处
中间纵筋基本计算公式		本层层高－本层下端非连接区高度＋伸入上层非连接区高度	《11G101-1》第 57 页
非连接区高度		嵌固部位：$h_n/3$	《11G101-1》第 57、58 页
		其他部位：max($h_n/6$，h_c，500)	
上柱比下柱钢筋多		上柱多出的钢筋：自楼面伸入下层 $1.2l_{aE}$	《11G101-1》第 57 页
下柱比上柱钢筋多		下柱多出的钢筋：自梁底伸入上层 $1.2l_{aE}$	
上柱钢筋直径比下柱大		上柱较大直径的钢筋伸入下层上端连接区进行连接	
下柱钢筋直径比上柱大		下柱钢筋正常伸入上层连接	
变截面		$\Delta/h_b \leq 1/6$：钢筋斜弯直通	《11G101-1》第 60 页
		$\Delta/h_b＞1/6$：下层钢筋顶部收入，上层钢筋插入下层 $1.2l_{aE}$	

3. 框架柱顶层钢筋构造总结表

框架柱顶层钢筋构造总结表，见表 3-3-7。

框架柱顶层钢筋构造总结表   表 3-3-7

条件		钢筋构造	图集出处
中柱		直锚：伸至柱顶	《11G101-1》第 60 页 D 节点
		弯锚：伸至柱顶弯折 12d	《11G101-1》第 60 页 A、B 节点
边角柱内侧钢筋		同中柱纵筋	第《11G101-1》59 页
边角柱外侧钢筋		梁包柱：伸至柱顶	《11G101-1》第 59 页 E 节点
		柱包梁：自梁底起＋$1.5l_{abE}$	《11G101-1》第 59 页 B、C 节点

本章施工图 1：基顶～0.050m柱及剪力墙平面图

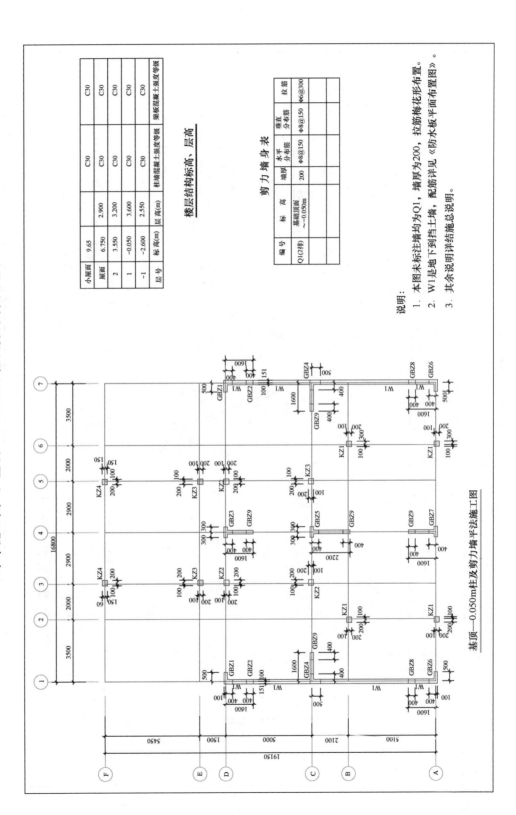

基顶—0.050m柱及剪力墙平法施工图

楼层结构标高、层高

层号	标高(m)	层高(m)	柱/墙混凝土强度等级	梁/板混凝土强度等级
小屋面	9.65			C30
屋面	6.750	2.900	C30	C30
2	3.550	3.200	C30	C30
1	-0.050	3.600	C30	C30
-1	-2.600	2.550	C30	C30

剪力墙身表

编号	标高	墙厚	水平分布筋	垂直分布筋	拉筋
Q1(2排)	基础顶面～-0.050m	200	Φ8@150	Φ8@150	Φ6@300

说明：
1. 本图未标注墙均为Q1，墙厚为200，拉筋梅花形布置。
2. W1是地下挡土墙，配筋详见《防水板平面布置图》。
3. 其余说明详结施总说明。

本章施工图 2: −0.050～6.750m 柱及剪力墙平面图

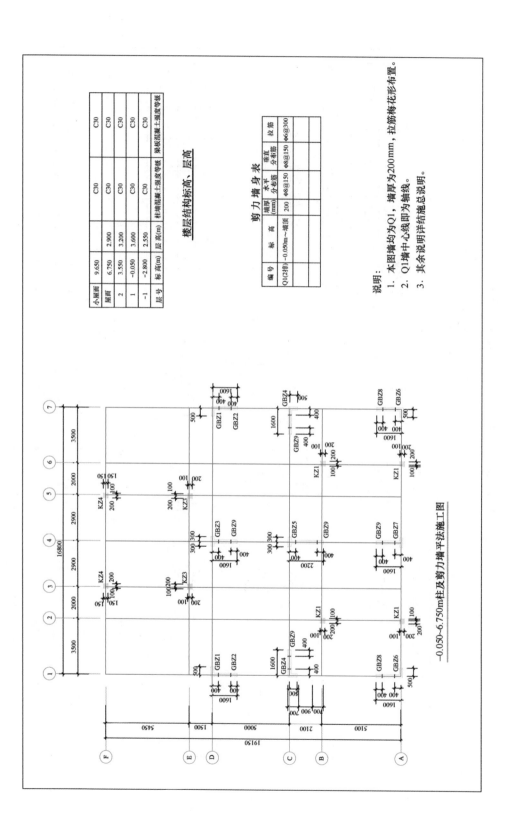

楼层结构标高、层高

层号	标高(m)	层高(m)	柱墙混凝土强度等级	梁板混凝土强度等级
小屋面	9.650		C30	C30
屋面	6.750	2.900	C30	C30
2	3.550	3.200	C30	C30
1	−0.050	3.600	C30	C30
−1	−2.800	2.550		

剪力墙身表

编号	标高	墙厚(mm)	水平分布筋	垂直分布筋	拉筋
Q1(2排)	−0.050m～墙顶	200	Φ8@150	Φ8@150	Φ6@300

说明：
1. 本图墙均为Q1，墙厚为200mm，拉筋梅花形布置。
2. Q1墙中心线即为轴线。
3. 其余说明详结施总说明。

−0.050～6.750m柱及剪力墙平法施工图

本章施工图 3：6.750m 以下柱配筋图

截面							
编号	GBZ1	GBZ1	GBZ5	GBZ2	GBZ2	GBZ3	GBZ3
标高	基顶~-0.050	3.550~墙顶	基顶~-3.550	基顶~-0.050	-0.050~墙顶	基顶~-0.050	-0.050~墙顶
纵筋	12Φ16	8Φ14+4Φ12	12Φ16	6Φ12	6Φ12	12Φ16	8Φ16+4Φ12
箍筋	Φ6.5@150	Φ6.5@150	Φ6.5@150	Φ6.5@150	Φ6.5@150	Φ6.5@150	Φ6.5@150

截面							
编号	GBZ4	GBZ4	GBZ5	GBZ5	GBZ6	GBZ6	GBZ7
标高	基顶~-0.050	-0.050~墙顶	基顶~-3.550	3.550~墙顶	基顶~-0.050	-0.050~墙顶	基顶~-墙顶
纵筋	12Φ16	4Φ16+8Φ12	12Φ16	8Φ16+4Φ14	12Φ14	8Φ14+4Φ12	8Φ18+4Φ12
箍筋	Φ6.5@150	Φ6.5@150	Φ6.5@150	Φ6.5@150	Φ6.5@150	Φ6.5@150	Φ6.5@150

截面							
编号	GBZ8	GBZ8	GBZ9	KZ1	KZ2	KZ3	KZ4
标高	基顶~-0.050	-0.050~墙顶	基顶~墙顶	基顶~墙顶	基顶~-0.05	基顶~3.55	基顶~1.90
纵筋	6Φ14	6Φ14	6Φ14	8Φ18	8Φ16	8Φ16	8Φ16
箍筋	Φ6.5@150	Φ6.5@150	Φ6.5@150	Φ8@100/200	Φ8@100/200	Φ8@100/200	Φ8@100/200

6.75m以下柱配筋图

79

本章施工图 4: 6.750m 以上柱平面及配筋图

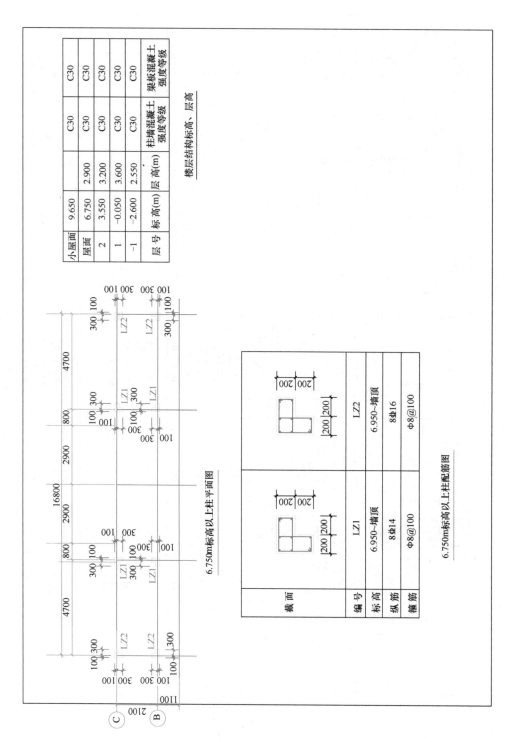

6.750m标高以上柱平面图

层号	标高(m)	层高(m)	柱墙混凝土强度等级	梁板混凝土强度等级
小屋面	9.650			C30
屋面	6.750	2.900	C30	C30
2	3.550	3.200	C30	C30
1	-0.050	3.600	C30	C30
-1	-2.600	2.550	C30	C30
层号	标高(m)	层高(m)	柱墙混凝土强度等级	梁板混凝土强度等级

楼层结构标高、层高

截面	LZ1	LZ2
编号	LZ1	LZ2
标高	6.950~墙顶	6.950~墙顶
纵筋	8Φ14	8Φ16
箍筋	Φ8@100	Φ8@100

6.750m标高以上柱配筋图

80

本章附图：彭波各地讲座及框架柱钢筋欣赏

附图 3-1　彭波在湖南讲座

附图 3-2　彭波在河北讲座

附图 3-3　彭波在大连讲座

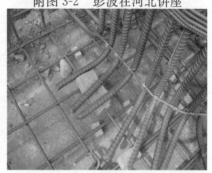
附图 3-4　柱插筋底部弯折

附图 3-5　柱顶直锚

附图 3-6　柱箍筋

附图 3-7　角柱顶

附图 3-8　柱电渣压力焊

第四章 剪 力 墙 柱

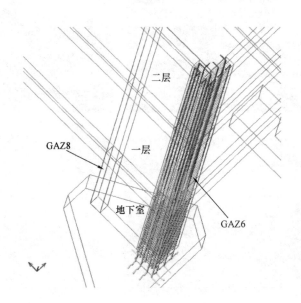

第一节 关 于 剪 力 墙 柱

一、关于剪力墙柱

1. 建筑工程中的柱

建筑工程有砖混、框架、剪力墙三大主要结构形式，其中的柱，见表4-1-1。

建筑工程中的柱 　　　　　　　　　　　　　　　　　　表 4-1-1

结构形式	柱	结构形式	柱
砖混结构	构造柱	剪力墙结构	墙柱系列
框架结构	框柱系列		

2. 剪力墙柱系列

剪力墙柱的分类，见表4-1-2。

剪力墙柱分类 　　　　　　　　　　　　　　　　　　表 4-1-2

剪力墙柱分类		柱编号《11G101-1》第 13 页
暗柱	约束暗柱	YBZ
	构造暗柱	GBZ

续表

剪力墙柱分类		柱编号《11G101-1》第 13 页
端柱	约束端柱	YBZ
	构造端柱	GBZ
暗柱端柱	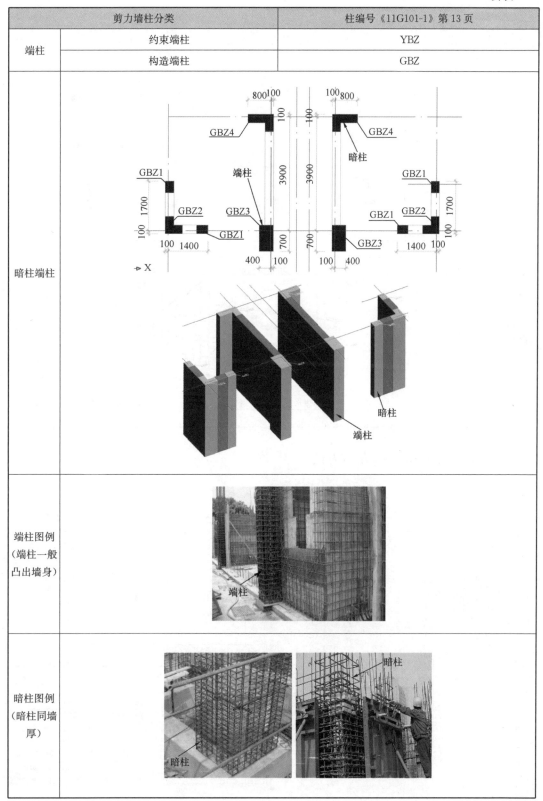	
端柱图例 （端柱一般 凸出墙身）		
暗柱图例 （暗柱同墙 厚）		

续表

剪力墙柱分类	柱编号《11G101-1》第 13 页
构造形柱和约束形柱	约束形柱用在工程的底部加强部位及其以上一层墙肢，"底部加强部位"在具体工程中一般标注于"层高标高表"中 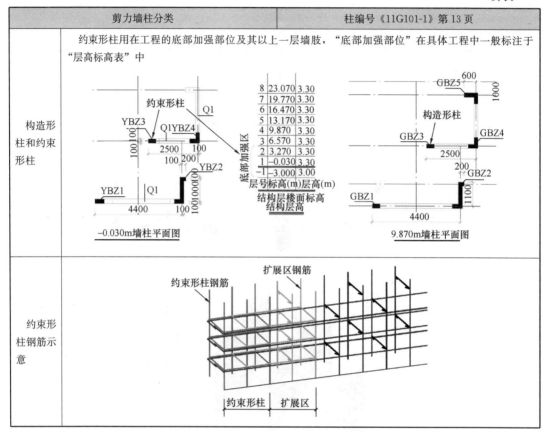
约束形柱钢筋示意	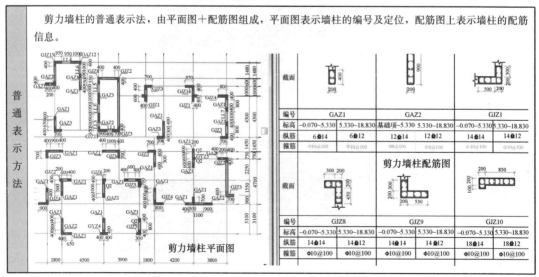

二、剪力墙柱施工图表示方法

剪力墙柱施工图的表示方法有常见的三种，见表 4-1-3。

剪力墙柱施工图表示方法　　　　　　　　　表 4-1-3

普通表示方法	剪力墙柱的普通表示法，由平面图＋配筋图组成，平面图表示墙柱的编号及定位，配筋图上表示墙柱的配筋信息。

续表

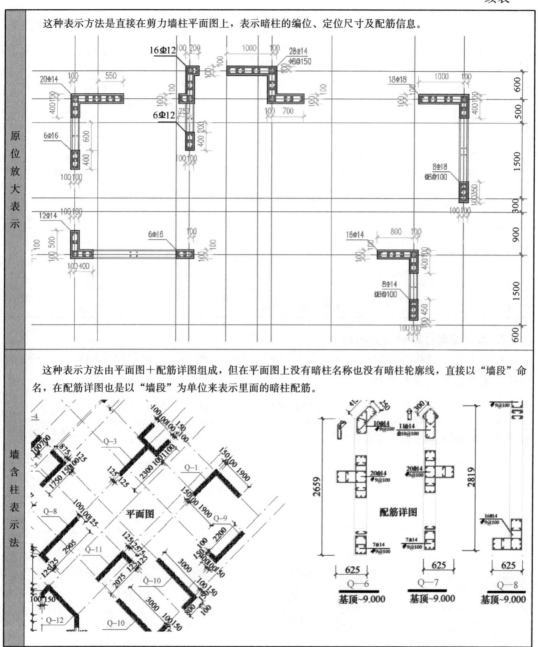

| 原位放大表示 | 这种表示方法是直接在剪力墙柱平面图上，表示暗柱的编位、定位尺寸及配筋信息。 |
| 墙含柱表示法 | 这种表示方法由平面图＋配筋详图组成，但在平面图上没有暗柱名称也没有暗柱轮廓线，直接以"墙段"命名，在配筋详图也是以"墙段"为单位来表示里面的暗柱配筋。 |

第二节　剪力墙暗柱钢筋计算

一、钢筋计算参数

1. 钢筋计算参数

剪力墙暗柱钢筋计算参数，见表 4-2-1。

剪力墙暗柱钢筋计算参数　　　　　　　表 4-2-1

参　数	值	说明及出处
地上部分暗柱保护层厚度	15mm	《11G101-1》第 54 页，同剪力墙
一1 层暗柱保护层厚度	20mm	《11G101-1》第 54 页，按"二 a"环境类别查表
端柱纵筋保护层厚度	25mm	《11G101-1》第 54 页，按"二 a"环境类别查表 端柱保护层厚度按框架柱取值
l_{aE} 混凝土强度等级 C30，二级抗震，钢筋级别为 HRB400 级钢	查表得 $l_a=35d$，所以 $l_{aE}=1.15\times l_a=1.15\times 35=41d$	《11G101-1》第 53 页 本例中，接头面积百分率按 50% 取
l_{lE}	1.4 l_{aE}	
箍筋起步距离	50mm（本书中箍筋按中心线计算）	
箍筋（拉筋）135°弯钩	1.9d＋max（10d，75）	《11G101-1》第 56 页
暗柱纵筋连接方式	本例采用绑扎搭接	

2. 剪力墙暗柱钢筋计算思路

建筑工程中的构件可以分为水平构件和竖向构件，剪力墙暗柱是竖向构件。对于竖向构件，钢筋计算思路有两种，见表 4-2-2。

剪力墙暗柱钢筋计算思路　　　　　　　表 4-2-2

计算思路	图　例　及　说　明
以"层"为计算单位，将一个楼层的所有暗柱钢筋计算完成，再计算另一个楼层的暗柱钢筋	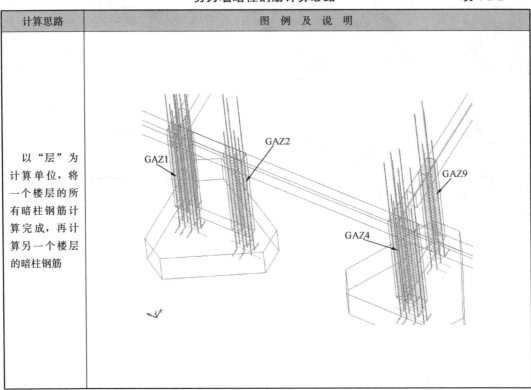

续表

计算思路	图　例　及　说　明
以"一根暗柱"为计算单位，将一根暗柱从基础至屋顶全部计算完，再计算下一根暗柱	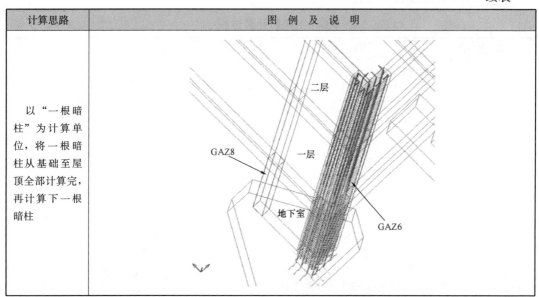

本例中，采用第二种计算思路，即以"一根暗柱"为计算单位，完整地计算一根暗柱从基础到屋顶的全部钢筋，再计算下一根暗柱。

二、剪力墙暗柱钢筋计算过程

1. GBZ1（暗柱）钢筋计算过程

GBZ1是暗柱，位置在：Ⓓ/①轴、Ⓓ/⑦轴，钢筋计算简图见图4-2-1。

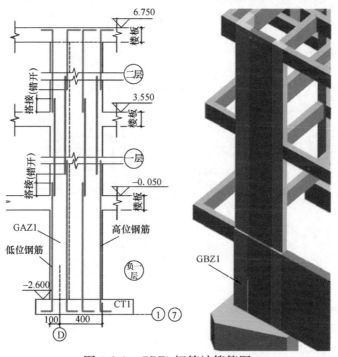

图4-2-1　GBZ1钢筋计算简图

GBZ1 钢筋计算过程，见表 4-2-3。

GBZ1 钢筋计算过程　　　　　　　　　　　　表 4-2-3

钢筋	计 算 过 程	说 明
负一层纵筋12±16	确定暗柱钢筋在承台内的锚固方式： 暗柱纵筋全部插入到承台底部（同剪力墙竖向筋）	《11G101-3》第 58 页
	确定暗柱纵筋在承台底部弯折长度： 因为基础 $800>l_{aE}$（$41d=544$），所以，暗柱纵筋在承台底部的弯折长度＝$6d=96$	《11G101-3》第 58 页
	外侧变截面弯锚钢筋（4±16）： 长度＝$2550+800-50+96-20+12d$ 　　　＝$2550+800-50+96-20+12\times16$ 　　　＝3408mm 式中"20"表示顶部保护层厚度取梁保护层厚度	
	其余低位钢筋 4±16（共 8 根纵筋，错开连接）： 长度＝$2550+800-50+96+l_{lE}+500$ 　　　＝$2550+800-50+96+1.4\times41\times16+500$ 　　　＝4814mm	《11G101-1》第 73 页 伸出楼面非连接区 500，错开连接 $0.3l_{lE}$
	其余高位钢筋 4±16（共 8 根纵筋，错开连接）： 长度＝$2550+800-50+96+l_{lE}+500+1.3\times l_{lE}$ 　　　＝$2550+800-50+96+2.3\times(1.4\times41\times16)+500$ 　　　＝6008mm	
负一层纵筋三维示意		

钢筋	计 算 过 程	说 明
负一层箍筋 $\Phi 6.5@150$	1号箍筋长度 $=2\times(250-2\times20)+2\times(500-2\times20)-4d$ $+2\times[1.9d+\max(10d,75)]$ $=2\times(250-2\times20)+2\times(500-2\times20)-4\times$ $6.5+2\times[1.9\times6.5+\max(10d,75)]$ $=1489mm$ （"$4d$"是算至箍筋中心线）	
	2号箍筋长度$=2\times(200-2\times20)+2\times(650-2\times20)-4d+2\times[1.9d+\max(10d,75)]$ $=2\times(200-2\times20)+2\times(650-2\times20)-4\times6.5+2\times[1.9\times6.5\times\max(10\times6.5,$ $75)]$ $=1689mm$	
	1号拉筋长度$=250-2\times20-d+2\times[1.9d+\max(10d,75)]$ $=250-2\times20-6.5+2\times[1.9\times6.5+\max(10\times6.5,75)]$ $=378$（"$+d$"是算至拉筋中心线）	
	2号拉筋长度$=200-2\times20-d+2\times[1.9d+\max(10d,75)]$ $=200-2\times20-6.5+2\times[1.9\times6.5+\max(10\times6.5,75)]$ $=328mm$	
	箍（拉）筋根数$=(2550-50-50)/150+1+2$ $=20$根 式中最后"$+2$"是指在承台内设置2道箍筋	《11G101-3》第59页
一层纵筋 $8\Phi16+$ $4\Phi14$	外侧变截面处下插钢筋：$2\Phi16+2\Phi14$ 低位钢筋长度（1Φ16）长度： $=3600+1.2l_{aE}+l_{lE}+500$ $=3600+1.2\times41\times16+1.4\times41\times16+500$ $=5806mm$ 高位钢筋长度（1Φ16）长度： $=3600+1.2l_{aE}+l_{lE}+500+1.3l_{lE}$ $=3600+1.2\times41\times16+2.3\times(1.4\times41\times16)+500$ $=7000mm$	三维钢筋示意图： 《11G101-1》第70页、73页

钢筋	计 算 过 程	说 明
一层纵筋 8ϕ16+ 4ϕ14	低位钢筋长度（1ϕ14）长度： $=3600+1.2l_{aE}+l_{lE}+500$ $=3600+1.2\times41\times14+1.4\times41\times14+500$ $=5592mm$ 高位钢筋长度（1ϕ14）长度： $=3600+1.2l_{aE}+l_{lE}+500+1.3l_{lE}$ $=3600+1.2\times41\times14+2.3\times(1.4\times41\times14)+500$ $=6637mm$ 其余钢筋（6ϕ16+2ϕ14） 低位钢筋长度（3ϕ16）长度： $=3600-500+l_{lE}+500$ $=3600+1.4\times41\times16+500$ $=4518mm$ 高位钢筋长度（3ϕ16）长度： $=3600-500-1.3l_{lE}+500+2.3l_{lE}$ $=4518$ 低位钢筋长度（1ϕ14）长度： $=3600-500+l_{lE}+500$ $=3600+1.4\times41\times14+500$ $=4404mm$ 高位钢筋长度（1ϕ14）长度： $=3600-500-1.3l_{lE}+500+2.3l_{lE}$ $=4404$	《11G101-1》第73页 《11G101-1》第73页 伸出楼面非连接高度500 错开搭接 $0.3l_{lE}$
一层箍筋 Φ6.5@150	1号箍筋长度 $=2\times(200-2\times15)+2\times(500-2\times15)-4d+2$ 　$\times[1.9d+max(10d,75)]$ $=2\times(200-2\times15)+2\times(500-2\times15)-4\times6.5+2$ 　$\times[1.9\times6.5+max(10\times6.5,75)]$ $=1429mm$ 本书箍筋按"中心线长度"计算，式上的"4d"是指计算至箍筋中心线	

续表

钢筋	计算过程	说明
一层箍筋 Φ6.5@150	2号箍筋长度=2×（200-2×15）+2×（600-2×15）-4d+2×[1.9d+max（10d，75）] 　　　　　=2×（200-2×15）+2×（600-2×15）-4×6.5+2 　　　　　×[1.9×6.5+max（10×6.5，75）] 　　　　　=1629mm	
	1号、2号拉筋长度=200-2×15-d+2×[1.9d+max（10d，75）] 　　　　　　=200-2×15-6.5+2×[1.9×6.5+max（10×6.5，75）] 　　　　　　=338mm	
	箍（拉）筋根数=（3600-50-50）/150+1=25根	《12G901-1》第3-9页
二层纵筋 8Φ14+ 4Φ12	低位钢筋（2Φ12） 长度=3200-20-500+12d 　　=3200-20-500+12×12 　　=2824mm 暗柱钢筋顶部锚固：伸至顶弯折12d	《12G901-1》第3-9页 《11G101-1》第70页
	高位钢筋（2Φ12） 长度=3200-1.3l_{lE}-500-20+12d 　　=3200-1.3×1.4×41×12-20+12×12 　　=1929mm	 高位钢筋 低位钢筋 下层钢筋
	低位钢筋（4Φ14） 长度=3200-20-500+12d 　　=3200-20-500+12×14 　　=2848mm 高位钢筋（4Φ14） 长度=3200-1.3l_{lE}-500-20+12d 　　=3200-1.3×1.4×41×14-500-20+12×14 　　=1084mm （式中"20"为顶部梁保护层）	
二层箍筋 Φ6.5@150	1号箍筋长度=1429mm 2号箍筋长度=1629mm 1号、2号拉筋长度=338mm	同一层
	箍（拉）筋根数 =（3200-50-50）/150+1 =22根	

2. GBZ2（暗柱）钢筋计算过程

GBZ2是暗柱，位于①、⑦轴，钢筋计算简图见图4-2-2。

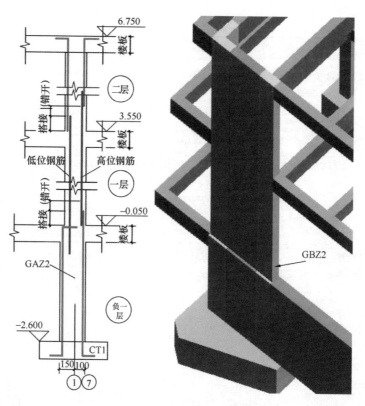

图 4-2-2 GBZ2 钢筋计算简图

GBZ2(暗柱)钢筋计算过程，见表 4-2-4。

GBZ2 钢筋计算过程　　　　　　表 4-2-4

钢筋	计 算 过 程	说 明
负一层纵筋 6⏀12	确定暗柱钢筋在承台内的锚固方式： 暗柱纵筋全部插入到承台底部(同剪力墙竖向筋)	《11G101-3》第 58 页
	确定暗柱纵筋在承台底部弯折长度： 因为基础高 800>l_{aE}，所以，暗柱纵筋在承台底部的弯折长度 =6d=72	《11G101-3》第 58 页
	外侧变截面弯锚钢筋(3⏀12)： 长度=2550+800-50+72-20+12d 　　=2550+800-50+72-20+12×12 　　=3496mm 式中"20"表示顶部保护层厚度取梁保护层厚度	

92

钢筋	计 算 过 程	说 明
负一层 纵筋 6 Φ 12	其余低位钢筋 1 Φ 12： 长度＝2550＋800－50－72＋l_{lE}＋500 　　　＝2550＋800－50－72＋1.4×41×12＋500 　　　＝4561mm 其余高位钢筋 2 Φ 12： 长度＝2550＋800－50－72＋l_{lE}＋500＋1.3l_{lE} 　　　＝2550＋800－50－72＋2.3×(1.4×41×12)＋500 　　　＝5456mm	《11G101-1》第 73 页 伸出楼面非连接区 500； 错开搭接 0.3l_{lE}
负一层 钢筋三维 效果		
负一层箍筋 Φ 6.5@150	箍筋长度 ＝2×(400－2×20)＋2×(250－2×20)－4d＋2×[1.9d＋max(10d, 75)] ＝2×(400－2×20)＋2×(250－2×20)－4×6.5＋2×[1.9×6.5＋max(10×6.5, 75)] ＝1289mm 拉筋长度 ＝250－2×20－d＋2×[1.9d＋max(10d, 75)] ＝250－2×20－6.5＋2×[1.9×6.5＋max(10×6.5, 75)] ＝328mm 箍(拉)筋根数＝(2550－50－50)/150＋1＋2＝20 根(式中"2"为基础内箍筋根数)	
一层纵筋 6 Φ 12	外侧下插钢筋低位(2 Φ 12)： 长度＝3600＋1.2l_{aE}＋l_{lE}＋500 　　　＝3600＋1.2×41×12＋1.4×41×12＋500 　　　＝5379mm 外侧下插钢筋高位(1 Φ 12)： 长度＝3600＋1.2l_{aE}＋l_{lE}＋500＋1.3l_{lE} 　　　＝3600＋1.2×41×12＋2.3×(1.4×41×12)＋500 　　　＝6275mm	《11G101-1》第 73 页

续表

钢筋	计 算 过 程	说 明
一层纵筋6 $\underline{\Phi}$ 12	里侧低位钢筋(1 $\underline{\Phi}$ 12)： 长度＝3600－500＋l_{lE}＋500 　　　＝3600－500＋1.4×41×12＋500 　　　＝4289mm 里侧高位钢筋(2 $\underline{\Phi}$ 12)： 长度＝3600－500－1.3l_{lE}＋500＋2.3l_{lE} 　　　＝4289mm	
一层钢筋三维效果		
一层箍筋Φ6.5@150	箍筋长度 ＝2×(400－2×15)＋2×(200－2×15)－4d＋2 　×[1.9d＋max(10d，75)] ＝2×(400－2×15)＋2×(200－2×15)－4×6.5＋2 　×[1.9×6.5＋max(10×6.5，75)] ＝1229mm	
	拉筋长度 ＝200－2×15－d＋2×[1.9d＋max(10d，75)] ＝200－2×15－6.5＋2×[1.9×6.5＋max(10×6.5，75)] ＝338mm	《11G101-1》第56页
	箍(拉)筋根数＝(3600－50－50)/150＋1＝25 根	

续表

钢筋	计 算 过 程	说 明
二层纵 筋 6 ⊕ 12	低位钢筋(3 ⊕ 12) 长度＝3200－500－20＋12d 　　＝3200－500－20＋12×12 　　＝2824mm 高位钢筋(3 ⊕ 12) 长度＝3200－1.3l_{lE}－500－20＋12d 　　＝3200－1.3×1.4×41×12－500－20 　　　＋12×12 　　＝1929mm	
二层箍筋 Φ 6.5@150	箍筋长度＝1229mm(同一层) 拉筋长度＝338mm(同一层) 箍(拉)筋根数＝(3200－50－50)/150＋1＝22 根	

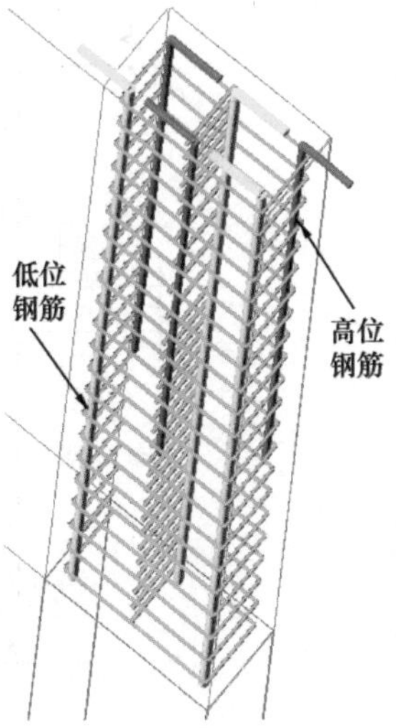

GBZ2 总体三维钢筋效果：

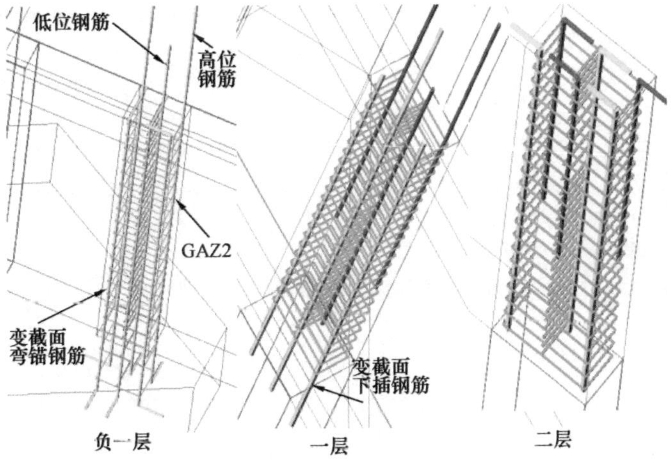

3. GBZ3(暗柱)钢筋计算过程

GBZ3 是暗柱，位于④/①轴，钢筋计算简图见图 4-2-3。

95

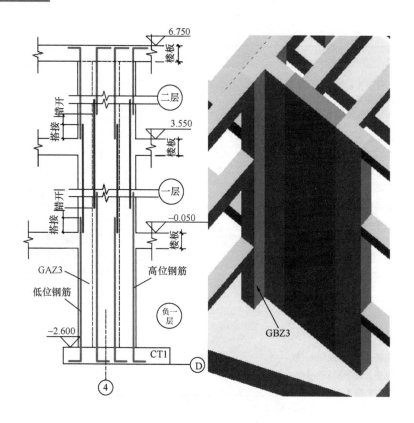

图 4-2-3　GBZ3 钢筋计算简图

GBZ3 钢筋计算过程，见表 4-2-5。

GBZ3 钢筋计算过程　　　　　　　　　　　　　　　　　　　　表 4-2-5

钢筋	计 算 过 程	说　　明
负一层纵筋 12 ⊈ 16	确定暗柱钢筋在承台内的锚固方式：（基础高度＞l_{aE}） 伸至承台底部弯折 $6d=96$mm	《11G101-3》第 58 页
	低位钢筋(6 ⊈ 16)： 长度＝2550＋800－50＋96＋l_{lE}＋500 　　　＝2550＋800－50＋96＋1.4×41×16＋500 　　　＝4814mm	《11G101-1》第 73 页 《11G101-3》第 58 页
	高位钢筋(6 ⊈ 16)： 长度＝2550＋800－50＋96＋l_{lE}＋500＋1.3l_{lE} 　　　＝2550＋800－50＋96＋2.3×(1.4×41×16)＋500 　　　＝6008mm	

钢筋	计 算 过 程	说 明
负一层箍筋 Φ6.5@150	1号箍筋长度 $=2\times(200-2\times20)+2\times(500-2\times20)-4d+2\times[1.9d+\max(10d,75)]$ $=2\times(200-2\times20)+2\times(500-2\times20)-4\times6.5+2\times[1.9\times6.5+\max(10\times6.5,75)]$ $=1389mm$ 2号箍筋长度 $=2\times(200-2\times20)+2\times(600-2\times20)-4d+2\times[1.9d+\max(10d,75)]$ $=2\times(200-2\times20)+2\times(600-2\times20)-4\times6.5+2\times[1.9\times6.5+\max(10\times6.5,75)]$ $=1589mm$	 2号箍筋 拉筋 1号箍筋

| | 拉筋长度
$=200-2\times20-d+2\times[1.9d+\max(10d,75)]$
$=200-2\times20-6.5+2\times[1.9\times6.5+\max(10\times6.5,75)]$
$=328mm$ | |

| | 箍(拉)筋根数=(2550-50-50)/150+1+2=20根(式中"2"为基础内箍筋根数) | |

| 负一层钢筋三维效果 |
高位钢筋
低位钢筋 | |

| 一层纵筋8Φ16+4Φ12 | 低位钢筋(2Φ12)：
长度=3600-500+l_{lE}+500
　　=3600-500+1.4×41×12+500
　　=4289mm | 高位钢筋(2Φ12)：
长度=3600-500-1.3l_{lE}+500+2.3l_{lE}
　　=4289mm |
| | 低位钢筋(4Φ16)：
长度=3600-500+l_{lE}+500
　　=3600-500+1.4×41×16+500
　　=4518mm | 高位钢筋(4Φ16)：
长度=3600-500-1.3l_{lE}+500+2.3l_{lE}
　　=4518mm |

钢筋	计算过程		说明
一层箍筋 φ6.5@150	1号箍筋长度＝1429mm（计算公式同负一层，保护层取15）	2号箍筋长度＝1629mm（计算公式同负一层，保护层取15）	
	拉筋长度＝338mm（计算公式同负一层，保护层取15）	箍（拉）筋根数＝(3600－50－50)/150＋1＝25根	
一层钢筋三维效果			
二层纵筋 8Φ16 ＋4Φ12	低位钢筋(2Φ12) 长度＝3200－500－20＋12d 　　＝3200－500－20＋12×12 　　＝2824mm	低位钢筋(4Φ16) 长度＝3200－500－20＋12d 　　＝3200－500－20＋12×16 　　＝2872mm	
	高位钢筋(2Φ12) 长度＝3200－1.3l_{lE}－500－20＋12d 　　＝3200－1.3×1.4×41×12－500－20 　　＋12×12 　　＝1929mm	高位钢筋(4Φ16) 长度＝3200－1.3l_{lE}－500－20＋12d 　　＝3200－1.3×1.4×41×16－500－20 　　＋12×16 　　＝1679mm	
二层箍筋 φ6.5@150	1号箍筋长度＝1429mm（同一层） 2号箍筋长度＝1629mm（同一层） 拉筋长度＝338mm（同一层） 箍（拉）筋根数＝(3200－50－50)/150＋1＝22根		
二层钢筋三维效果	 高位钢筋 低位钢筋		

98

4. GBZ4(暗柱)钢筋计算过程

GBZ4 是暗柱，位置在：ⓒ/①轴、ⓒ/⑦轴，钢筋计算简图见图 4-2-4。

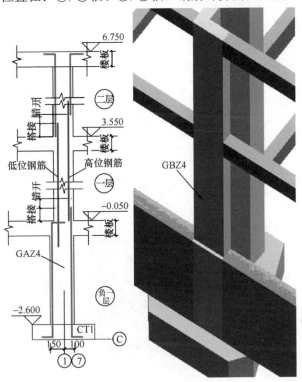

图 4-2-4 GBZ4 钢筋计算简图

GBZ4 钢筋计算过程，见表 4-2-6。

GBZ4 钢筋计算过程 表 4-2-6

钢筋	计 算 过 程	说 明
负一层 纵筋 12 Φ 16	确定暗柱钢筋在承台内的锚固方式：(基础高度>l_{aE}) 纵筋全部插入到承台底部弯折 6d=96	《11G101-3》第 58 页
	外侧变截面弯锚钢筋(4 Φ 16)： 长度=2550+800−50+96−20+12d 　　　=2550+800−50+96−20+12×16 　　　=3568mm 式中"20"表示顶部保护层厚度取梁保护层厚度(钢筋长度同GBZ1)	外侧变截面弯锚钢筋
	其余低位钢筋 4 Φ 16(共 8 根纵筋，错开连接)： 长度=2550+800−50+96+l_{lE}+500 　　　=2550+800−50+96+1.4×41×16+500 　　　=4814mm (钢筋长度同 GAZ1)	《11G101-1》第 73 页 《11G101-3》第 58 页

续表

钢筋	计 算 过 程	说 明
负一层纵筋 12⚎16	其余高位钢筋 4⚎16(共 8 根纵筋，错开连接)： 长度＝2550＋800－50＋96＋l_{lE}＋500＋1.3l_{lE} 　　＝2550＋800－50＋96＋2.3×(1.4×41×16)＋500 　　＝5405mm (钢筋长度同 GAZ1)	《11G101-1》第 73 页 《11G101-3》第 58 页
负 一 层 钢筋 三 维 效果		
负一层箍筋 Φ6.5@150	1 号箍筋长度 ＝2×(250－2×20)＋2×(600－2×20)－4d＋2 　×[1.9d＋max(10d，75)] ＝2×(250－2×20)＋2×(600－2×20)－4×6.5＋2 　×[1.9d，max(10×6.5，75)] ＝1689mm	
	2 号箍筋长度＝2×(200－2×20)＋2×(550－2×20)－4d＋2×[1.9d＋max(10d，75)] 　　　　　　＝2×(200－2×20)＋2×(550－2×20)－4×6.5＋2×[1.9×6.5＋max(10×6.5，75)] 　　　　　　＝1489mm	
	1 号拉筋长度＝250－2×20－d＋2×[1.9d＋max(10d，75)] 　　　　　　＝250－2×20－6.5＋2×[1.9×6.5＋max(10×6.5，75)] 　　　　　　＝378mm	
	2 号拉筋长度＝200－2×20－d＋2×[1.9d＋max(10d，75)] 　　　　　　＝200－2×20－6.5＋2×[1.9×6.5＋max(10×6.5，75)] 　　　　　　＝328mm	
	箍(拉)筋根数＝(2550－50－50)/150＋1＋2 　　　　　　＝20 根 式中最后"＋2"是指在承台内设置 2 道箍筋	《11G101-3》第 59 页

钢筋	计 算 过 程	说 明
一层纵 筋 4 Φ 16 ＋8 Φ 12	外侧变截面处下插钢筋(2Φ12)低位： ＝3600＋1.2l_{aE}＋l_{lE}＋500 ＝3600＋1.2×41×12＋1.4×41×12＋500 ＝5379 外侧变截面处下插钢筋(2Φ12)高位： ＝3600＋1.2l_{aE}＋l_{lE}＋500＋1.3l_{lE} ＝3600＋1.2×41×12＋2.3×(1.4×41×12)＋500 ＝6275mm	 《11G101-1》第70、73 页

	其余钢筋(4Φ16＋4Φ12)：	
	低位钢筋长度(2Φ16)长度： ＝3600－500＋l_{lE}＋500 ＝3600－500＋1.4×41×16＋500 ＝4518mm	高位钢筋长度(2Φ16)长度： ＝3600－500－1.3l_{lE}＋500＋2.3l_{lE} ＝4518mm
	低位钢筋长度(2Φ12)长度： ＝3600－500＋l_{lE}＋500 ＝3600－500＋1.4×41×12＋500 ＝4289mm	高位钢筋长度(2Φ12)长度： ＝3600－500－1.3l_{lE}＋500＋2.3l_{lE} ＝4289mm

钢筋	计 算 过 程	说 明
一层箍筋 Φ 6.5@150	1 号箍筋长度 ＝2×(200－2×15)＋2×(600－2×15)－4d＋2× $[1.9d＋max(10d，75)]$ ＝2×(200－2×15)＋2×(600－2×15)－4×6.5＋2× $[1.9×6.5＋max(10×6.5，75)]$ ＝1629mm 本书箍筋按"中心线长度"计算，式上的"4d"是指计算 至箍筋中心线	
	2 号箍筋长度＝2×(200－2×15)＋2×(500－2×15)－4d＋2×$[1.9d＋max(10d，75)]$ ＝2×(200－2×15)＋2×(500－2×15)－4×6.5＋2×$[1.9×6.5＋max(10×6.5，75)]$ ＝1429mm	
	1 号、2 号拉筋长度＝200－2×15－d＋2×$[1.9d＋max(10d，75)]$ ＝200－2×15－6.5＋2×$[1.9×6.5＋max(10×6.5，75)]$ ＝338mm	
	箍(拉)筋根数＝(3600－50－50)/150＋1 ＝25 根	《11G101-3》58 页

钢筋	计 算 过 程	说 明
一层钢筋 三维效果		
二层纵筋 4⊕16＋ 8⊕12	**低位钢筋（4⊕12）** 长度＝3200－500－20＋12d 　　　＝3200－500－20＋12×12 　　　＝2824mm **高位钢筋（4⊕12）** 长度＝3200－1.3l_{lE}－500－20＋12d 　　　＝3200－1.3×1.4×41×12－500－20＋12×12 　　　＝1929mm **低位钢筋（2⊕16）** 长度＝3200－500－20＋12d 　　　＝3200－500－20＋12×16 　　　＝2872mm **高位钢筋（2⊕16）** 长度＝3200－1.3l_{lE}－500－20＋12d 　　　＝3200－1.3×1.4×41×16－500－20＋12×16 　　　＝1679mm	
二层箍筋 Φ6.5@150	1号箍筋长度＝1629mm 2号箍筋长度＝1429mm 1号、2号拉筋长度＝338mm	同一层
	箍（拉）筋根数 ＝（3200－50－50）/150＋1 ＝22根	

续表

钢筋	计算过程	说明
GBZ4 钢筋 三维效果	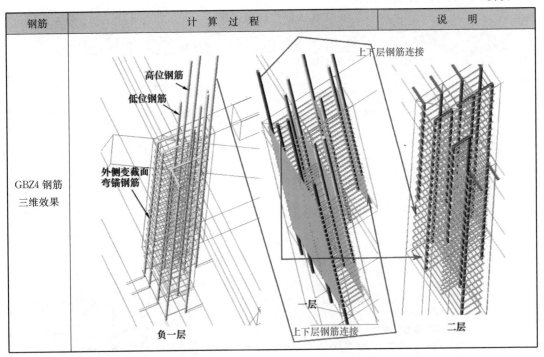	

5. GBZ5(暗柱)钢筋计算过程

GBZ5 是暗柱,位于④/©轴,钢筋计算简图见图 4-2-5。

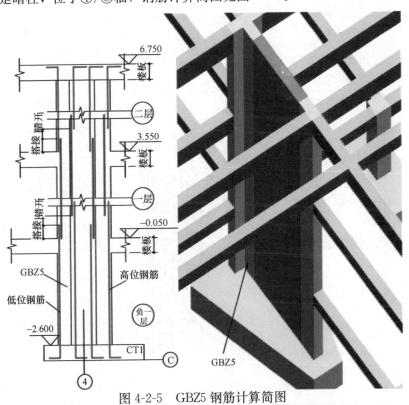

图 4-2-5 GBZ5 钢筋计算简图

GBZ5 钢筋计算过程，见表 4-2-7。

GBZ5 钢筋计算过程　　　　　　　　　　　　　　　表 4-2-7

钢筋	计 算 过 程	说 明
负一层纵筋 12 Φ 16	确定暗柱钢筋在承台内的锚固方式：（基础高度＞l_{aE}） 伸至承台底部弯折 $6d=96$	《11G101-3》第 58 页
	低位钢筋（6 Φ 16）： 长度＝$2550+900-50+96+l_{lE}+500$ 　　　＝$2550+900-50+96+1.4×41×16+500$ 　　　＝$4914mm$	《11G101-1》第 73 页 《11G101-3》第 58 页
	高位钢筋（6 Φ 16）： 长度＝$2550+900-50+96+l_{lE}+500+1.3l_{lE}$ 　　　＝$2550+900-50+96+2.3$ 　　　　×$(1.4×41×16)+500$ 　　　＝$6108mm$	
负一层箍筋 Φ 6.5@150	1 号箍筋长度 ＝$2×(200-2×20)+2×(500-2×20)-4d+2$ 　×$[1.9d+\max(10d, 75)]$ ＝$2×(200-2×20)+2×(500-2×20)-4×6.5+2$ 　×$[1.9×6.5+\max(10×6.5, 75)]$ ＝$1389mm$ 2 号箍筋长度 ＝$2×(200-2×20)+2×(600-2×20)-4d+2$ 　×$[1.9d+\max(10d, 75)]$ ＝$2×(200-2×20)+2×(600-2×20)-4×6.5+2$ 　×$[1.9×65+\max(10×6.5, 75)]$ ＝$1589mm$	
	拉筋长度 ＝$200-2×20-d+2×[1.9d+\max(10d, 75)]$ ＝$200-2×20-6.5+2×[1.9×6.5+\max(10×6.5, 75)]$ ＝$328mm$	
	箍（拉）筋根数＝$(2550-50-50)/150+1+2=20$ 根（式中"2"为基础内箍筋根数）	
负一层钢筋 三维效果		

续表

钢筋	计 算 过 程		说　明
一层纵筋 12 ⊈ 16	低位钢筋(6 ⊈ 16)： 长度＝3600－500＋l_{lE}＋500 　　　＝3600－500＋1.4×41×16＋500 　　　＝4518mm		高位钢筋(6 ⊈ 16)： 长度＝3600－500－1.3l_{lE}＋500＋2.3l_{lE} 　　　＝4518mm
一层箍筋 Φ 6.5@150	1号箍筋长度＝1429mm（计算公式同负一层，保护层取 15)		2号箍筋长度＝1629mm（计算公式同负一层，保护层取 15)
	拉筋长度＝338mm（计算公式同负一层，保护层取 15)		箍(拉)筋根数＝(3600－50－50)/150＋1 ＝25 根
一层钢筋 三维效果			
二层纵筋 8 ⊈ 16＋4 ⊈ 14	低位钢筋(2 ⊈ 14) 长度＝3200－500－20＋12d 　　　＝3200－500－20＋12×14 　　　＝2848mm		低位钢筋(4 ⊈ 16) 长度＝3200－500－20＋12d 　　　＝3200－500－20 　　　＋12×16 　　　＝2872mm
	高位钢筋(2 ⊈ 14) 长度＝3200－1.3l_{lE}－500－20＋12d 　　　＝3200－1.3×1.4×41×14－500－20＋12×14 　　　＝1084mm		高位钢筋(4 ⊈ 16) 长度＝3200－1.3l_{lE}－500－20＋12d 　　　＝3200－1.3×1.4×41×16－500－20＋12×16 　　　＝1679mm
二层箍筋 Φ 6.5@150	1号箍筋长度＝1429mm（同一层） 2号箍筋长度＝1629mm（同一层） 拉筋长度＝338mm（同一层） 箍(拉)筋根数＝(3200－50－50)/150＋1＝22 根		
二层钢筋 三维效果			

6. GBZ6(暗柱)钢筋计算过程

GBZ6 是暗柱，位置在：Ⓐ/①轴、Ⓐ/⑦轴，钢筋计算简图见图 4-2-6。

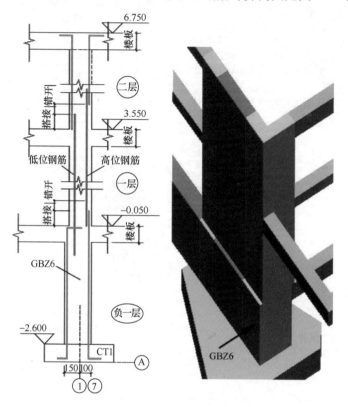

图 4-2-6　GBZ6 钢筋计算简图

GBZ6 钢筋计算过程，见表 4-2-8。

GBZ6 钢筋计算过程　　　　　　　　　　　　　　　表 4-2-8

钢　筋	计　算　过　程	说　明
负一层纵筋 12 ⎵14	确定暗柱钢筋在承台内的锚固方式：（基础高度 $>l_{aE}$） 纵筋全部插入到承台底部弯折 $6d=84$	《11G101-3》58 页
	外侧变截面弯锚钢筋(4 ⎵14)： 长度＝2550＋800－50＋84－20＋12d 　　＝2550＋800－50＋84－20＋12×14 　　＝3532mm 式中"20"表示顶部保护层厚度取梁保护层厚度	外侧变截面弯锚钢筋
	其余低位钢筋 4 ⎵14（共 8 根纵筋，错开连接）： 长度＝2550＋800－50＋84＋l_{lE}＋500 　　＝2550＋800－50＋84＋1.4×41×14＋500 　　＝4687mm	《11G101-1》第 73 页
	其余高位钢筋 4 ⎵14（共 8 根纵筋，错开连接）： 长度＝2550＋800－50＋84＋l_{lE}＋500＋1.3l_{lE} 　　＝2550＋800－50＋84＋2.3×(1.4×41×14)＋500 　　＝5732mm	

续表

钢 筋	计 算 过 程	说 明
负一层钢筋 三维效果		
负一层箍筋 Φ6.5@150	1 号箍筋长度 $=2\times(250-2\times20)+2\times(500-2\times20)-4d+2$ $\quad\times[1.9d+\max(10d,75)]$ $=2\times(250-2\times20)+2\times(500-2\times20)-4\times6.5+2$ $\quad\times[1.9\times6.5+\max(10\times6.5,75)]$ $=1489\text{mm}$ （暗柱纵筋保护层厚度按地下室外墙内、外竖向钢筋保护层厚度 平均取 25mm）	
	2 号箍筋长度$=2\times(200-2\times20)+2\times(650-2\times20)-4d+2\times[1.9d+\max(10d,75)]$ $\qquad=2\times(200-2\times20)+2\times(650-2\times20)-4\times6.5+2$ $\qquad\quad\times[1.9\times6.5+\max(10\times6.5,75)]$ $\qquad=1689\text{mm}$	
	1 号拉筋长度$=250-2\times20-d+2\times[1.9d+\max(10d,75)]$ $\qquad\quad=250-2\times20-6.5+2\times[1.9\times6.5+\max(10\times6.5,75)]$ $\qquad\quad=378\text{mm}$	
	2 号拉筋长度$=200-2\times20-d+2\times[1.9d+\max(10d,75)]$ $\qquad\quad=200-2\times20-6.5+2\times[1.9\times6.5+\max(10\times6.5,75)]$ $\qquad\quad=328\text{mm}$	
	箍(拉)筋根数$=(2550-50-50)/150+1+2$ $\qquad\qquad\quad=20$ 根 式中最后"+2"是指在承台内设置 2 道箍筋	《11G101-3》第 58 页

钢 筋	计 算 过 程	说 明
一层纵筋 4Φ12+8Φ14	外侧变截面处下插钢筋(2Φ14)低位: =3600+1.2l_{aE}+l_{lE}+500 =3600+1.2×41×14+1.4×41×14+500 =5592mm 外侧变截面处下插钢筋(2Φ14)高位: =3600+1.2l_{aE}+l_{lE}+500+1.3l_{lE} =3600+1.2×41×14+2.3×(1.4×41×14) +500 =6637mm	 《11G101-1》第70、73页
	其余钢筋(4Φ14+4Φ12):	
	低位钢筋长度(2Φ14)长度: =3600−500+l_{lE}+500 =3600−500+1.4×41×14+500 =4404mm	高位钢筋长度(2Φ14)长度: =3600−500−1.3l_{lE}+500+2.3l_{lE} =4404mm
	低位钢筋长度(2Φ12)长度: =3600−500+l_{lE}+500 =3600−500+1.4×41×12+500 =4289mm	高位钢筋长度(2Φ12)长度: =3600−500−1.3l_{lE}+500+2.3l_{lE} =4289mm
一层箍筋 Φ6.5@150	1号箍筋长度 =2×(200−2×15)+2×(500−2×15)−4d+2 ×[1.9d+max(10d, 75)] =2×(200−2×15)+2×(500−2×15)−4×6.5+2 ×[1.9×6.5+max(10×6.5, 75)] =1429mm 本书箍筋按"外皮长度"计算,式上的"4d"是指计算至箍筋 外皮	
	2号箍筋长度=2×(200−2×15)+2×(600−2×15)−4d+2×[1.9d+max(10d, 75)] =2×(200−2×15)+2×(600−2×15)−4×6.5+2 ×[1.9×6.5+max(10×6.5, 75)] =1629mm	
	1号、2号拉筋长度=200−2×15−d+2×[1.9d+max(10d, 75)] =200−2×15−6.5+2×[1.9×6.5+max(10×6.5, 75)] =338mm	
	箍(拉)筋根数=(3600−50−50)/150+1 =25根	《11G101-3》第58页

续表

钢 筋	计 算 过 程	说 明
一层钢筋 三维效果	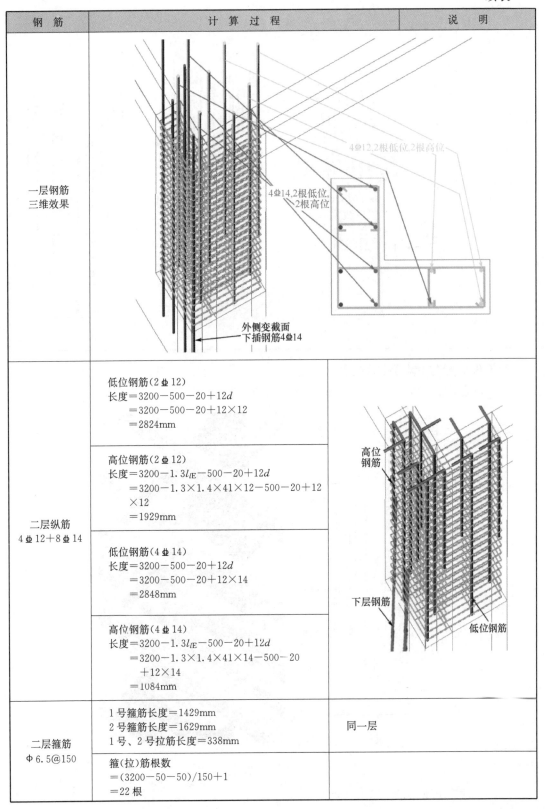	
二层纵筋 4Φ12+8Φ14	低位钢筋(2Φ12) 长度=3200-500-20+12d =3200-500-20+12×12 =2824mm	
	高位钢筋(2Φ12) 长度=3200-1.3l_{lE}-500-20+12d =3200-1.3×1.4×41×12-500-20+12 ×12 =1929mm	
	低位钢筋(4Φ14) 长度=3200-500-20+12d =3200-500-20+12×14 =2848mm	
	高位钢筋(4Φ14) 长度=3200-1.3l_{lE}-500-20+12d =3200-1.3×1.4×41×14-500-20 +12×14 =1084mm	
二层箍筋 Φ6.5@150	1号箍筋长度=1429mm 2号箍筋长度=1629mm 1号、2号拉筋长度=338mm	同一层
	箍(拉)筋根数 =(3200-50-50)/150+1 =22 根	

钢 筋	计 算 过 程	说 明
GBZ6 钢筋 三维效果	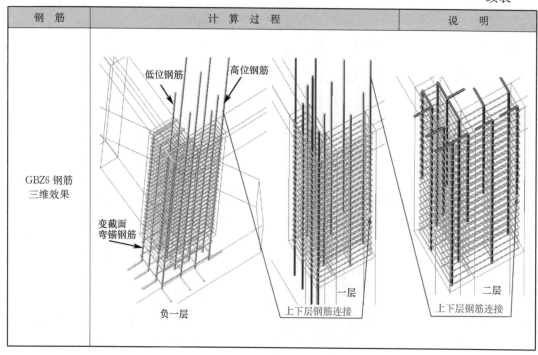	

7. GBZ7(暗柱)钢筋计算过程

GBZ7 是暗柱，位于④/Ⓐ轴，钢筋计算简图，见图 4-2-7。

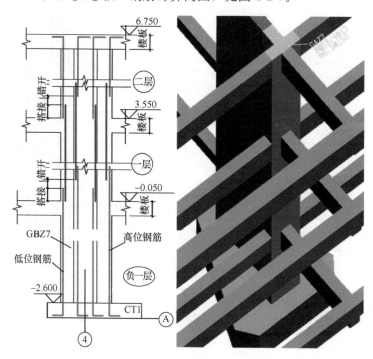

图 4-2-7 GBZ7 钢筋计算简图

GBZ7 钢筋计算过程，见表 4-2-9。

GBZ7 钢筋计算过程

表 4-2-9

钢 筋	计 算 过 程	说 明
负一层纵筋 8⊕18+4⊕12	确定暗柱钢筋在承台内的锚固方式：（基础高>l_{aE}） 伸至承台底部弯折 $6d=108$	《11G101-3》第58页
	低位钢筋(4⊕18)： 长度=2550+800-50+108+l_{lE}+500 　　　=2550+800-50+108+1.4×41×18+500 　　　=4941mm	低位钢筋(2⊕12)： 长度=2550+800-50+108+l_{lE}+500 　　　=2550+800-50+108+1.4×41 　　　　×12+500 　　　=4597mm
	高位钢筋(4⊕18)： 长度=2550+800-50+108+l_{lE}+500+1.3l_{lE} 　　　=2550+800-50+108+2.3×(1.4×41×18)+500 　　　=6284mm	
	高位钢筋(2⊕12)： 长度=2550+800-50+108+l_{lE}+500+1.3l_{lE} 　　　=2550+800-50+108+2.3×(1.4×41×12)+500 　　　=5492mm	《11G101-1》第73页 《11G101-3》第58页
负一层箍筋 Φ6.5@150	1号箍筋长度 =2×(200-2×20)+2×(600-2×20)-4d+2 　×[1.9d+max(10d, 75)] =2×(200-2×20)+2×(600-2×20)-4×6.5+2 　×[1.9×6.5+max(10×6.5, 75)] =1589mm 2号箍筋长度 =2×(200-2×20)+2×(500-2×20)-4d+2 　×[1.9d+max(10d, 75)] =2×(200-2×20)+2×(500-2×20)-4×6.5+2 　×[1.9×6.5+max(10×6.5+75)] =1389mm	
	拉筋长度 =200-2×20-d+2 　×[1.9d+max(10d, 75)] =200-2×20-6.5+2 　×[1.9×6.5+max(10×6.5, 75)] =328mm	
	箍(拉)筋根数=(2550-50-50)/150+1+2=20根（式中"2"为基础内箍筋根数）	
负一层钢 筋三维效果		

钢 筋	计 算 过 程	说 明
一层纵筋 8Φ18+4Φ12	低位钢筋(2Φ12)： 长度=3600-500+l_{lE}+500 =3600-500+1.4×41×12+500 =4289mm	高位钢筋(2Φ12)： 长度=3600-500-1.3l_{lE}+500+2.3l_{lE} =4289mm
	低位钢筋(4Φ18)： 长度=3600-500+l_{lE}+500 =3600-500+1.4×41×18+500 =4633mm	高位钢筋(4Φ18)： 长度=3600-500-1.3l_{lE}+500+2.3l_{lE} =4633mm
一层箍筋 Φ6.5@150	1号箍筋长度=1629mm(计算公式同负一层，保护层取15) 拉筋长度=338mm(计算公式同负一层，保护层取15)	2号箍筋长度=1429mm(计算公式同负一层，保护层取15) 箍(拉)筋根数=(3600-50-50)/150+1=25根
一层钢筋 三维效果		
二层纵筋 8Φ18+4Φ12	低位钢筋(2Φ12) 长度=3200-500-20+12d =3200-20+12×12 =2824mm	高位钢筋(2Φ12) 长度=3200-1.3l_{lE}-500-20+12d =3200-1.3×1.4×41×12-500 -20+12×12=1929mm
	低位钢筋(4Φ18) 长度=3200-500-20+12d =3200-500-20+12×18 =2896mm	高位钢筋(4Φ18) 长度=3200-1.3l_{lE}-500-20+12d +max(41d，120-20+12d) =3200-1.3×1.4×41×18-500 -20+12×18 =1553mm
二层箍筋 Φ6.5@150	1号箍筋长度=1629mm(同一层) 2号箍筋长度=1429mm(同一层) 拉筋长度=338mm(同一层) 箍(拉)筋根数=(3200-50-50)/150+1=22根	

续表

钢　筋	计　算　过　程	说　　明
二层钢筋 三维效果	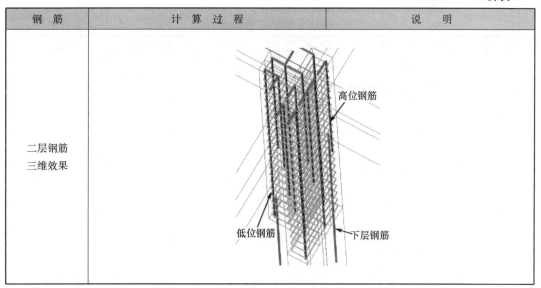	

8. GBZ8(暗柱)钢筋计算过程

GBZ8 是暗柱，位于①、⑦轴上靠近Ⓐ轴，钢筋计算简图见图 4-2-8。

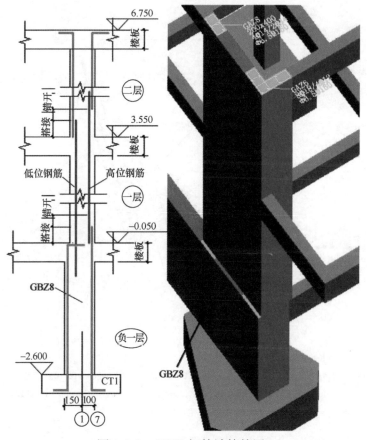

图 4-2-8　GBZ8 钢筋计算简图

GBZ8（暗柱）钢筋计算过程，见表 4-2-10。

GBZ8 钢筋计算过程   表 4-2-10

钢 筋	计 算 过 程	说 明
负一层纵筋 6⊕14	确定暗柱钢筋在承台内的锚固方式：（基础高度＞l_{aE}） 伸至承台底部弯折 $6d=84$	《11G101-3》第 58 页
	外侧变截面弯锚钢筋（3⊕14）： 长度＝2550＋800－50－84－20＋12d 　　＝2550＋800－50－84－20＋12×14 　　＝3532mm 式中"20"表示顶部保护层厚度取梁保护层厚度	外侧变截面弯锚钢筋
	其余低位钢筋 2⊕14： 长度＝2550＋800－50－84＋l_{lE}＋500 　　＝2550＋800－50－84＋1.4×41×14＋500 　　＝4688mm	《11G101-1》第 73、70 页 《11G101-3》第 58 页
	其余高位钢筋 1⊕14： 长度＝2550＋800－50－84＋l_{lE}＋500＋1.3l_{lE} 　　＝2550＋800－50－84＋2.3×（1.4×41×14）＋500 　　＝5732mm	
负一层钢筋 三维效果		
负一层箍筋 Φ6.5@150	箍筋长度 ＝2×（400－2×20）＋2×（250－2×20）－4d＋2×[1.9d＋max(10d，75)] ＝2×（400－2×20）＋2×（250－2×20）－4×6.5＋2×[1.9×6.5＋max(10×65，75)] ＝1289mm	

钢　筋	计　算　过　程	说　明
负一层箍筋 $\Phi 6.5@150$	拉筋长度 $=250-2\times20-d+2\times[1.9d+\max(10d, 75)]$ $=250-2\times20-6.5+2\times[1.9\times6.5+\max(10\times6.5, 75)]$ $=328mm$	
	箍(拉)筋根数$=(2550-50-50)/150+1+2=20$ 根(式中"2"为基础内箍筋根数)	
一层纵筋 $6\Phi14$	外侧下插钢筋低位(1Φ14): 长度$=3600+1.2l_{aE}+l_{lE}+500$ $\quad=3600+1.2\times41\times14+1.4\times41\times14+500$ $\quad=5592mm$ 外侧下插钢筋高位(2Φ14): 长度$=3600+1.2l_{aE}+l_{lE}+500+1.3l_{lE}$ $\quad=3600+1.2\times41\times14+2.3\times(1.4\times41\times14)+500$ $\quad=6637mm$	《11G101-1》第73页
	里侧低位钢筋(2Φ14): 长度$=3600-500+l_{lE}+500$ $\quad=3600-500+1.4\times41\times14+500$ $\quad=4404mm$ 里侧高位钢筋(1Φ14): 长度$=3600-500-1.3l_{lE}+500+2.3l_{lE}$ $\quad=4404mm$	
一层钢筋 三维效果		

钢 筋	计 算 过 程	说 明
一层箍筋 $\Phi 6.5@150$	箍筋长度 $=2\times(400-2\times15)+2\times(200-2\times15)-4d+2$ $\quad\times[1.9d+\max(10d,75)]$ $=2\times(400-2\times15)+2\times(200-2\times15)-4\times6.5+2$ $\quad\times[1.9\times6.5,\max(10\times6.5,75)]$ $=1229\text{mm}$ 拉筋长度 $=200-2\times15-d+2\times[1.9d+\max(10d,75)]$ $=200-2\times15-6.5+2\times[1.9\times6.5+\max(10\times6.5,75)]$ $=338\text{mm}$ 箍(拉)筋根数$=(3600-50-50)/150+1=25$根	《12G901-1》第3-9页
二层纵筋 $6\,\Phi 14$	低位钢筋($3\,\Phi 14$) 长度$=3200-500-20+12d$ $\quad=3200-500-20+12\times14$ $\quad=2848\text{mm}$ 高位钢筋($3\,\Phi 14$) 长度$=3200-1.3l_{lE}-500-20+12d$ $\quad=3200-1.3\times1.4\times41\times14-500-20+12\times14$ $\quad=1084\text{mm}$	
二层箍筋 $\Phi 6.5@150$	箍筋长度$=1229\text{mm}$(同一层) 拉筋长度$=338\text{mm}$(同一层) 箍(拉)筋根数$=(3200-50-50)/150+1=22$根	

GBZ8 总体三维钢筋效果：

9. GBZ9(暗柱)钢筋计算过程

GBZ9是暗柱，④/ⓒ轴偏下位置的GBZ9下的基础是CT2，其余位置的GBZ9下面的基础均为CT1，钢筋计算简图见图4-2-9。

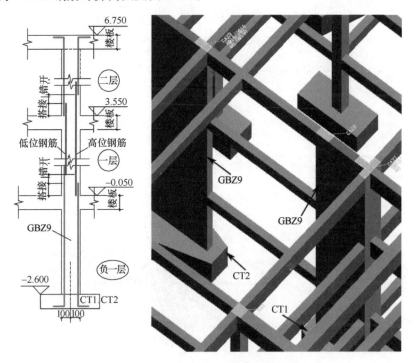

图 4-2-9　GBZ9 钢筋计算简图

(1) ④/ⓒ轴偏下位置的 GBZ9(暗柱)钢筋计算过程

④/ⓒ轴偏下位置 GBZ9(暗柱)钢筋计算过程，见表 4-2-11。

④/ⓒ轴偏下位置 GBZ9(暗柱)钢筋计算过程　　表 4-2-11

钢　筋	计　算　过　程	说　明
负一层纵筋 6⏀14	确定暗柱钢筋在承台内的锚固方式：(基础高度>l_{aE}) 伸至承台底部弯折$6d=84$	《11G101-3》第58页
	低位钢筋 3⏀14： 长度=$2550+900-50+84+l_{lE}+500$ =$2550+900-50+84+1.4×41×14+500$ =4588mm	《06G101-6》第66页 《12G901-1》第3-1页 《11G101-1》第48页
	高位钢筋 3⏀14： 长度=$2550+900-50+84+l_{lE}+500+1.3l_{lE}$ =$2550+900-50+84+2.3×(1.4×41×14)+500$ =5632mm	

续表

钢 筋	计 算 过 程	说 明
负一层箍筋 Φ6.5@150	箍筋长度 $=2\times(400-2\times20)+2\times(200-2\times20)-4d+2\times[1.9d+\max(10d,75)]$ $=2\times(400-2\times20)+2\times(200-2\times20)-4\times6.5+2\times[1.9\times6.5+\max(10\times6.5,75)]$ $=1189mm$	
	拉筋长度 $=200-2\times20-d+2\times[1.9d+\max(10d,75)]$ $=200-2\times20-6.5+2\times[1.9\times6.5+\max(10\times6.5,75)]$ $=328mm$	
	箍(拉)筋根数$=(2550-50-50)/150+1+2=20$ 根(式中"2"为基础内箍筋根数)	
负一层钢 筋三维效果		
一层纵筋 6⫫14	低位钢筋(3⫫14): 长度$=3600-500+l_{lE}+500$ $\qquad=3600-500+1.4\times41\times14+500$ $\qquad=4404mm$	 《11G101-1》第73页
	高位钢筋(3⫫14): 长度$=3600-500-1.3l_{lE}+500+2.3l_{lE}$ $\qquad=4404mm$	
一层箍筋 Φ6.5@150	箍筋长度$=1229mm$(计算公式同负一层,保护层取15)	《11G101-1》第58页
	拉筋长度$=338mm$(计算公式同负一层,保护层取15)	
	箍(拉)筋根数$=(3600-50-50)/150+1=25$ 根	

续表

钢 筋	计 算 过 程	说 明
二层纵筋 6 ⏀14	低位钢筋(3 ⏀14) 长度=3200−500−20+12d 　　=3200−500−20+12×14 　　=2848mm 高位钢筋(3 ⏀14) 长度=3200−1.3l_{lE}−500−20+12d 　　=3200−1.3×1.4×41×14−500 　　−20+12×14 　　=1084mm	《11G101-1》第 70 页 高位钢筋 低位钢筋
二层箍筋 ⏀6.5@150	箍筋长度=1229mm（同一层） 拉筋长度=338mm（同一层） 箍(拉)筋根数=(3200−50−50)/150+1 　　=22 根	

（2）其余位置的 GBZ9(暗柱)钢筋计算过程

其余位置的 GBZ9(暗柱)钢筋计算过程，见表 4-2-12。

其余位置的 GBZ9(暗柱)钢筋计算过程　　　　表 4-2-12

钢 筋	计 算 过 程	说 明
负一层纵筋 6 ⏀14	确定暗柱钢筋在承台内的锚固方式：（基础高度>l_{aE}） 伸至承台底部弯折 6d=84	《11G101-3》第 58 页
	低位钢筋(3 ⏀14)： 长度=2550+800−50+84+l_{lE}+500 　　=2550+800−50+84+1.4×41×14+500 　　=4488mm 高位钢筋(3 ⏀14)： 长度=2550+800−50+84+l_{lE}+500+1.3l_{lE} 　　=2550+800−50+84+2.3×(1.4×41×14)+500 　　=5532mm	《11G101-1》第 73 页
负一层箍筋 ⏀6.5@150	箍筋长度=1189mm	
	拉筋长度=328mm	
	箍(拉)筋根数=(2550−50−50)/150+1+2=20 根(式中"2"为基础内箍筋根数)	
一层纵筋 6 ⏀14	低位钢筋(3 ⏀14)： 长度=4404mm	同 ④/① 轴偏下位置 GAZ9
	高位钢筋(3 ⏀14)： 长度=4404mm	
一层箍筋 ⏀6.5@150	箍筋长度=1229mm	《11G101-3》第 58 页
	拉筋长度=338mm	
	箍(拉)筋根数=(3600−50−50)/150+1=25 根	
二层纵筋 6 ⏀14	低位钢筋(3 ⏀14) 长度=3174mm	同④/①轴偏下位置 GAZ
	高位钢筋(3 ⏀14) 长度=2129mm	
二层箍筋 ⏀6.5@150	箍筋长度=1229mm（同一层） 拉筋长度=338mm（同一层） 箍(拉)筋根数=(3200−50−50)/150+1=22 根	

三、暗柱钢筋计算结果分析

前面讲解了本书框架-剪力墙结构实例工程中的剪力墙暗柱的钢筋详细计算过程，现对计算过程中的重点环节进行分析，以便让读者举一反三。本书的特色就在于除了描述实例的计算过程，更在于理清计算思路。

1. 关于暗柱混凝土保护层厚度的取值

本书实例工程剪力墙暗柱混凝土保护层厚度的取值归纳，见表 4-2-13。

暗柱纵筋混凝土保护层厚度归纳   表 4-2-13

暗 柱	部 位	纵筋混凝土保护层厚度（mm）
GAZ1、GAZ2、GAZ4、GAZ6、GAZ8	负一层	20
GAZ3、GAZ5、GAZ7、GAZ9	一～二层	15

2. 暗柱变截面处钢筋构造

暗柱变截面处钢筋构造，见表 4-2-14。本书实例工程计算中，GBZ1、GBZ2、GBZ4、GBZ6、GBZ8 在负一层顶部有变截面，本书均按《11G101-1》第 70 页构造计算，即变截面处下层钢筋弯锚，下层钢筋插入下层。

暗柱变截面处钢筋构造   表 4-2-14

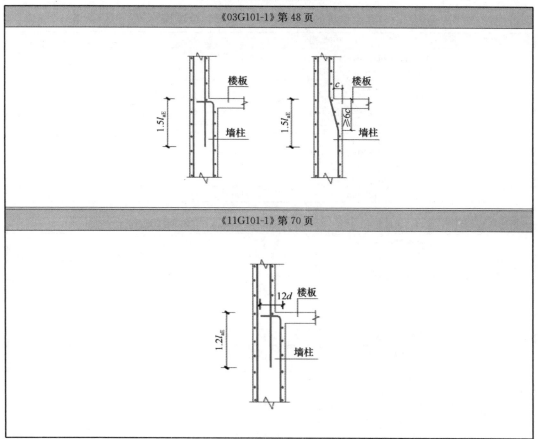

3. 暗柱插筋在承台内的构造

本书实例工程中，以钢筋直径最大的 GBZ7 为例：

纵筋直径为 $\Phi 18$，$l_{aE}=41d=41 \times 18=738mm$

CT1 厚 800mm，CT2 厚 900mm，承台厚度$>l_{aE}$，那么，暗柱纵筋在承台内能否直锚呢？本书实例工程中，参照《11G101-3》第 58 页右上角"墙插筋在基础内的锚固构造"来做，GBZ1~GBZ9 纵筋全部插入到承台底部再弯折。

四、剪力墙暗柱钢筋计算汇总

本书实例工程剪力墙暗柱钢筋计算汇总，见表 4-2-15。

剪力墙暗柱钢筋汇总表　　　　　　　　　　　表 4-2-15

构 件	钢筋名称	钢筋规格	长度 (m)	线密度 (kg/m)	单重 (kg)	根数	总重 (kg)	构件 数量	构件总重 (kg)	小计 (kg)
GBZ1	负一层外侧弯锚纵筋	4 Φ 16	3.408	1.578	5.378	4	21.511	2	43.023	
	负一层其余低位钢筋	4 Φ 16	4.814	1.578	7.596	4	30.386	2	60.772	
	负一层其余高位钢筋	4 Φ 16	6.008	1.578	9.481	4	37.922	2	75.845	
	负一层 1 号箍筋	Φ 6.5@150	1.489	0.26	0.387	20	7.743	2	15.486	
	负一层 2 号箍筋	Φ 6.5@150	1.689	0.26	0.439	20	8.783	2	17.566	
	负一层 1 号拉筋	Φ 6.5@150	0.378	0.26	0.098	20	1.966	2	3.931	
	负一层 2 号拉筋	Φ 6.5@150	0.331	0.26	0.086	20	1.721	2	3.442	
	一层外侧下插钢筋（低位）	1 Φ 16	5.806	1.578	9.162	1	9.162	2	18.324	
	一层外侧下插钢筋（高位）	1 Φ 16	7	1.578	11.046	1	11.046	2	22.092	
	一层外侧下插钢筋（低位）	1 Φ 14	5.592	1.21	6.766	1	6.766	2	13.533	
	一层外侧下插钢筋（高位）	1 Φ 14	6.637	1.21	8.031	1	8.031	2	16.062	543.146
	一层其余纵筋（低位）	3 Φ 16	4.518	1.578	7.129	3	21.388	2	42.776	
	一层其余纵筋（高位）	3 Φ 16	4.518	1.578	7.129	3	21.388	2	42.776	
	一层其余纵筋（低位）	1 Φ 14	4.404	1.21	5.329	1	5.329	2	10.658	
	一层其余纵筋（高位）	1 Φ 14	4.404	1.21	5.329	1	5.329	2	10.658	
	二层纵筋（低位）	2 Φ 12	2.824	0.888	2.508	2	5.015	2	10.031	
	二层纵筋（高位）	2 Φ 12	1.929	0.888	1.713	2	3.426	2	6.852	
	二层纵筋（低位）	4 Φ 14	2.848	1.21	3.446	4	13.784	2	27.569	
	二层纵筋（高位）	4 Φ 14	1.084	1.21	1.312	4	5.247	2	10.493	
	一层、二层 1 号箍筋	Φ 6.5@150	1.429	0.26	0.372	47	17.462	2	34.925	
	一层、二层 2 号箍筋	Φ 6.5@150	1.629	0.26	0.424	47	19.906	2	39.813	
	一层、二层 1 号拉筋	Φ 6.5@150	0.338	0.26	0.088	47	4.130	2	8.261	
	一层、二层 2 号拉筋	Φ 6.5@150	0.338	0.26	0.088	47	4.130	2	8.261	
GBZ2	负一层外侧弯锚纵筋	3 Φ 12	3.496	0.888	3.104	3	9.313	2	18.627	
	负一层其余低位钢筋	1 Φ 12	4.561	0.888	4.050	1	4.050	2	8.100	
	负一层其余高位钢筋	2 Φ 12	5.456	0.888	4.845	2	9.690	2	19.380	
	负一层箍筋	Φ 6.5@150	1.289	0.26	0.335	20	6.703	2	13.406	174.894
	负一层拉筋	Φ 6.5@150	0.328	0.099	0.032	20	0.649	2	1.299	
	一层外侧下插钢筋（低位）	2 Φ 12	5.379	0.888	4.777	2	9.553	2	19.106	

续表

构 件	钢筋名称	钢筋规格	长度(m)	线密度(kg/m)	单重(kg)	根数	总重(kg)	构件数量	构件总重(kg)	小计(kg)
GBZ2	一层外侧下插钢筋（高位）	1Φ12	6.275	0.888	5.572	1	5.572	2	11.144	172.039
	一层其余纵筋（低位）	1Φ12	4.289	0.888	3.809	1	3.809	2	7.617	
	一层其余纵筋（高位）	2Φ12	4.289	0.888	3.809	2	7.617	2	15.235	
	二层纵筋（低位）	3Φ12	2.824	0.888	2.508	3	7.523	2	15.046	
	二层纵筋（高位）	3Φ12	1.929	0.888	1.713	3	5.139	2	10.278	
	一、二层箍筋	Φ6.5@150	1.229	0.26	0.320	47	15.018	2	30.037	
	一、二层拉筋	Φ6.5@150	0.338	0.087	0.029	47	1.382	2	2.764	
GBZ3	负一层纵筋（低位）	6Φ16	4.814	1.578	7.596	6	45.579	1	45.579	272.366
	负一层纵筋（高位）	6Φ16	6.008	1.578	9.481	6	56.884	1	56.884	
	负一层1号箍筋	Φ6.5@150	1.389	0.26	0.361	20	7.223	1	7.223	
	负一层2号箍筋	Φ6.5@150	1.589	0.26	0.413	20	8.263	1	8.263	
	负一层拉筋	Φ6.5@150	0.328	0.26	0.085	20	1.706	1	1.706	
	一层纵筋（低位）	2Φ12	4.289	0.888	3.809	2	7.617	1	7.617	
	一层纵筋（高位）	2Φ12	5.289	0.888	4.697	2	9.393	1	9.393	
	一层纵筋（低位）	4Φ16	4.518	1.578	7.129	4	28.518	1	28.518	
	一层纵筋（高位）	4Φ16	4.518	1.578	7.129	4	28.518	1	28.518	
	二层纵筋（低位）	2Φ12	2.824	0.888	2.508	2	5.015	1	5.015	
	二层纵筋（高位）	2Φ12	1.929	0.888	1.713	2	3.426	1	3.426	
	二层纵筋（低位）	4Φ16	2.872	1.578	4.532	4	18.128	1	18.128	
	二层纵筋（高位）	4Φ16	1.679	1.578	2.649	4	10.598	1	10.598	
	一、二层1号箍筋	Φ6.5@150	1.429	0.26	0.372	47	17.462	1	17.462	
	一、二层2号箍筋	Φ6.5@150	1.629	0.26	0.424	47	19.906	1	19.906	
	一、二层拉筋	Φ6.5@150	0.338	0.26	0.088	47	4.130	1	4.130	
GBZ4	负一层外侧弯锚纵筋	4Φ16	3.568	1.578	5.630	4	22.521	2	45.042	497.090
	负一层其余低位钢筋	4Φ16	4.814	1.578	7.596	4	30.386	2	60.772	
	负一层其余高位钢筋	4Φ16	5.405	1.578	8.529	4	34.116	2	68.233	
	负一层1号箍筋	Φ6.5@150	1.689	0.26	0.439	20	8.783	2	17.566	
	负一层2号箍筋	Φ6.5@150	1.489	0.26	0.387	20	7.743	2	15.486	
	负一层1号拉筋	Φ6.5@150	0.378	0.26	0.098	20	1.966	2	3.931	
	负一层2号拉筋	Φ6.5@150	0.328	0.26	0.085	20	1.706	2	3.411	
	一层外侧下插钢筋（低位）	2Φ12	5.379	0.888	4.777	2	9.553	2	19.106	
	一层外侧下插钢筋（高位）	2Φ12	6.275	0.888	5.572	2	11.144	2	22.289	
	一层其余纵筋（低位）	2Φ16	4.518	1.578	7.129	2	14.259	2	28.518	
	一层其余纵筋（高位）	2Φ16	4.518	1.578	7.129	2	14.259	2	28.518	
	一层其余纵筋（低位）	2Φ12	4.289	0.888	3.809	2	7.617	2	15.235	
	一层其余纵筋（高位）	2Φ12	4.289	0.888	3.809	2	7.617	2	15.235	
	二层纵筋（低位）	2Φ16	2.872	1.578	4.532	2	9.064	2	18.128	
	二层纵筋（高位）	2Φ16	1.679	1.578	2.649	2	5.299	2	10.598	
	二层纵筋（低位）	4Φ12	2.824	0.888	2.508	4	10.031	2	20.062	

构 件	钢筋名称	钢筋规格	长度 (m)	线密度 (kg/m)	单重 (kg)	根数	总重 (kg)	构件 数量	构件总重 (kg)	小计 (kg)
GBZ4	二层纵筋（高位）	4Φ12	1.929	0.888	1.713	4	6.852	2	13.709	497.090
	一、二层1号箍筋	Φ6.5@150	1.629	0.26	0.424	47	19.906	2	39.813	
	一、二层2号箍筋	Φ6.5@150	1.429	0.26	0.372	47	17.462	2	34.925	
	一、二层1号、2号拉筋	Φ6.5@150	0.338	0.26	0.088	94	8.261	2	16.521	
GBZ5	负一层纵筋（低位）	6Φ16	4.914	1.578	7.754	6	46.526	1	46.526	286.792
	负一层纵筋（高位）	6Φ16	6.108	1.578	9.638	6	57.831	1	57.831	
	负二层1号箍筋	Φ6.5@150	1.389	0.26	0.361	20	7.223	1	7.223	
	负二层2号箍筋	Φ6.5@150	1.589	0.26	0.413	20	8.263	1	8.263	
	负二层拉筋	Φ6.5@150	0.328	0.26	0.085	20	1.706	1	1.706	
	一层纵筋（低位）	6Φ16	4.518	1.578	7.129	6	42.776	1	42.776	
	一层纵筋（高位）	6Φ16	4.518	1.578	7.129	6	42.776	1	42.776	
	二层纵筋（低位）	2Φ14	2.848	1.21	3.422	2	6.844	1	6.844	
	二层纵筋（高位）	2Φ14	1.084	1.21	1.312	2	2.632	1	2.632	
	二层纵筋（低位）	4Φ16	2.872	1.578	4.532	4	18.128	1	18.128	
	二层纵筋（高位）	4Φ16	1.679	1.578	2.649	4	10.598	1	10.598	
	一、二层1号箍筋	Φ6.5@150	1.429	0.26	0.372	47	17.462	1	17.462	
	一、二层2号箍筋	Φ6.5@150	1.629	0.26	0.424	47	19.906	1	19.906	
	一、二层拉筋	Φ6.5@150	0.338	0.26	0.088	47	4.130	1	4.130	
GBZ6	负一层外侧弯锚纵筋	4Φ14	3.532	1.21	4.274	4	17.095	2	34.190	453.931
	负一层其余低位钢筋	4Φ14	4.687	1.21	5.671	4	22.685	2	45.370	
	负一层其余高位钢筋	4Φ14	5.732	1.21	6.936	4	27.743	2	55.486	
	负一层1号箍筋	Φ6.5@150	1.489	0.26	0.387	20	7.743	2	15.486	
	负一层2号箍筋	Φ6.5@150	1.689	0.26	0.439	20	8.783	2	17.566	
	负一层1号拉筋	Φ6.5@150	0.378	0.26	0.098	20	1.966	2	3.931	
	负一层2号拉筋	Φ6.5@150	0.328	0.26	0.085	20	1.706	2	3.411	
	一层外侧下插钢筋（低位）	2Φ14	5.592	1.21	6.766	2	13.533	2	27.065	
	一层外侧下插钢筋（高位）	2Φ14	6.637	1.21	8.031	2	16.062	2	32.123	
	一层其余纵筋（低位）	2Φ14	4.404	1.21	5.329	2	10.658	2	21.315	
	一层其余纵筋（高位）	2Φ14	4.404	1.21	5.329	2	10.658	2	21.315	
	一层其余纵筋（低位）	2Φ12	4.289	0.888	3.809	2	7.617	2	15.235	
	一层其余纵筋（高位）	2Φ12	4.289	0.888	3.809	2	7.617	2	15.235	
	二层纵筋（低位）	4Φ14	2.848	1.21	3.446	4	13.784	2	27.569	
	二层纵筋（高位）	4Φ14	1.084	1.21	1.312	4	5.247	2	10.493	
	二层纵筋（低位）	2Φ12	2.824	0.888	2.508	2	5.015	2	10.031	
	二层纵筋（高位）	2Φ12	1.929	0.888	1.713	2	3.426	2	6.852	
	一、二层1号箍筋	Φ6.5@150	1.429	0.26	0.372	47	17.462	2	34.925	
	一、二层2号箍筋	Φ6.5@150	1.629	0.26	0.424	47	19.906	2	39.813	
	一、二层1号、2号拉筋	Φ6.5@150	0.338	0.26	0.088	94	8.261	2	16.521	

构件	钢筋名称	钢筋规格	长度 (m)	线密度 (kg/m)	单重 (kg)	根数	总重 (kg)	构件 数量	构件总重 (kg)	小计 (kg)
GBZ7	负一层纵筋（低位）	4Φ18	4.941	2	9.882	4	39.528	1	39.528	299.804
	负一层纵筋（高位）	4Φ18	6.284	2	12.568	4	50.272	1	50.272	
	负一层纵筋（低位）	2Φ12	4.597	0.888	4.082	2	8.164	1	8.164	
	负一层纵筋（高位）	2Φ12	5.492	0.888	4.877	2	9.754	1	9.754	
	负一层1号箍筋	Φ6.5@150	1.589	0.26	0.413	20	8.263	1	8.263	
	负一层2号箍筋	Φ6.5@150	1.389	0.26	0.361	20	7.223	1	7.223	
	负一层拉筋	Φ6.5@150	0.328	0.26	0.085	20	1.706	1	1.706	
	一层纵筋（低位）	4Φ18	4.633	2	9.266	4	37.064	1	37.064	
	一层纵筋（高位）	4Φ18	4.633	2	9.266	4	37.064	1	37.064	
	一层纵筋（低位）	2Φ12	4.289	0.888	3.809	2	7.617	1	7.617	
	一层纵筋（高位）	2Φ12	4.289	0.888	3.809	2	7.617	1	7.617	
	二层纵筋（低位）	4Φ18	2.896	2	5.792	4	23.168	1	23.168	
	二层纵筋（高位）	4Φ18	1.553	2	3.106	4	12.424	1	12.424	
	二层纵筋（低位）	2Φ12	2.824	0.888	2.508	2	5.015	1	5.015	
	二层纵筋（高位）	2Φ12	1.929	0.888	1.713	2	3.426	1	3.426	
	一、层1号箍筋	Φ6.5@150	1.629	0.26	0.424	47	19.906	1	19.906	
	一、层2号箍筋	Φ6.5@150	1.429	0.26	0.372	47	17.462	1	17.462	
	一、层拉筋	Φ6.5@150	0.338	0.26	0.088	47	4.130	1	4.130	
GBZ8	负一层外侧弯锚纵筋	3Φ14	3.532	1.21	4.274	3	12.821	2	25.642	233.493
	负一层其余低位钢筋	2Φ14	4.688	1.21	5.672	2	11.345	2	22.690	
	负一层其余高位钢筋	1Φ14	5.732	1.21	6.936	1	6.936	2	13.871	
	负一层箍筋	Φ6.5@150	1.289	0.26	0.335	20	6.703	2	13.406	
	负一层拉筋	Φ6.5@150	0.328	0.26	0.085	20	1.706	2	3.411	
	一层外侧下插钢筋（低位）	1Φ14	5.592	1.21	6.766	1	6.766	2	13.533	
	一层外侧下插钢筋（高位）	2Φ14	6.637	1.21	8.031	2	16.062	2	32.123	
	一层其余纵筋（低位）	2Φ14	4.404	1.21	5.329	2	10.658	2	21.315	
	一层其余纵筋（高位）	1Φ14	4.404	1.21	5.329	1	5.329	2	10.658	
	二层纵筋（低位）	3Φ14	2.848	1.21	3.446	3	10.388	2	20.676	
	二层纵筋（高位）	3Φ14	1.084	1.21	1.312	3	3.935	2	7.870	
	一、二层箍筋	Φ6.5@150	1.229	0.26	0.320	47	15.018	2	30.037	
	一、二层拉筋	Φ6.5@150	0.338	0.26	0.088	47	4.130	2	8.261	
GBZ9	负一层纵筋（低位）	3Φ14	4.588	1.21	5.551	3	16.654	1	16.654	110.382
	负一层纵筋（高位）	3Φ14	5.632	1.21	6.815	3	20.444	1	20.444	
	负一层箍筋	Φ6.5@150	1.189	0.26	0.309	20	6.183	1	6.183	
	负一层拉筋	Φ6.5@150	0.328	0.26	0.085	20	1.706	1	1.706	
	一层纵筋（低位）	3Φ14	4.404	1.21	5.329	3	15.987	1	15.987	
	一层纵筋（高位）	3Φ14	4.404	1.21	5.329	3	15.987	1	15.987	
	二层纵筋（低位）	3Φ14	2.848	1.21	3.446	3	10.338	1	10.338	

续表

构 件	钢筋名称	钢筋规格	长度 (m)	线密度 (kg/m)	单重 (kg)	根数	总重 (kg)	构件 数量	构件总重 (kg)	小计 (kg)
GBZ9	二层纵筋（高位）	3Φ14	1.084	1.21	1.312	3	3.935	1	3.935	110.382
	一、二层箍筋	Φ6.5@150	1.229	0.26	0.320	47	15.018	1	15.018	
	一、二层拉筋	Φ6.5@150	0.338	0.26	0.088	47	4.130	1	4.130	
GBZ10	负一层纵筋（低位）	3Φ14	4.488	1.21	5.430	3	16.291	4	65.166	458.531
	负一层纵筋（高位）	3Φ14	5.532	1.21	6.694	3	20.081	4	80.325	
	负一层箍筋	Φ6.5@150	1.189	0.26	0.309	20	6.183	4	24.731	
	负一层拉筋	Φ6.5@150	0.328	0.26	0.085	20	1.706	4	6.822	
	一层纵筋（低位）	3Φ14	4.404	1.21	5.329	3	15.987	4	63.946	
	一层纵筋（高位）	3Φ14	4.404	1.21	5.329	3	15.987	4	63.946	
	二层纵筋（低位）	3Φ14	3.174	1.21	3.841	3	11.522	4	46.086	
	二层纵筋（高位）	3Φ14	2.129	1.21	2.576	3	7.728	4	30.913	
	一、二层箍筋	Φ6.5@150	1.229	0.26	0.320	47	15.018	4	60.074	
	一、二层拉筋	Φ6.5@150	0.338	0.26	0.088	47	4.130	4	16.521	
合计		/								3395.355

第三节　剪力墙暗柱钢筋总结

一、剪力墙暗柱钢筋知识体系

剪力墙暗柱钢筋的知识体系，见图4-3-1。本书将平法钢筋识图算量的学习方法总结为"系统梳理"和"关联对照"，这也是本书的精髓所在，请读者多加理解。

"系统梳理"就是将某类构件的钢筋相关构造进行梳理，例如，我们将剪力墙暗柱的

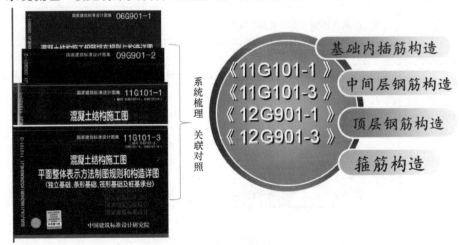

图4-3-1　剪力墙暗柱钢筋知识体系

钢筋构造梳理为"基础内插筋构造"、"中间层钢筋构造"、"顶层钢筋构造"、"箍筋构造"四点，也就是将平法图集上的内容进行分类归纳。

"关联对照"就是将相关的构件，或相关的图集规范进行对照理解。例如，我们对照《11G101-3》、《11G101-1》、《12G901-1》、《12G901-3》来理解剪力墙暗柱钢筋的相关内容。

特别说明：剪力墙结构中的"端柱"，其钢筋构造与框架柱相同，请参见本书框架柱相关章节，本章只讲解"暗柱"。

一句话概括暗柱："暗柱不是独立的柱构件，是剪力墙墙身的一个组成部分，因此其纵筋构造同剪力墙竖向钢筋。"

二、剪力墙暗柱插筋构造

剪力墙暗柱在基础内插筋构造，见表 4-3-1。

剪力墙暗柱插筋构造 表 4-3-1

基 础 形 式	暗 柱 插 筋 构 造	图 集 出 处
条形基础	暗柱纵筋全部伸入基础底部并弯折	《11G101-3》第 58 页
承台梁		
独立承台	暗柱纵筋全部伸入基础底部弯折	
梁板式筏形基础主梁	暗柱纵筋全部伸入基础底部并弯折	《11G101-3》第 58 页
平板式筏形基础	暗柱全部纵筋伸至基础底部弯折	《11G101-3》第 58 页
楼层连梁	上下楼层洞口错开时，暗柱插入下层连梁，暗柱纵筋插入连梁 l_{aE}（l_a）	《11G101-1》第 70 页

三、剪力墙暗柱中间层钢筋构造

剪力墙暗柱中间层钢筋构造，见表 4-3-2。

表 4-3-2

剪力墙暗柱中间层钢筋构造

构造分类	构 造 要 点	图 集 出 处
剪力墙暗柱纵筋中间层基本构造	采用搭接时： 　低位钢筋长度＝层高＋500＋l_{lE} 　高位钢筋长度＝层高＋2.3l_{lE}＋500mm 采用焊接或机械连接时： 　低位钢筋长度＝层高＋500mm 　高位钢筋长度＝层高＋500mm＋35d 采用焊接时，错开连接长度为 max（35d，500）	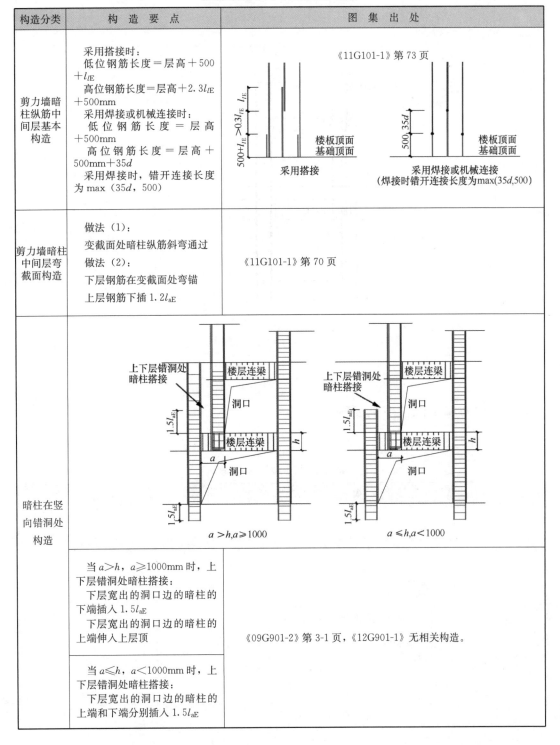
剪力墙暗柱中间层变截面构造	做法（1）： 变截面处暗柱纵筋斜弯通过 做法（2）： 下层钢筋在变截面处弯锚 上层钢筋下插 1.2l_{aE}	《11G101-1》第 70 页
暗柱在竖向错洞处构造	（图示） 当 $a>h$，$a≥1000$mm 时，上下层错洞处暗柱搭接： 　下层宽出的洞口边的暗柱的下端插入 1.5l_{aE} 　下层宽出的洞口边的暗柱的上端伸入上层顶	《09G901-2》第 3-1 页，《12G901-1》无相关构造。
	当 $a≤h$，$a<1000$mm 时，上下层错洞处暗柱搭接： 　下层宽出的洞口边的暗柱的上端和下端分别插入 1.5l_{aE}	

构造分类	构 造 要 点	图 集 出 处
暗柱在竖向错洞处构造	当"a 较小"时： "a 较小"是什么意思？什么是"较小"？可以理解为：上下层错洞处暗柱有重叠 a较小	《09G901-2》第 3-2 页 《12G901-1》无相关构造

四、剪力墙暗柱柱顶钢筋构造

剪力墙暗柱柱顶钢筋构造，见表 4-3-3。

剪力墙暗柱顶钢筋构造 表 4-3-3

构造分类	构 造 要 点	图 集 出 处
暗柱柱顶一般构造		《11G101-1》第 70 页 《12G901-1》第 3-9 页

构　造　分　类	构　造　要　点	图　集　出　处
墙顶有边框梁	墙顶有边框梁时，暗柱纵筋从梁底起算锚固 l_{aE}（l_a）	《11G101-1》第 70 页

五、剪力墙暗柱箍（拉）筋构造

剪力墙暗柱箍（拉）筋构构造，见表 4-3-4。

剪力墙暗柱箍（拉）筋构造　　　　　　　　　　表 4-3-4

构造分类	构　造　要　点	说　　　明
箍筋长度	矩形箍筋中心线长： $2\times[(b-2c)+(h-2c)]-4d+2\times[1.9d+\max(10d,75)]$（本书实例按中心线长度计算） 矩形箍筋外边线长： $2\times[(b-2c)+(h-2c)]+2\times[1.9d+\max(10d,75)]$ 拉筋长度： $(b-2c)-2d+2\times[1.9d+\max(10d,75)]$	
基础内箍筋根数	间距≤500mm 且不少于两道箍筋	《11G101-3》第 58 页
其余位置	从基顶到柱顶连续布置	

续表

构造分类	构 造 要 点	说 明
约束形暗柱扩展区箍筋	《11G101-1》第 71 页，对约束形柱扩展区未详细描述。 《12G901-1》第 3-2、3-3、3-4 页 （1）扩展区纵筋同剪力墙竖向钢筋 （2）扩展区可采用封闭箍筋，也可采用剪力墙水平钢筋替代 （3）扩展区采用封闭箍筋时，伸入核心区 1 倍纵向钢筋间距且箍住该纵向钢筋	
暗柱箍筋和剪力墙水平筋间隔布置	《11G101-1》第 72 页 这是近年常见的一种设计做法，暗柱箍筋与剪力墙水平筋间隔布置	

本章施工图1：基顶～－0.050m柱及剪力墙平面图

楼层结构标高、层高

层号	标高(m)	层高(m)	柱构混凝土强度等级	梁板混凝土强度等级
小屋面	9.65			
屋面	6.750	2.900	C30	C30
2	3.550	3.200	C30	C30
1	-0.050	3.600	C30	C30
-1	-2.600	2.550	C30	C30

剪 力 墙 身 表

编号	标 高	墙厚(mm)	水平分布筋	垂直分布筋	拉筋
Q1(2号)	基础顶面~-0.050m	200	φ8@150	φ8@150	φ6@300

说明：

1. 本图未标注墙均为Q1，墙厚为200mm，拉筋梅花形布置。
2. W1是地下到挡土墙，配筋详见（防水板平面布置图），本书第34页。
3. 其余说明详结施总说明。

基顶～－0.050m柱及剪力墙平法施工图

本章施工图2: -0.050~6.750m柱及剪力墙平面图

楼层结构标高、层高

层号	标高(m)	层高(m)	柱墙混凝土强度等级	梁板混凝土强度等级
小屋面	9.650		C30	C30
屋面 2	6.750 3.550	2.900 3.200	C30 C30	C30 C30
1	-0.050	3.800	C30	C30
-1	-2.800	2.550	C30	C30

剪力墙身表

编号	标高	墙厚(mm)	水平分布筋	垂直分布筋	拉筋
Q1(2号)	-0.050m~6.750m	200	φ8@150	φ8@150	φ6@300

说明：

1. 本图墙均为Q1，墙厚为200mm，拉筋梅花形布置。

2. Q1墙中心线即为轴线。

3. 其余说明详结施总说明。

-0.05~6.75m柱及剪力墙平法施工图

本章施工图图3：6.750m以下柱配筋图（同第三章施工图）

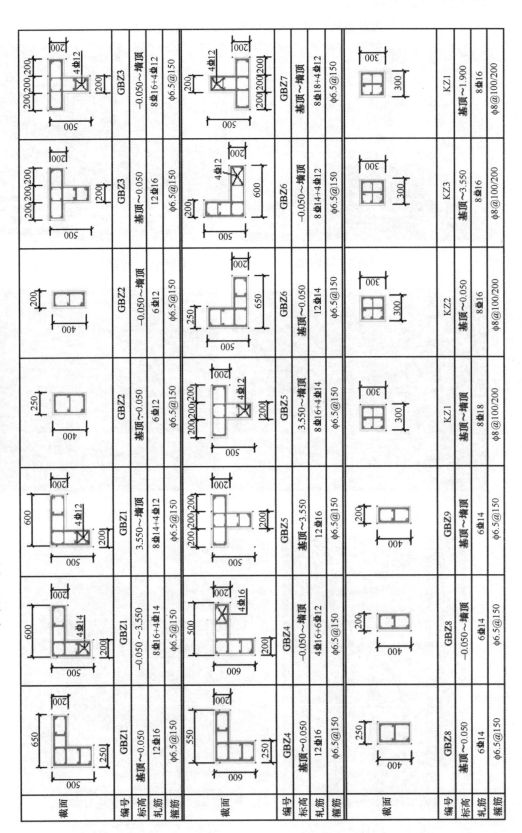

截面						
编号	GBZ1	GBZ1	GBZ2	GBZ2	GBZ3	GBZ3
标高	基顶~0.050	-0.050~3.550	基顶~0.050	基顶~0.050	基顶~0.050	-0.050~墙顶
轧筋	12Φ16	8Φ16+4Φ14	6Φ12	6Φ12	12Φ16	8Φ16+4Φ12
箍筋	φ6.5@150	φ6.5@150	φ6.5@150	φ6.5@150	φ6.5@150	φ6.5@150

截面						
编号	GBZ4	GBZ4	GBZ5	GBZ5	GBZ6	GBZ7
标高	基顶~0.050	-0.050~墙顶	基顶~墙顶	3.550~墙顶	-0.050~墙顶	基顶~墙顶
轧筋	12Φ16	4Φ16+6Φ12	12Φ16	8Φ16+4Φ14	8Φ14+4Φ12	8Φ18+4Φ12
箍筋	φ6.5@150	φ6.5@150	φ6.5@150	φ6.5@150	φ6.5@150	φ6.5@150

截面						
编号	GBZ8	GBZ8	GBZ9	KZ1	KZ2	KZ3	KZ1
标高	基顶~0.050	-0.050~墙顶	基顶~墙顶	基顶~墙顶	基顶~0.050	基顶~3.550	基顶~1.900
轧筋	6Φ14	6Φ14	6Φ14	8Φ18	8Φ16	8Φ16	8Φ16
箍筋	φ6.5@150	φ6.5@150	φ6.5@150	φ8@100/200	φ8@100/200	φ8@100/200	φ8@100/200

本章附图：彭波各地讲座及剪力墙暗柱钢筋欣赏

附图 4-1 彭波在邵阳讲座

附图 4-2 彭波在内蒙古讲座

附图 4-3 暗柱钢筋效果

附图 4-4 暗柱纵筋机械连接

附图 4-5 暗柱纵筋搭接

附图 4-6 剪力墙洞边暗柱

第五章　剪　力　墙

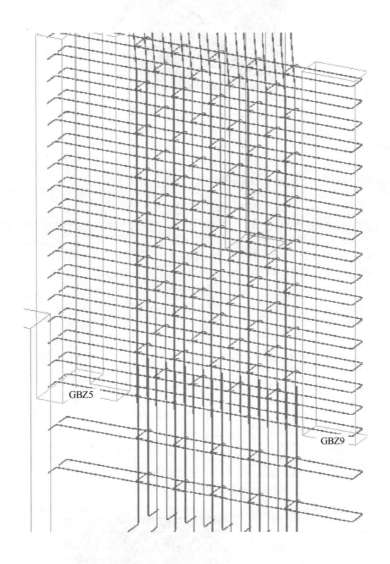

GBZ5

GBZ9

第一节　关于剪力墙构件

一、剪力墙结构的组成

剪力墙结构由墙身、墙柱、墙梁组成，见图 5-1-1。

关于剪力墙结构中的"墙柱"，已在本书第四章进行了详细的讲解，此处不再讲解。

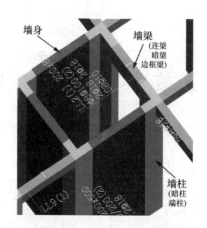

图 5-1-1　剪力墙结构组成

二、墙梁

剪力墙的墙梁有连梁、暗梁、边框梁三类，见表 5-1-1。

墙　梁　　　　　　　　　　　　　　　　　　　　　　表 5-1-1

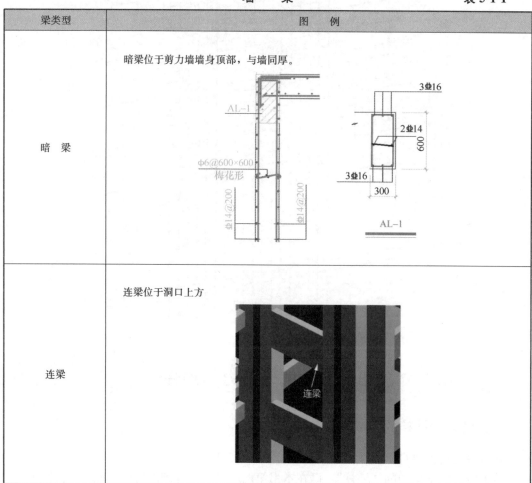

梁类型	图　例
暗　梁	暗梁位于剪力墙墙身顶部，与墙同厚。
连　梁	连梁位于洞口上方

梁类型	图 例
边框梁	位于剪力墙顶，施工图上一般标为 KL 和 WKL 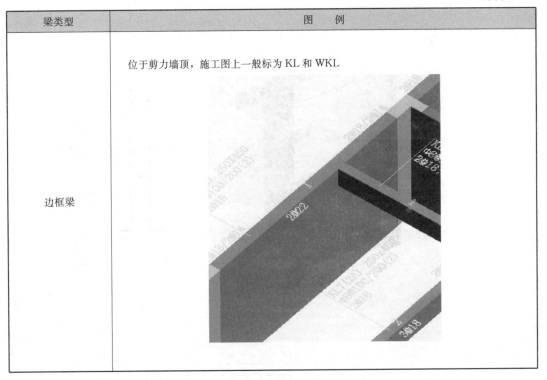

三、剪力墙墙身

剪力墙墙身，有以下几种构造类型，见表 5-1-2。

剪力墙墙身　　　　　　　　　　　　　　表 5-1-2

墙身构造	图 例
一般位置剪力墙身	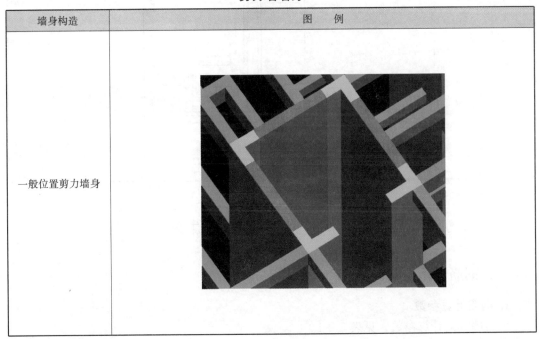

续表

墙身构造	图 例
地下室外墙 （挡土墙）	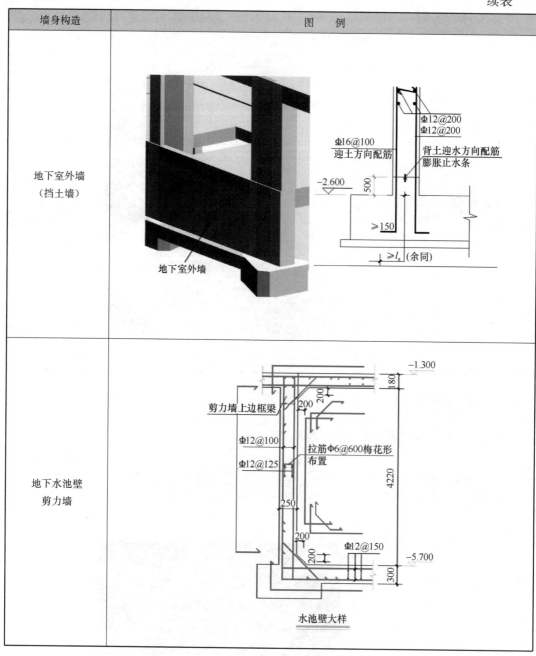
地下水池壁 剪力墙	

第二节 剪力墙钢筋计算

一、钢筋计算参数

1. 钢筋计算参数

剪力墙钢筋计算参数，见表5-2-1。

剪力墙钢筋计算参数　　　　　　　　表 5-2-1

参　　　数	值	说明及出处
地下室外墙（W1）混凝土保护层厚度	20mm	《11G101-1》第 54 页，环境类别按"二 a"查表
其余位置剪力墙混凝土保护层厚度	15mm	《11G101-1》第 54 页
l_{aE}（混凝土强度等级 C30，二级抗震） W1：$l_a = 1 \times l_{ab} = 29d$，$Q_1$：$l_a = 1 \times l_{ab} = 30d$	负一层 W1：$l_{aE} = \zeta_{aE} l_a = 1.15 \times 29d = 34d$ Q_1：$l_{aE} = \zeta_{aE} l_a = 1.15 \times 30d = 35d$	《11G101-1》第 53 页
剪力墙竖向钢筋起步距离	剪力墙竖向钢筋间距 s	《12G901-1》第 3-2 页
剪力墙水平钢筋起步距离	50mm	《12G901-1》第 3-9 页
剪力墙水平钢筋连接方式	本例采用绑扎搭接，搭接长度 $l_{lE} = 1.2l_{aE}$	《11G101-1》第 68 页
定尺长度	9000mm	
特别说明	本工程为二级抗震，不过未设置底部加强区，故本书剪力墙竖向钢筋未按错开搭接计算，参见《11G101-1》第 70 页右上角节点构造	

2. 剪力墙钢筋计算思路

建筑工程中的构件可以分为水平构件和竖向构件，剪力墙是竖向构件。对于竖向构件，钢筋计算思路有两种，见表 5-2-2。

剪力墙钢筋计算思路　　　　　　　　表 5-2-2

计算思路	图　例　及　说　明
以"层"为计算单位，将一个楼层的所有剪力墙钢筋计算完成，再计算另一个楼层的剪力墙钢筋	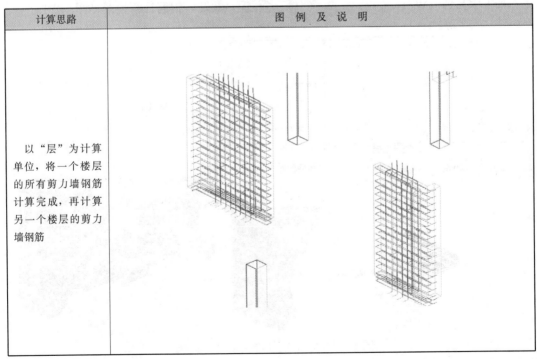

续表

计算思路	图 例 及 说 明
以"一面墙"为计算单位，将一面墙从基础至屋顶全部计算完，再计算下一面墙	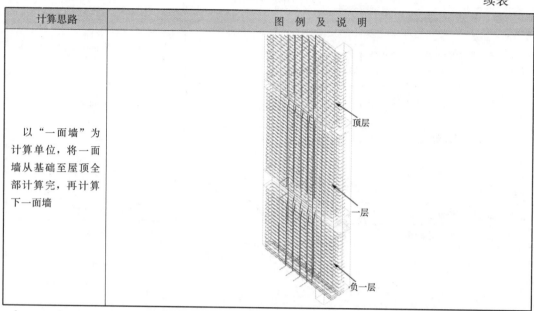 顶层 一层 负一层

完整地做工程，要有空间概念，对于竖向构件，要有从基础到屋顶的构件全貌的这种空间感觉。本例中，采用第一种计算思路，即以"楼层"为计算单位，将一个楼层的所有剪力墙钢筋计算完成，再计算另一个楼层的剪力墙钢筋。

二、"负一层"剪力墙钢筋计算过程

1. "W1"钢筋计算过程

地下室外墙（W1），位于①/Ⓐ～Ⓓ轴、⑦/Ⓐ～Ⓓ轴，钢筋计算简图见图 5-2-1。

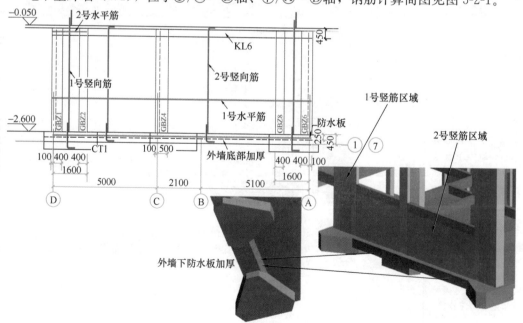

图 5-2-1 地下室外墙钢筋计算简图

（1）地下室外墙（W1）水平钢筋计算过程

地下室外墙（W1）水平钢筋计算过程，见表5-2-3。

地下室外墙（W1）水平钢筋计算过程　　　　　表 5-2-3

钢筋	计 算 过 程	说明及图集出处
1号水平钢筋计算示意图： 		
1 号水平筋 长度 Φ12@200	1号水平筋外侧钢筋长度 $=5000+2100+5100+2\times100-2\times20+2\times l_{lE}$ $=5000+2100+5100+2\times100-2\times20+2\times1.2\times34\times12$ $=13340$mm 搭接长度$=1.2l_{aE}=1.2\times34\times12=490$mm 外侧钢筋总长度$=13340+490$ 　　　　　　　$=13830$mm	《11G101-1》第 68 页 《12G901-1》第 3-7 页墙 水平筋端部拐角暗柱位置， 外侧钢筋弯折 l_{lE}
	1号水平筋内侧钢筋长度 $=5000+2100+5100+2\times100-2\times20+2\times15d$ $=5000+2100+5100+2\times100-2\times20+2\times15\times12$ $=12720$mm 搭接长度$=1.2l_{aE}=1.2\times27\times12=389$mm 外侧钢筋总长度$=12720+389$ 　　　　　　　$=13109$mm	《11G101-1》第 68 页 《12G901-1》第 3-7 页
1 号水平筋 根数 Φ12@200	基础内根数$=2$根（单侧根数）	《11G101-3》第 58 页
	W1 负一层水平筋根数（单侧根数）： $=（2550-450-100-50）/200+1$ $=11$根 （1号水平筋布置到边框梁 KL6 梁底，梁高 450mm，起步距离 100mm)	《11G101-1》第 74 页 《12G901-1》第 3-19 页
1号水平筋三维效果图： 		

续表

钢筋	计 算 过 程	说明及图集出处
1 号水平筋计算结果分析	 右侧没有墙相连，所以此处为拐角暗柱	《11G101-1》第 68 页无相关描述 《12G901-1》3-7 页，拐角暗柱，外侧钢筋伸至暗柱对边弯折 l_{lE}，内侧钢筋弯折 15d
	 水平筋布置到框梁底，起步距离100	《11G101-1》第 74 页 《12G901-1》第 3-19 页 本例墙顶有边框梁，水平筋布置到梁底
2 号水平筋长度 Φ12@200	2 号水平筋外侧钢筋长度 $=1600+100-2×20+l_{lE}+10d$ $=1600+100-2×20+1.2×34×12+10×12$ $=2270mm$ 2 号水平筋内侧钢筋长度 $=1600+100-2×20+15d+10d$ $=1600+100-2×20+15×12+10×12$ $=1960mm$	《11G101-1》第 68 页，端部直形暗柱、水平筋伸至对边弯折 10d 《11G901-1》第 3-7 页墙水平筋端部拐角暗柱位置，外侧钢筋弯折 l_{lE}
2 号水平筋根数 Φ12@200	2 号水平筋根数（单侧根数） $=（450-50）/200+1$ $=3$ 根 （Ⓐ轴和Ⓓ轴位置两段墙各 3 根）	《11G101-1》第 74 页 《12G901-1》第 3-9 页
2 号水平筋三维效果	外侧钢筋　拐角暗柱　内侧钢筋	

钢筋	计 算 过 程	说明及图集出处
	地下室外墙（W1）水平筋整体三维效果： 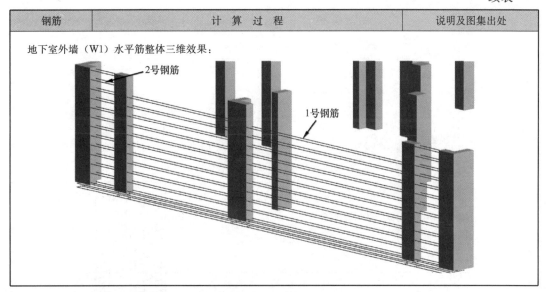	

（2）地下室外墙（W1）竖向钢筋计算过程

地下室外墙（W1）竖向钢筋计算过程，见表5-2-4。

地下室外墙（W1）竖向钢筋计算过程　　　　　　　　　表5-2-4

钢　　筋	计　算　过　程	说明及图集出处
1号竖向钢筋长度	外侧插筋 Φ16@200 ＝800－50＋96＋1.2l_{aE} ＝800－150＋96＋1.2×34×16 ＝1499mm（伸至承台底） 内侧插筋 Φ12@200 ＝800－50＋72＋1.2l_{aE} ＝800－50＋72＋1.2×34×12 ＝1312mm（伸至承台底） 负一层外侧竖筋 Φ16@200 ＝2550＋1.2l_{aE} ＝2550＋1.2×34×16 ＝3203mm 负一层内侧竖筋 Φ12@200 ＝2550＋1.2l_{aE} ＝2550＋1.2×34×12 ＝3040mm	《11G101-1》第70页右上角节点 《11G101-3》第85页，桩承台底部保护层50mm 《11G101-3》第58页，基础高度≥l_{aF}时，墙插筋底部弯折6d
1号竖向钢筋根数	＝（1600－2×400－2×200）/200＋1 ＝3根（单侧根数） Ⓐ轴和Ⓓ轴处两段墙，单侧共6根竖向筋	《12G901-1》第3-2页 起步距离：s（竖向钢筋间距）

续表

钢　筋	计　算　过　程	说明及图集出处
2 号竖向钢筋长度	外侧插筋Φ16@200 ＝450－50＋15d＋1.2l_{aE} ＝450－50＋15×16＋1.2×34×16 ＝1293mm （伸至防水板底部加厚底部） 内侧插筋Φ12@200 ＝450－50＋15d＋1.2l_{aE} ＝450－50＋15×12＋1.2×34×12 ＝1070mm （伸至防水板底部加厚底部）	《11G101-3》第 58 页，基础高＜l_{aE}时，墙插筋底部弯折 15d 《11G101-3》第 85 页，承台底部保护层厚度 50 《11G101-1》第 70 页
	负一层外侧竖筋Φ16@200 ＝2550－20＋12d ＝2550－20＋12×16 ＝2722mm 负一层内侧竖筋Φ12@200 ＝2550－20＋12d ＝2550－20＋12×12 ＝2674mm	
2 号竖向钢筋根数	Ⓐ～Ⓒ轴段 ＝（5100＋2100－1600－500－2×200）/200＋1 ＝25 根（单侧根数） Ⓒ～Ⓓ轴段 ＝（5000－1600－100－2×200）/200＋1 ＝16 根（单侧根数）	《12G901-1》第 3-2 页 起步距离：s（竖向钢筋间距）

（3）地下室外墙（W1）拉筋计算过程

地下室外墙（W1）拉筋计算过程，见表 5-2-5。

地下室外墙（W1）拉筋计算过程　　　　　表 5-2-5

钢　筋	计　算　过　程	说明及图集出处
拉筋长度 Φ8@400×400	＝250－20×2－2×0.5d＋2×11.9d ＝250－20×2－8＋2×11.9×8 ＝392mm 式中"2×0.5d"是算至拉筋中心线	本书剪力墙拉筋按中心线长度计算

144

续表

钢　筋	计　算　过　程	说明及图集出处
	墙段内拉筋根数 $= (x/a+1) \times (y/a+1) + [(x-a)/a+1] \times [(y-1.5a)/a+1]$ $= [(1600-2 \times 400-2 \times 200)/400+1] \times [(2550-2 \times 50-200)/400+1] +$ 　$[(1600-2 \times 400-2 \times 200-400)/400+1] \times [(2550-2 \times 50-200-600)/400+1]$ $= 19$ 根 式中，"x"是指拉筋在水平方向的布置范围，从剪力墙段两端第 1 根竖向钢筋起步；"y"是指拉筋在竖向的布置范围，下端从第二排水平筋起步，上端从第一排水平筋起步；"a"是指拉筋间距。参见《12G901-1》第 3-22 页 基础内拉筋根数 $= 2 \times [(1600-2 \times 400-2 \times 200)/400+1]$ $= 4$ 根 式中"2"是指基础内 2 排墙水平筋 ①轴位置 GBZ1~GBZ2 墙段拉筋总根数＝19＋4＝23 根	
① 轴 位 置 GBZ1 ~ GBZ2 墙 段 拉 筋 根 数（梅花形布置）		
Ⓐ 轴 位 置 GBZ6 ~ GBZ8 墙段	拉筋根数同①轴位置 GBZ1~GBZ2 墙段拉筋根数	

钢　筋	计　算　过　程	说明及图集出处
©～Ⓓ轴 GBZ2～GBZ4 位置墙段拉筋根数（梅花形布置）	墙段内拉筋根数 $=(x/a+1)\times(y/a+1)+[(x-a)/a+1]\times[(y-1.5a)/a+1]$ $=[(5000-1600-100-2\times200)/400+1]\times[(2550-450-100-50-200)/400+1]+$ $\quad[(5000-1600-100-2\times200-400)/400+1]\times[(2550-450-100-50-200-600)/400+1]$ $=73$ 根 基础内拉筋根数 $=2\times[(5000-1600-100-2\times200)/400+1]$ $=17$ 根 式中"2"是指基础内2排墙水平筋。 ©～Ⓓ轴 GBZ2～GBZ4 位置墙段拉筋总根数＝73＋17＝90 根 梅花形第一种拉筋竖向布置范围 2550−450−100−50−200 （边框梁下起步距离100） 梅花形第二种拉筋竖向布置范围 2550−450−100−50−200−600	
Ⓐ～©轴 GBZ4～GBZ8 位置墙段拉筋根数（梅花形布置）	墙段内拉筋根数 $=(x/a+1)\times(y/a+1)+[(x-a)/a+1]\times[(y-1.5a)/a+1]$ $=[(7200-1600-500-2\times200)/400+1]\times[(2550-450-100-50-200)/400+1]+$ $\quad[(7200-1600-500-2\times200-400)/400+1]\times[(2550-450-100-50-200-600)/400+1]$ $=115$ 根 基础内拉筋根数 $=2\times[(7200-1600-500-2\times200)/400+1]$ $=26$ 根 式中"2"是指基础内2排墙水平筋 Ⓐ～©轴 GBZ4～GBZ8 位置墙段拉筋总根数＝115＋26＝141 根	

（4）地下室外墙（W1）整体三维钢筋

地下室外墙（W1）整体三维钢筋，见图 5-2-2。

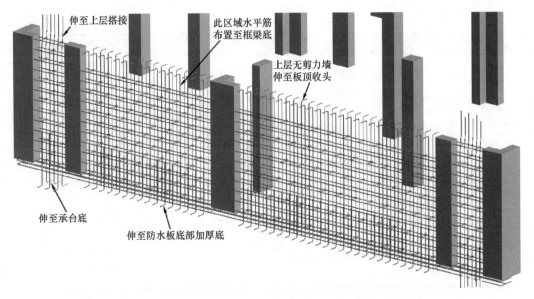

图 5-2-2　地下室外墙（W1）整体三维钢筋示意图

2. ①/ⓒ轴处 Q1、⑦/ⓒ轴处 Q1、④/Ⓐ轴处 Q1、④/Ⓓ轴处 Q1 钢筋计算过程

①/ⓒ轴处 Q1、⑦/ⓒ轴处 Q1、④/Ⓐ轴处 Q1、④/Ⓓ轴处 Q1 钢筋计算简图见图 5-2-3。

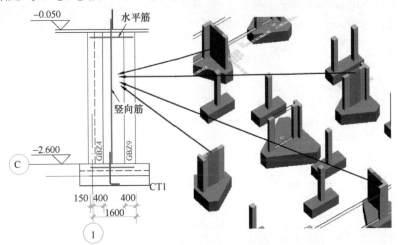

图 5-2-3　①/ⓒ轴处等 4 段 Q1 钢筋计算简图

①/ⓒ轴处 Q1、⑦/ⓒ轴处 Q1、④/Ⓐ轴处 Q1、④/Ⓓ轴处 Q1 钢筋计算过程，见表 5-2-6。

①/ⓒ轴处等 4 段 Q1 钢筋计算过程　　　　　　表 5-2-6

钢　　筋	计　算　过　程	说明及出处
水平筋 Φ8@150	水平筋长度（内外侧相同） $=1600+100-15-15+15d+10d+2\times6.25d$ $=1600+100-15-15+15\times8+10\times8+2\times6.25\times8$ $=1970mm$	《11G101-1》第 68、72 页 水平钢筋是光圆钢筋时，末端加弯钩 GBZ9 是直形暗柱、水平筋伸至对边弯折 10d

钢　　筋	计　算　过　程	说明及出处
水平筋 Φ8@150	水平筋根数(单侧根数) ＝(2550－2×50)/150＋1 ＝18 根 基础内根数＝2 根(单侧根数) 水平筋总根数＝18＋2＝20 根(单侧根数)	《12G901-1》第 3-9 页 《11G101-1》第 74 页 《11G101-3》第 58 页
竖向筋 Φ8@150	插筋长度 ＝800－50＋6d＋1.2l_{aE}＋6.25d×2 ＝800－50＋48＋1.2×35×8＋6.25×8×2 ＝1234mm(伸至承台底，弯折 6d) 负一层竖筋长度 ＝2550＋1.2l_{aE}＋2×6.25d ＝2550＋1.2×35×8＋2×6.25×8 ＝2986mm	《11G101-3》第 58 页 《11G101-1》第 70 页
	竖向钢筋根数(单侧根数) ＝(1600－2×400－2×150)/150＋1 ＝5 根	
拉筋 Φ6@300×300 (梅花形布置)	拉筋长度 ＝200－2×15－2×0.5d＋2×[1.9d＋max(10d，75)] ＝200－2×15－6＋2×[1.9×6＋max(10×6，75)] ＝337mm 式中"2×0.5d"是算至拉筋中心线	
	拉筋根数 ＝(x/a＋1)×(y/a＋1)＋[($x-a$)/a＋1]×[(y－1.5a)/a＋1] ＝[(1600－2×400－2×150)/300＋1]×[(2550－2×50－150)/300＋1]＋[(1600－2×400－2×150－300)/300＋1]×[(2550－2×50－150－450)/300＋1] ＝36 根 拉筋根数计算公式，本书中地下室外墙 W1 的计算过程中已详细讲解 基础内拉筋根数 ＝2×[(1600－2×400－2×150)/300＋1] ＝6 根 式中"2"是指基础内 2 排墙水平筋 Ⓐ/Ⓒ轴处 Q1 拉筋总根数＝36＋6＝42 根	《12G901-1》第 3-22 页

钢 筋	计 算 过 程	说明及出处
①/ⓒ轴等 4 处 Q1 钢筋三维示意图	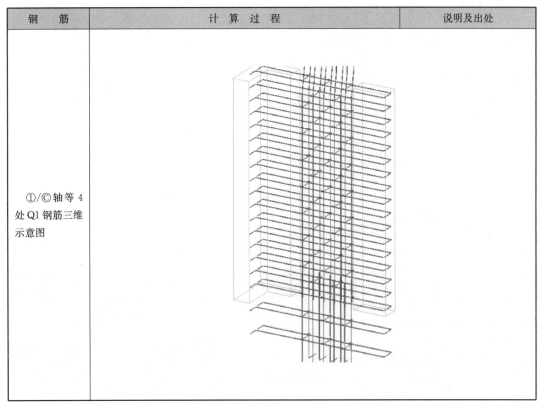	

3. ④/Ⓑ～ⓒ轴处 Q1 钢筋计算过程

④/Ⓑ～ⓒ轴处 Q1 钢筋计算简图，见图 5-2-4。

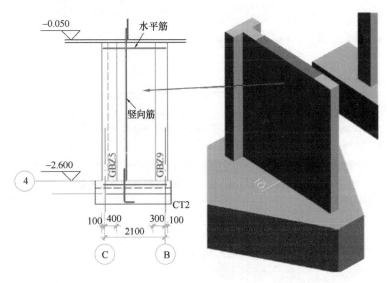

图 5-2-4　④/Ⓑ～ⓒ轴处 Q1 钢筋计算简图

④/Ⓑ～ⓒ轴处 Q1 钢筋计算过程，见表 5-2-7。

④/Ⓑ～Ⓒ轴处 Q1 钢筋计算过程   表 5-2-7

钢 筋	计 算 过 程	说明及出处
水平筋 Φ8@150	水平筋长度(内外侧相同) $=2100+200-2\times15+15d+10d+2\times6.25d$ $=2100+200-2\times15+15\times8+10\times8+2\times6.25\times8$ $=2570$mm	《11G101-1》第68、72页 GBZ9 为直形暗柱,水平筋 伸至对边弯折10d
	水平筋根数(单侧根数) $=(2550-2\times50)/150+1$ $=18$ 根 基础内根数$=2$根(单侧根数) 水平筋总根数$=18+2=20$根(单侧根数)	《11G101-1》第74页 《11G101-3》第58页
竖向筋 Φ8@150	插筋长度 $=900-50+6d+1.2l_{aE}+2\times6.25d$ $=900-50+48+1.2\times35\times8+2\times6.25\times8$ $=1334$mm(伸至承台底) 负一层竖筋长度 $=2550+1.2l_{aE}+2\times6.25d$ $=2550+1.2\times35\times8+2\times6.25\times8$ $=2986$mm	《11G101-3》第58页 《11G101-1》第70页 《12G901-1》第3-1页 竖向钢筋为光圆钢筋,末 端加弯钩
	竖向钢筋根数(单侧根数) $=(2100-300-400-2\times150)/150+1$ $=9$ 根	
拉筋 Φ6@300×300 (梅花形布置)	拉筋长度 $=200-2\times15-2\times0.5d+2\times[1.9d+\max(10d,75)]$ $=200-2\times15-6+2\times[1.9\times6+\max(10\times6,75)]$ $=337$mm 式中"$2\times0.5d$"是算至拉筋中心线	
	拉筋根数 $=(x/a+1)\times(y/a+1)+[(x-a)/a+1]\times[(y-1.5a)/a+1]$ $=[(2100-700-2\times150)/300+1]\times[(2550-2\times50-150)/300+1]+[(2100-700-2\times150-300)/300+1]\times[(2550-2\times50-150-450)/300+1]$ $=67$ 根 拉筋根数计算公式,本书中地下室外墙 W1 的计算过程中已详细讲解	《12G901-1》第3-22页
	基础内拉筋根数 $=2\times[(2100-2\times400-2\times150)/300+1]$ $=9$ 根 式中"2"是指基础内2排墙水平筋 ④/Ⓑ～Ⓒ轴处 Q1 拉筋总根数$=67+9=76$ 根	

钢　筋	计　算　过　程	说明及出处
④/Ⓑ～Ⓒ轴处 Q1 钢筋三维示意图	 GAZ5 GAZ9	

4. 负一层剪力墙钢筋计算汇总表

负一层剪力墙钢筋计算汇总表，见表5-2-8。

负一层剪力墙钢筋计算汇总表

表 5-2-8

构件	钢筋名称	钢筋规格	长度 (m)	线密度 (kg/m)	单重 (kg)	根数	总重 (kg)	构件数量	构件总重 (kg)	小计 (kg)
地下室外墙 W1	1号外侧水平筋	Φ12@200	13.830	0.888	12.281	13	159.654	2	319.307	1167.707
	1号内侧水平筋	Φ12@200	13.109	0.888	11.641	13	151.330	2	302.661	
	2号外侧水平筋	Φ12@200	2.270	0.888	2.016	3	6.047	2	12.095	
	2号内侧水平筋	Φ12@200	1.960	0.888	1.740	3	5.221	2	10.443	
	1号外侧竖筋(插筋)	Φ16@200	1.499	1.578	2.365	6	14.193	2	28.385	
	1号-1层外侧竖筋	Φ16@200	3.203	1.578	5.054	6	30.326	2	60.652	
	1号内侧竖筋(插筋)	Φ12@200	1.312	0.888	1.165	6	6.990	2	13.981	
	1号-1层内侧竖筋	Φ12@200	3.04	0.888	2.700	6	16.197	2	32.394	
	2号外侧竖筋(插筋)	Φ16@200	1.293	1.578	2.040	16	32.646	2	65.291	
	2号-1层外侧竖筋	Φ16@200	2.722	1.578	4.295	16	68.725	2	137.450	
	2号内侧竖筋(插筋)	Φ12@200	1.07	0.888	0.950	16	15.203	2	30.405	
	2号-1层内侧竖筋	Φ12@200	2.674	0.888	2.375	16	37.992	2	75.984	
	拉筋	Φ8@400×400	0.392	0.395	0.155	254	39.329	2	78.659	
①/Ⓒ轴处、⑦/Ⓒ轴处、④/Ⓐ轴处、④/Ⓓ轴处 Q1	水平筋	Φ8@150	1.970	0.395	0.778	40	31.126	4	124.504	203.749
	竖向筋(插筋)	Φ8@150	1.234	0.395	0.487	10	4.874	4	19.497	
	-1层竖筋	Φ8@150	2.986	0.395	1.179	10	11.795	4	47.179	
	拉筋	Φ6@300×300	0.337	0.222	0.075	42	3.142	4	12.569	

续表

构件	钢筋名称	钢筋规格	长度(m)	比重(kg/m)	单重(kg)	根数	总重(kg)	构件数量	构件总重(kg)	小计(kg)
④/Ⓑ～Ⓒ轴处Q1	水平筋	Φ8@150	2.570	0.395	1.015	40	40.606	1	40.606	77.007
	竖向筋(插筋)	Φ8@150	1.334	0.395	0.527	18	9.485	1	9.485	
	-1层竖筋	Φ8@150	2.986	0.395	1.179	18	21.230	1	21.230	
	拉筋	Φ6@300×300	0.337	0.222	0.075	76	5.686	1	5.686	
合计		—								1448.463

三、"一层"剪力墙钢筋计算过程

1. ①/Ⓐ轴处等6段Q1钢筋计算过程

①/Ⓐ轴Q1、①/Ⓓ轴处Q1、⑦/Ⓐ轴处Q1、⑦/Ⓓ轴处Q1、①/Ⓒ轴处Q1、⑦/Ⓒ轴处Q1,一共6段Q1钢筋相同,其钢筋计算简图,见图5-2-5。

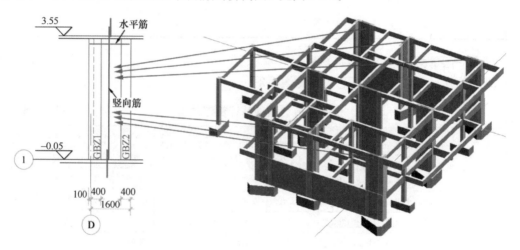

图 5-2-5　①/Ⓐ轴处等6段Q1钢筋计算简图

①/Ⓐ轴处等6段Q1钢筋计算过程,见表5-2-9。

①/Ⓐ轴处等6段Q1钢筋计算过程　　　　　　　　　表 5-2-9

钢　筋	计　算　过　程	说明及出处
水平筋 Φ8@150	水平筋长度(外侧) =1600+100-2×15+10d+l_{lE}+2×6.25d =1600+100-2×15+10×8+1.2×35×8+2×6.25×8 =2186mm 水平筋长度(内侧) =1600+100-2×15+15d+10d+2×6.25d =1600+100-2×15+15×8+10×8+2×6.25×8 =1970	《11G101-1》第68、72页 直形暗柱处,水平筋伸至对边弯折10d
	水平筋根数(单侧根数) =(3600-2×50)/150+1=25根	《12G901-1》第3-9页 《11G101-1》第70页

钢　　筋	计　算　过　程	说明及出处
竖向筋 Φ8@150	竖筋长度 $=3600+1.2l_{aE}+2\times6.25d=3600+1.2\times35\times8+2\times6.25\times8$ $=4036$mm	《11G101-1》第70页
	竖向钢筋根数（单侧根数） $=(1600-2\times400-2\times150)/150+1=5$根	《12G901-1》第3-2页
拉筋 Φ6@300×300 （梅花形布置）	拉筋长度 $=200-2\times15-2\times0.5d+2\times[1.9d,\ \max(10d,\ 75)]$ $=200-2\times15-6+2\times[1.9\times6,\ \max(10\times6,\ 75)]$ $=337$mm 式中"$2\times0.5d$"是算至拉筋中心线	《12G901-1》第3-22页
	拉筋根数 $=(x/a+1)\times(y/a+1)+[(x-a)/a+1]\times[(y-1.5a)/a+1]$ $=[(1600-2\times400-2\times150)/300+1]\times[(3600-2\times50-150)/300+1]+[(1600-2\times400-2\times150-300)/300+1]\times[(3600-2\times50-150-450)/300+1]$ $=51$根	
①/Ⓐ轴处等6段Q1钢筋三维示意图		

2. ④/Ⓐ轴处等2段Q1钢筋计算过程

④/Ⓐ轴处Q1、④/Ⓓ轴处Q1，共2段Q1钢筋相同，其钢筋计算简图，见图5-2-6。

④/Ⓐ轴处等2段Q1钢筋计算过程，见表5-2-10。

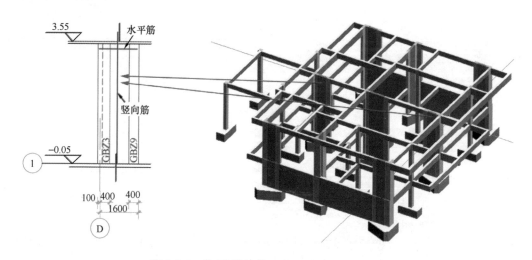

图 5-2-6 ④/Ⓐ轴处等 2 段 Q1 钢筋计算简图

④/Ⓐ轴处等 2 段 Q1 钢筋计算过程   表 5-2-10

钢 筋	计 算 过 程	说明及出处
水平筋 Φ8@150	水平筋长度(内外侧相同) $=1600+100-2\times15+15d+10d+2\times6.25d$ $=1600+100-2\times15+15\times8+10\times8+2\times6.25\times8$ $=1970mm$	《11G101-1》第 68、72 页 GBZ9 为直形暗柱,墙水平 筋伸至对边弯折 $10d$
	水平筋根数(单侧根数) $=(3600-2\times50)/150+1=25$ 根	《12G901-1》第 3-9 页
竖向筋 Φ8@150	竖筋长度 $=3600+1.2l_{aE}+2\times6.25d$ $=3600+1.2\times35\times8+2\times6.25\times8$ $=4036mm$	《11G101-1》第 70 页
	竖向钢筋根数(单侧根数) $=(1600-2\times400-2\times150)/150+1=5$ 根	《12G901-1》第 3-2 页
拉筋 Φ6@300×300 (梅花形布置)	拉筋长度 $=200-2\times15-2\times0.5d+2\times11.9d$ $=200-2\times15-6+2\times11.9\times6$ $=307mm$ 式中"$2\times0.5d$"是算至拉筋中心线	
	拉筋根数 $=(x/a+1)\times(y/a+1)+[(x-a)/a+1]\times[(y-1.5a)/a+1]$ $=[(1600-2\times400-2\times150)/300+1]\times[(3600-2\times50-150)/300+1]+[(1600-2\times400-2\times150-300)/300+1]\times[(3600-2\times50-150-450)/300+1]$ $=51$ 根	《12G901-1》3-22 页

钢　　筋	计　算　过　程	说明及出处
④/Ⓐ轴处等 2 段 Q1 钢筋 三维示意图	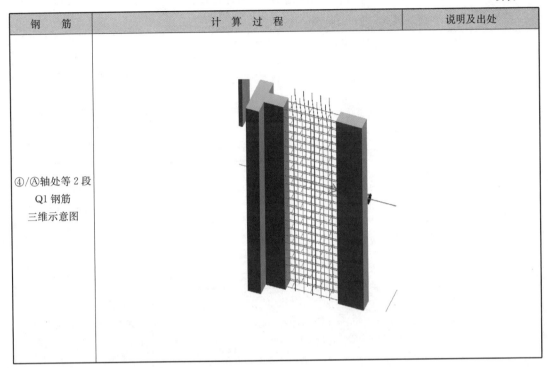	

3. ④/Ⓑ～Ⓒ轴处 Q1 钢筋计算过程

④/Ⓑ～Ⓒ轴处 Q1 钢筋计算简图，见图 5-2-7。

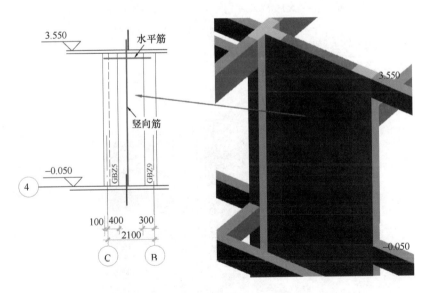

图 5-2-7　④/Ⓑ～Ⓒ轴处 Q1 钢筋计算简图

④/Ⓑ～Ⓒ轴处 Q1 钢筋计算过程，见表 5-2-11。

④/Ⓑ～Ⓒ轴处 Q1 钢筋计算过程

表 5-2-11

钢 筋	计 算 过 程	说明及出处
水平筋 Φ8@150	水平筋长度（内外侧相同） ＝2100＋200－2×15＋15d＋10d＋2×6.25d ＝2100＋200－2×15＋15×8＋10×8＋2×6.25×8 ＝2570mm	《11G101-1》第 68、72 页 GBZ9 为直形暗柱，水平筋伸至对边弯折 10d
	水平筋根数（单侧根数） ＝(3600－2×50)/150＋1 ＝25 根	《12G901-1》第 3-9 页 《11G101-1》第 70 页
竖向筋 Φ8@150	竖筋长度 ＝3600＋1.2l_{aE}＋2×6.25d ＝3600＋1.2×35×8＋2×6.25×8 ＝4036mm	《11G101-1》第 70 页 《12G901-1》第 3-1 页
	竖向钢筋根数（单侧根数） ＝(2100－400－300－2×150)/150＋1 ＝9 根	
拉筋 Φ6@300×300 （梅花形布置）	拉筋长度 ＝200－2×15－2×0.5d＋2×[1.9d＋max(10d，75)] ＝200－2×15－6＋2×[1.9×6＋max(10×6，75)] ＝337mm	式中"2×0.5d"是算至拉筋中心线
	拉筋根数 ＝(x/a＋1)×(y/a＋1)＋[(x－a)/a＋1]×[(y－1.5a)/a＋1] ＝[(2100－700－2×150)/300＋1]×[(3600－2×50－150)/300＋1]＋[(2100－700－2×150－300)/300＋1]×[(3600－2×50－150－450)/300＋1] ＝96 根	《12G901-1》第 3-22 页
④/Ⓑ～Ⓒ轴处 Q1 钢筋 三维示意图		

四、"二层"剪力墙钢筋计算过程

1. ①/Ⓐ轴处等 6 段 Q1 钢筋计算过程

①/Ⓐ轴处 Q1、①/Ⓓ轴处 Q1、⑦/Ⓐ轴处 Q1、⑦/Ⓓ轴处 Q1、①/Ⓒ轴处 Q1、⑦/Ⓒ轴处 Q1，一共 6 段 Q1 钢筋相同。本工程二层剪力墙是顶层剪力墙。其钢筋计算简图，见图 5-2-8。

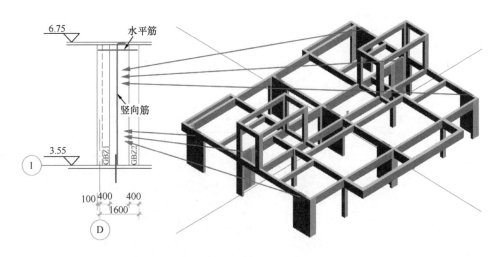

图 5-2-8 ①/Ⓐ轴处等 6 段 Q1 钢筋计算简图

①/Ⓐ轴处等 6 段 Q1 钢筋计算过程，见表 5-2-12。

①/Ⓐ轴处等 6 段 Q1 钢筋计算过程   表 5-2-12

钢　筋	计　算　过　程	说明及出处
水平筋 Φ8@150	水平筋长度(内侧) ＝1600+100−2×15+15d+10d+2×6.25d ＝1600+100−2×15+15×8+10×8+2×6.25×8 ＝1970mm 水平筋长度(外侧) ＝1600+100−2×15+l_{lE}+10d+2×6.25d ＝1600+100−2×15+1.2×35×8+10×8+2×6.25×8 ＝2186	《11G101-1》第 68、70 页 外侧钢筋在拐角暗柱处弯折 l_{lE}
	水平筋根数(单侧根数) ＝(3200−2×50)/150+1＝22 根	《12G901-1》第 3-2 页 《11G101-1》第 70 页
竖向筋 Φ8@150	竖筋长度 ＝3200−20+12d+2×6.25d ＝3200−20+12×8+2×6.25×8 ＝3376mm 墙竖筋屋顶处是伸至板顶弯折12d	《12G901-2》第 3-2 页 《11G101-1》第 70 页
	竖向钢筋根数(单侧根数) ＝(1600−2×400−2×150)/150+1＝5 根	《06G901-1》第 3-7 页

钢　　筋	计　算　过　程	说明及出处
拉筋 Φ6@300×300 （梅花形布置）	拉筋长度 ＝200－2×15－2×0.5d＋2×[1.9d＋max(10d，75)] ＝200－2×15－6＋2×[1.9×6＋max(10×6，75)] ＝337mm 式中"2×0.5d"是算至拉筋中心线 拉筋根数 ＝(x/a＋1)×(y/a＋1)＋[($x-a$)/a＋1]×[(y－1.5a)/a＋1] ＝[(1600－2×400－2×150)/300＋1]×[(3200－2×50－150)/300＋1]＋[(1600－2×400－2×150－300)/300＋1]×[(3200－2×50－150－450)/300＋1] ＝47根	《12G901-1》第3-22页
①/Ⓐ轴处等6段Q1钢筋三维示意图	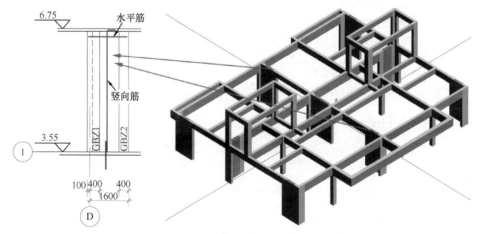	

2. ④/Ⓐ轴处等2段Q1钢筋计算过程

④/Ⓐ轴处Q1、④/Ⓓ轴处Q1，共2段Q1钢筋相同，其钢筋计算简图，见图5-2-9。

图5-2-9　④/Ⓐ轴处等2段Q1钢筋计算简图

④/Ⓐ轴处等 2 段 Q1 钢筋计算过程，见表 5-2-13。

④/Ⓐ轴处等 2 段 Q1 钢筋计算过程　　　　　　　　　　　　表 5-2-13

钢　　筋	计　算　过　程		说明及出处
水平筋 Φ 8@150	水平筋长度(内外侧相同) ＝1600＋100－2×15＋15d＋10d＋2×6.25d ＝1600＋100－2×15＋15×8＋10×8＋2×6.25×8 ＝1970mm		《11G101-1》第 68、72 页 GBZ2 为直形暗柱，墙水 平筋伸至对边弯折 10d
	水平筋根数(单侧根数) ＝(3200－2×50)/150＋1＝22 根		《12G901-1》第 3-9 页
竖向筋 Φ 8@150	竖筋长度 ＝3200－20＋12d＋2×6.25d ＝3200－20＋12×8＋2×6.25×8 ＝3376mm		《11G101-1》第 70 页
	竖向钢筋根数(单侧根数) ＝(1600－2×400－2×150)/150＋1＝5 根		《12G901-1》第 3-2 页
拉筋 Φ 6@300×300 (梅花形布置)	拉筋长度 ＝200－2×15－2×0.5d＋2×[1.9d＋max(10d，75)] ＝200－2×15－6＋2×[1.9×6＋max(10×6，75)] ＝337mm 式中"2×0.5d"是算至拉筋中心线		《12G901-1》第 3-22 页
	拉筋根数 ＝(x/a＋1)×(y/a＋1)＋[(x－a)/a＋1]×[(y－1.5a)/a＋1] ＝[(1600－2×400－2×150)/300＋1]×[(3200－2×50－150)/ 300＋1]＋[(1600－2×400－2×150－300)/300＋1]×[(3600－2 ×50－150－450)/300＋1] ＝47 根		
④/Ⓐ轴处等 2 段 Q1 钢筋 三维示意图			

3. ④/Ⓑ～Ⓒ轴处 Q1 钢筋计算过程

④/Ⓑ～Ⓒ轴处 Q1 钢筋计算简图，见图 5-2-10。

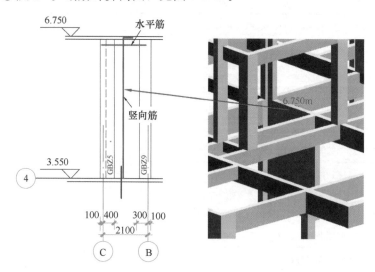

图 5-2-10　④/Ⓑ～Ⓒ轴处 Q1 钢筋计算简图

④/Ⓑ～Ⓒ轴处 Q1 钢筋计算过程，见表 5-2-14。

④/Ⓑ～Ⓒ轴处 Q1 钢筋计算过程　　　　　　　　　表 5-2-14

钢　筋	计 算 过 程	说明及出处
水平筋 Φ8@150	水平筋长度(内外侧相同) $=2100+200-2\times15+15d+10d+2\times6.25d$ $=2100+200-2\times15+15\times8+10\times8+2\times6.25\times8$ $=2570mm$	《11G101-1》第 68、70 页
	水平筋根数(单侧根数) $=(3200-2\times50)/150+1$ $=22$ 根	《12G901-1》第 3-9 页 《11G101-1》第 70 页
竖向筋 Φ8@150	竖筋长度 $=3200-20+12d+2\times6.25d$ $=3200-20+12\times8+2\times6.25\times8$ $=3376mm$ 墙竖筋屋顶处是伸至板顶弯折 $12d$	《11G101-1》第 70 页
	竖向钢筋根数(单侧根数) $=(2100-400-300-2\times150)/150+1$ $=9$ 根	

续表

钢　　筋	计　算　过　程	说明及出处
拉筋 Φ6@300×300 （梅花形布置）	拉筋长度 $=200-2×15-2×0.5d+2×[1.9d+\max(10d, 75)]$ $=200-2×15-6+2×[1.9d+\max(10d, 75)]$ $=337mm$	式中"$2×0.5d$"是算至拉筋中心线
	拉筋根数 $=(x/a+1)×(y/a+1)+[(x-a)/a+1]×[(y-1.5a)/a+1]$ $=[(2100-700-2×150)/300+1]×[(3200-2×50-150)/300$ $+1]+[(2100-700-2×150-300)/300+1]×[(3200-2×50$ $-150-450)/300+1]$ $=85$ 根	《12G901-1》第 3-22 页
④/Ⓑ～Ⓒ轴处 Q1 钢筋三维示意图		

五、一、二层剪力墙钢筋计算汇总表

一、二层剪力墙钢筋计算汇总表，见表5-2-15。

一、二层剪力墙钢筋计算汇总表　　　　　　　　　　　表 5-2-15

构　件	钢筋名称	钢筋规格	长度 （m）	线密度 （kg/m）	单重 （kg）	根数	总重 （kg）	构件数量	构件总重 （kg）	小　计 （kg）
1层①/ Ⓐ轴处 等6段Q1	水平筋（外侧）	Φ8@150	2.186	0.395	0.863	50	43.174	6	259.041	
	水平筋（内侧）	Φ8@150	1.97	0.395	0.778	50	38.908	6	233.445	
	竖向筋	Ψ8@150	4.036	0.395	1.594	10	15.942	8	127.538	
	拉筋	Φ6@300×300	0.337	0.222	0.075	51	3.816	8	30.524	
1层④/Ⓐ 轴处 等2段Q1	水平筋	Φ8@150	1.97	0.395	0.778	50	38.908	2	77.815	331.496
	竖向筋	Φ8@150	4.036	0.395	1.594	10	15.942	2	31.884	
	拉筋	Φ6@300×300	0.337	0.222	0.075	51	3.816	2	7.631	
1层④/ Ⓑ～Ⓒ 轴处Q1	水平筋	Φ8@150	2.57	0.395	1.015	50	50.758	1	50.758	
	竖向筋	Φ8@150	4.036	0.395	1.594	18	28.696	1	28.696	
	拉筋	Φ6@300×300	0.337	0.222	0.075	96	7.182	1	7.182	

续表

构　件	钢筋名称	钢筋规格	长度（m）	比重（kg/m）	单重（kg）	根数	总重（kg）	构件数量	构件总重（kg）	小　计（kg）
2层①/Ⓐ轴处等6段Q1	水平筋（外侧）	Φ8@150	2.186	0.395	0.863	44	37.993	6	227.956	711.706
	水平筋（内侧）	Φ8@150	1.97	0.395	0.778	44	34.239	6	205.432	
	竖向筋	Φ8@150	3.376	0.395	1.334	10	13.335	6	80.011	
	拉筋	Φ6@300×300	0.337	0.222	0.075	47	3.516	6	21.098	
2层④/Ⓐ轴处等2段Q1	水平筋	Φ8@150	1.97	0.395	0.778	44	34.239	2	68.477	
	竖向筋	Φ8@150	3.376	0.395	1.334	10	13.335	2	26.670	
	拉筋	Φ6@300×300	0.337	0.222	0.075	47	3.516	2	7.033	
2层④/Ⓑ－Ⓒ轴处Q1	水平筋	Φ8@150	2.57	0.395	1.015	44	44.667	1	44.667	
	竖向筋	Φ8@150	3.376	0.395	1.334	18	24.003	1	24.003	
	拉筋	Φ6@300×300	0.337	0.222	0.075	85	6.359	1	6.359	
合　计		/								1043.201

第三节　剪力墙钢筋总结

一、剪力墙钢筋知识体系

剪力墙钢筋的知识体系，见图 5-3-1。本书将平法钢筋识图算量的学习方法总结为"系统梳理"和"关联对照"，这也是本书的精髓所在，请读者多加理解。

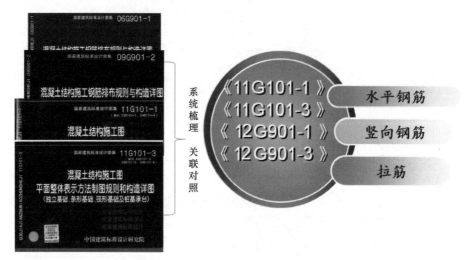

图 5-3-1　剪力墙钢筋知识体系

"系统梳理"就是将某类构件的钢筋相关构造进行梳理，例如，我们将剪力墙的钢筋构造梳理为"水平钢筋构造"、"竖向钢筋构造"、"拉筋构造"三大点，也就是将平法图集上的内容进行分类归纳。

"关联对照"就是将相关的构件，或相关的图集规范进行对照理解。例如，我们对照《11G101-3》、《11G101-1》、《12G901-1》、《12G901-3》来理解剪力墙钢筋的相关内容。

二、剪力墙水平钢筋总结

剪力墙水平钢筋总结，见表 5-3-1。

剪力墙水平钢筋总结

表 5-3-1

构造分类		钢 筋 构 造	图集出处
端部构造	端部为端柱	直锚：伸至端柱对边 	《11G101-1》第 69 页
	端部为端柱	弯锚：伸至端柱对边弯折 15d 	《11G101-1》第 69 页
	端部直形暗柱	伸至暗柱端部弯折 10d 弯折10d	《11G101-1》第 68 页
	端部拐角暗柱	外侧钢筋：伸至端部弯折 l_{lE} 内侧钢筋：伸至端部弯折 15d 外侧钢筋　拐角暗柱　此处无墙相连	《12G901-1》第 3-7 页

构造分类		钢 筋 构 造	图集出处
端部构造	端部无柱	水平筋伸至端部弯折 10d 每道水平筋位置双列拉筋 双列拉筋 10d 端部无柱	《11G101-1》第 68 页
转角处构造	转角处连续通过	 外侧钢筋连续通过	《11G101-1》第 68 页
	转角处断开搭接	 外侧钢筋搭接	《11G101-1》第 68 页 搭接 l_{lE}（l_l） 《12G901-1》第 3-6 页

构造分类		钢 筋 构 造	图集出处
水平钢筋根数	基础内	间距≤500mm，且不少于两道水平筋及拉筋 	《11G101-3》第 58 页
	楼层上下起步距离	起步距离50 	《12G901-1》第 3-9 页 《11G101-1》第 70 页
	与连梁、暗梁的关系	水平筋在连梁、暗梁内连续布置 暗梁纵筋 墙水平筋 	《11G101-1》第 70 页 《12G901-1》第 3-12 页 《12G901-1》第 3-16 页

三、剪力墙竖向钢筋总结

剪力墙竖向钢筋总结，见表 5-3-2。

剪力墙竖向钢筋总结 表 5-3-2

钢筋构造分类		钢 筋 构 造	图集出处
基础内构造	一般构造	伸至基础底部弯折 $6d$ 或 $15d$ 基础	《11G101-3》第 58 页 当基础高度 $> l_{aE}$ (l_a) 时，弯折 $6d$ 当基础高度 $\leqslant l_{aE}$ (l_a) 时，弯折 $15d$
	间隔伸至基础底部	间隔伸至基础底部 筏形基础剖面	某具体工程设计
中间层钢筋构造	一般构造	可采用绑扎搭接、机械连接或焊接 上下层钢筋连接	《11G101-1》第 70 页

钢筋构造分类		钢　筋　构　造	图集出处
中间层钢筋构造	变截面	变截面处： 构造（1），上层竖筋在变截面处弯折12d，上层竖筋插入下层 构造（2），下层竖筋不断开，斜弯通过，连接上层竖筋	《11G101-1》第70页
顶层钢筋构造		伸至顶部，弯折12d	《12G901-1》第3-9页 《11G101-1》第70页
竖向钢筋根数		s	《12G901-1》第3-2页

四、剪力墙拉筋总结

剪力墙拉筋总结，见表5-3-3。

剪力墙拉筋总结   表 5-3-3

钢 筋 构 造	图集出处
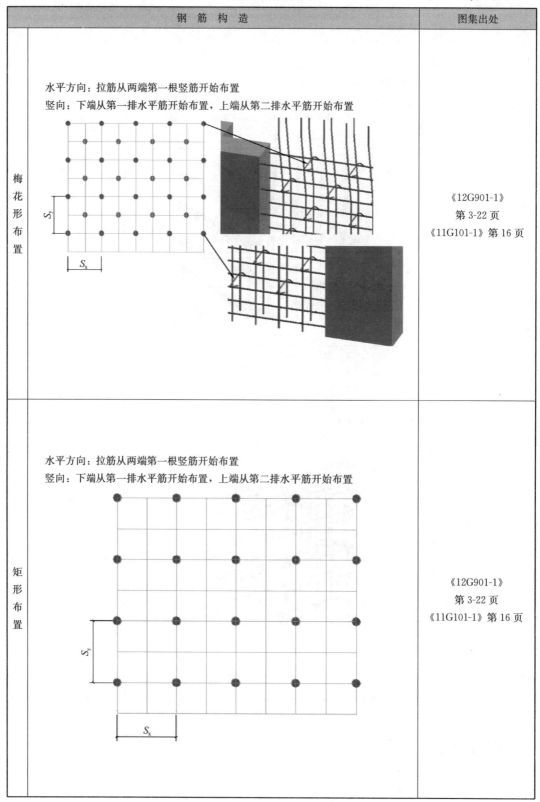	《12G901-1》 第 3-22 页 《11G101-1》第 16 页 《12G901-1》 第 3-22 页 《11G101-1》第 16 页

（图左侧纵向分区标注：）

梅花形布置

矩形布置

（图中文字说明：）

水平方向：拉筋从两端第一根竖筋开始布置
竖向：下端从第一排水平筋开始布置，上端从第二排水平筋开始布置

水平方向：拉筋从两端第一根竖筋开始布置
竖向：下端从第一排水平筋开始布置，上端从第二排水平筋开始布置

本章施工图1：基顶～－0.050m柱及剪力墙平面图

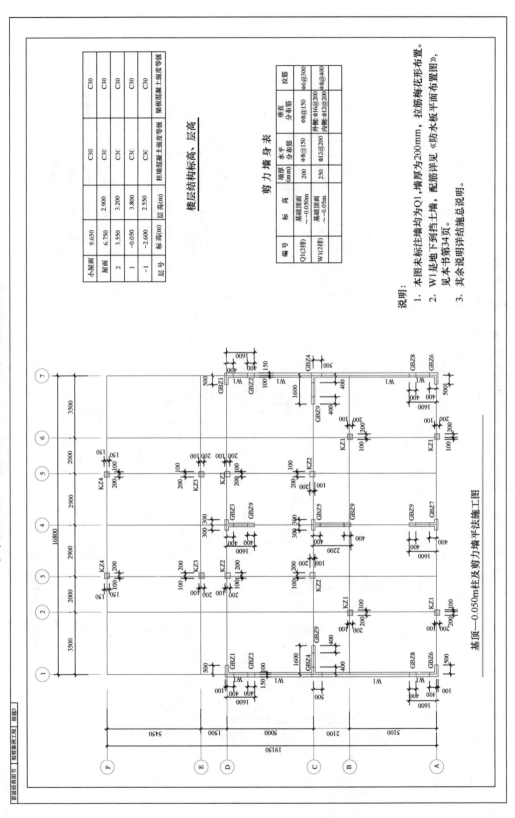

楼层结构标高、层高

层号	标高(m)	层高(mm)		柱墙混凝土强度等级		梁板混凝土强度等级
小屋面	9.650					
屋面	6.750	2.900		C30	C30	C30
2	3.550	3.200		C30	C30	C30
1	－0.050	3.800		C30	C30	C30
－1	－2.600	2.550		C30	C30	C30

剪力墙身表

编号	标高	墙厚(mm)	水平分布筋	垂直分布筋	拉筋
Q1(2排)	基础顶面～－0.050m	200	Φ8@150	Φ8@150	Φ6@300
W1(2排)	基础顶面～－0.05m	250	Φ12@200	外侧Φ16@200 内侧Φ12@200	Φ8@400

说明：

1. 本图未标注墙均为Q1，墙厚为200mm，拉筋梅花形布置。
2. W1是地下室挡土墙，配筋详见《防水板平面布置图》，见本书第34页。
3. 其余说明详结施总说明。

基顶－0.050m柱及剪力墙平法施工图

本章施工图 2：-0.050～6.750m 柱及剪力墙平面图

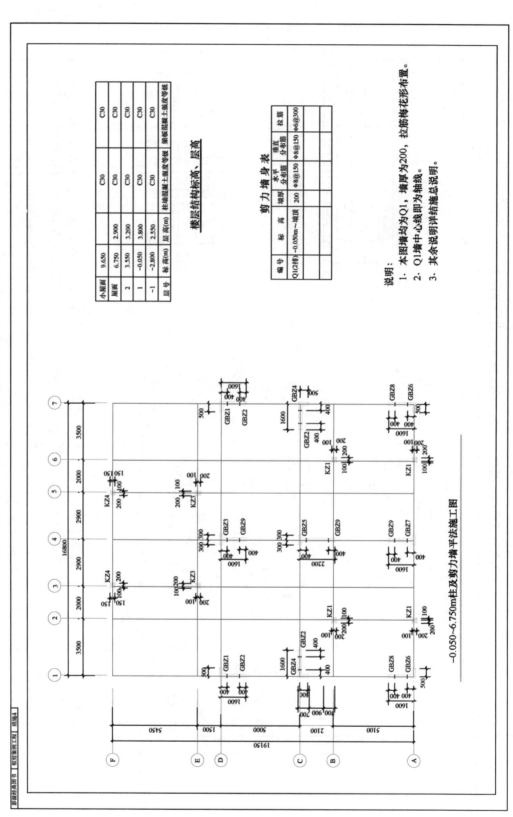

楼层结构标高、层高

层 号	标高(m)	层高(m)	柱墙混凝土强度等级	梁板混凝土强度等级
小屋面	9.650		C30	C30
屋面	6.750	2.900	C30	C30
2	3.550	3.200	C30	C30
1	-0.050	3.800	C30	C30
-1	-2.800	2.550	C30	C30

剪力墙身表

编号	标高	墙厚	水平分布筋	垂直分布筋	拉筋
Q1(2排)	-0.050m～墙顶	200	Φ8@150	Φ8@150	Φ6@300

说明：
1. 本图墙均为Q1，墙厚为200，拉筋梅花形布置。
2. Q1墙中心线即为轴线。
3. 其余说明详结施总说明。

-0.050～6.750m柱及剪力墙平法施工图

本章附图：彭波各地讲座及剪力墙钢筋欣赏

附图 5-1　彭波在贵州交通职院讲座

附图 5-2　彭波在河南商丘科技学院讲座

附图 5-3　各地读者

附图 5-4　墙水平筋转角处搭接

附图 5-5　墙竖向钢筋搭接

附图 5-6　洞口附加筋

第六章 梁 构 件

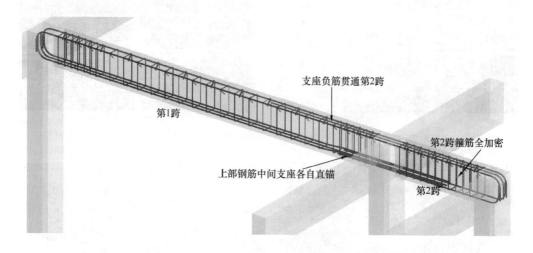

第1跨
支座负筋贯通第2跨
第2跨箍筋全加密
上部钢筋中间支座各自直锚
第2跨

第一节 关 于 梁 构 件

一、梁构件种类

梁构件的种类及所在平法图集，见表 6-1-1。

梁构件种类及所在图集 　　　　　　　　表 6-1-1

梁类型	所在图集	梁类型	所在图集
楼层框架梁 KL	《11G101-1》《12G901-1》	筏形基础基础主梁 JL	《11G101-3》
屋面框架梁 WKL		筏形基础基础次梁 JCL	
框支梁 KZL		地下室框架梁 DKL	
非框架梁 L		承台梁 CTL	
悬挑梁 XL		条形基础基础梁 JL	
井字梁 JZL		基础连梁 JLL	

二、常用梁构件图例

常用梁构件图例，见表 6-1-2。

常用梁构件图例   表 6-1-2

构件类型	图 例
楼层框架梁 KL 非框架梁 L 屋面框架梁 WKL	
悬挑梁 XL	
转换层框支梁 KZL	
地下室框架梁 DKL	

续表

构件类型	图 例
井字梁 JZL	井字梁JZL
基础连梁 JLL	基础连梁JLL
筏形基础主梁 JL 筏形基础次梁 JCL	筏形基础次梁JCL 筏形基础主梁JL
基础连梁 JLL	基础连梁JLL
条形基础梁 JL	250 250 基础梁主筋 基础梁主筋 条形基础梁JL

续表

构件类型	图　　例
桩承台梁 CTL	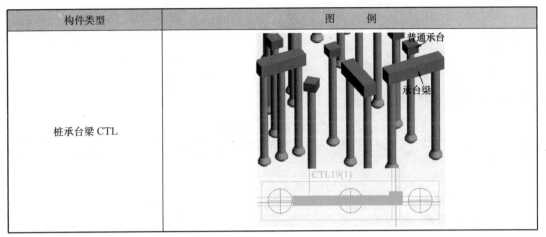

三、梁构件钢筋骨架

1. 梁构件基本钢筋骨架

建筑工程中所有构件的钢筋，都要组成一个整体，要么是笼式的，要么是网片式的。梁构件的钢筋是由纵筋和箍筋组成的笼式钢筋骨架，梁构件基本钢筋骨架，见表 6-1-3。

梁构件基本钢筋骨架　　　　　　　　表 6-1-3

部位及钢筋划分		钢　　筋
纵　筋	上部钢筋	上部通长筋
	侧部钢筋	侧部构造筋、侧部受扭筋
	下部钢筋	下部通长筋
	左支座钢筋	左支座负筋
	跨中钢筋	架立筋、跨中钢筋
	右支座钢筋	右支座负筋
箍筋		
附加钢筋	附加吊筋	
	附加箍筋	

2. 梁构件基本钢筋骨架三维效果图

梁构件基本钢筋骨架三维钢筋效果图，见图 6-1-1。

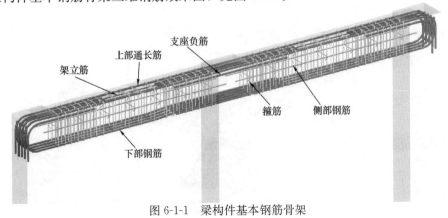

图 6-1-1　梁构件基本钢筋骨架

第二节 梁构件钢筋计算

一、梁构件钢筋计算参数

梁构件钢筋计算参数,见表6-2-1。

梁构件钢筋计算参数 表 6-2-1

参 数	值	说明及出处
混凝土保护层厚度	20mm	《11G101-1》第54页
l_{aE}(混凝土强度等级C30,二级抗震)	$l_{aE}=\xi_{aE}\times l_a=1.15\times l_a=41d$	《11G101-1》第54页
l_a(混凝土强度等级C30,二级抗震)	35d（三级钢）	《11G101-1》第54页
梁纵筋连接方式	对焊	
梁箍筋起步距离	50mm	《11G101-1》第85页
梁箍筋加密区长度	max (1.5h_b, 500)	
定尺长度	9000mm	
箍筋及拉筋135°弯钩长度	1.9d+max (10d, 75)	《11G101-1》第56页

二、一层梁 (-0.050m) 钢筋计算过程

1. KL1(1)钢筋计算过程

KL1(1)钢筋计算简图,见图6-2-1。

KL1(1)钢筋计算过程,见表6-2-2。

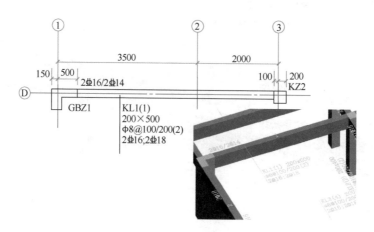

图 6-2-1 KL1(1)钢筋计算简图

KL1（1）钢筋计算过程 表 6-2-2

钢　　筋	计算过程	说明及出处
上部通长筋 2⚹16	$l_{aE}=41d=41\times16=656\text{mm}>650-20=630\text{mm}$，所以两端支座采用弯锚	《11G101-1》第79页
	长度 $=3500+2000-500-100+(650-20+15d)+(300-20+15d)$ $=3500+2000-500-100+(650-20+15\times16)+(300-20+15\times16)$ $=6290\text{mm}$	
下部通长筋 2⚹18	长度 $=3500+2000-500-100+(650-20+15d)+(300-20+15d)$ $=3500+2000-500-100+(650-20+15\times18)+(300-20+15\times18)$ $=63150\text{mm}$	锚固方式同上部通长筋
左支座负筋 2⚹14	$l_{aE}=41d=41\times14=574\text{mm}<650-25=625\text{mm}$，因此支座负筋在端支座直锚	《11G101-1》第79页 支座负筋位于第二排
	长度 $=(3500+2000-500-100)/4+\max(0.5h_c+5d,\ l_{aE})$ $=(3500+2000-500-100)/4+\max(0.5\times650+5\times14,\ 41\times14)$ $=1799\text{mm}$	
箍筋 Φ8@100/200	长度 $=[(200-2\times20)+(500-2\times20)]\times2-4d+2\times11.9d$ $=[(200-2\times20)+(500-2\times20)]\times2-4\times8+2\times11.9\times8$ $=1398\text{mm}$	本书箍筋按中心线长度计算，式中"4d"是算至箍筋中心线
	加密区$=\max(1.5\times500,\ 500)=750\text{mm}$ 加密区根数$=(750-50)/100+1=8$ 根 非加密区根数$=(3500+2000-500-100-2\times750)/200-1=16$ 根 箍筋总根数$=2\times8+16=32$ 根	《11G101-1》第85页
KL1(1)钢筋 三维效果		

2. KL2(1)钢筋计算过程

KL2(1)钢筋计算简图，见图 6-2-2。

KL2(1)钢筋计算过程，见表 6-2-3。

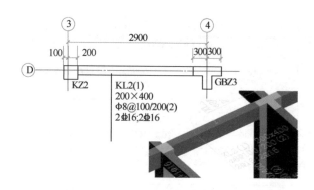

图 6-2-2 KL2(1)钢筋计算简图

KL2(1)钢筋计算过程   表 6-2-3

钢　　筋	计算过程	说明及出处
上部通长筋 2Φ16	$l_{aE}=41d=41\times16=656\mathrm{mm}>600-20=580\mathrm{mm}$，所以两端支座采用弯锚 长度 $=2900-200-300+(600-20+15d)+(300-20+15d)$ $=2900-200-300+(600-20+15\times16)+(300-20+15\times16)$ $=3740\mathrm{mm}$	《11G101-1》第 79 页
下部通长筋 2Φ16	长度 $=2900-200-300+(600-20+15d)+(300-20+15d)$ $=2900-200-300+(600-20+15\times16)+(300-20+15\times16)$ $=3740\mathrm{mm}$	与上部通长筋相同
箍筋 Φ8@100/200	长度 $=[(200-2\times20)+(400-2\times20)]\times2-4d+2\times11.9d$ $=[(200-2\times20)+(400-2\times20)]\times2-4\times8+2\times11.9\times8$ $=1198\mathrm{mm}$	本书箍筋按中心线长度计算，式中"$4d$"是算至箍筋中心线
	加密区$=\max(1.5\times400,500)=600\mathrm{mm}$ 加密区根数$=(600-50)/100+1=7$ 根 非加密区根数$=(2900-200-300-2\times600)/200-1=5$ 根 总根数$=2\times7+5=19$ 根	《11G101-1》第 85 页
KL2(1)钢筋 三维效果		

3. KL3(4)钢筋计算过程

KL3(4)钢筋计算简图，见图 6-2-3。

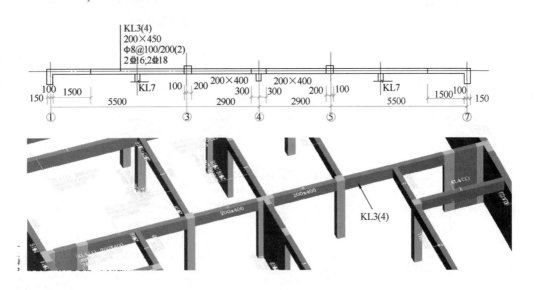

图 6-2-3　KL3(4)钢筋计算简图

KL3(4)钢筋计算过程，见表 6-2-4。

KL3(4)钢筋计算过程

表 6-2-4

钢　　筋	计算过程	说明及出处
上部通长筋 2 Φ 16	$l_{aE}=41d=41×16=656\text{mm}<$两端支座，所以端支座采用直锚 长度 $=5500×2+2900×2-2×(1500+100)+2×\max(600,l_{aE})$ $=5500×2+2900×2-2×(1500+100)+2×\max(600,41×16)$ $=14912\text{mm}$ 对焊接头数量$=1×2=2$（每根钢筋 1 个接头） GAZ4　Q1　GAZ9 框梁平行支撑于墙肢 同 LL 锚固	《13G101-11》第 4-8页 以及本工程具体说明

续表

钢　筋	计算过程	说明及出处
第1、4跨下部筋 2⚓18	第2、3跨梁变截面，$\Delta h/(h_c-50)=50/250>1/6$，因此变截面处下部钢筋断开	《11G101-1》第84页
	长度 $=5500-1600-100+\max(600,l_{aE})+(300-20+15d)$ $=5500-1600-100+\max(600,41\times18)+(300-20+15\times18)$ $=5088$mm 第1跨　　　　　　第2跨	一端锚固方式同上部通长筋，另一端变截弯锚
第2、3跨下部筋 2⚓18	长度 $=2900\times2-2\times200+2l_{aE}$ $=2900\times2-2\times200+2\times41\times18$ $=6876$mm	《11G101-1》第84页
箍筋 $\Phi8@100/200$	第1、4跨箍筋长度： $=[(200-2\times20)+(450-2\times20)]\times2-4d+2\times11.9d$ $=[(200-2\times20)+(450-2\times20)]\times2-4\times8+2\times11.9\times8$ $=1298$mm	本书箍筋按中心线长度计算，式中"4d"是算至箍筋中心线
	第1、4跨箍筋根数：加密区长度$=\max(1.5\times450,500)=675$mm 加密区根数$=(675-50)/100+1=8$根 非加密区根数$=(5500-100-1600-2\times675)/200-1=12+6=18$根 式中"+6"是KL7处附加箍筋，一边3根，共6根 附加箍筋 KL3(4) KL7(2A) 总根数$=2$跨$\times(2\times8+18)=68$根	《11G101-1》第85页 附加箍筋见本工程梁图具体说明
	第2、3跨箍筋长度 $=[(200-2\times20)+(400-2\times20)]\times2-4d+2\times11.9d$ $=[(200-2\times20)+(400-2\times20)]\times2-4\times8+2\times11.9\times8$ $=1198$mm	本书箍筋按中心线长度计算，式中"4d"是算至箍筋中心线
	第2、3跨箍筋根数：加密区长度$=\max(1.5\times400,500)=600$mm 加密区根数$=(600-50)/100+1=7$根 非加密区根数$=(2900-200-300-2\times600)/200-1=5$根 总根数$=2$跨$\times(2\times7+5)=38$根	《11G101-1》第85页

钢　　筋	计算过程	说明及出处
KL3(4)钢筋三维效果	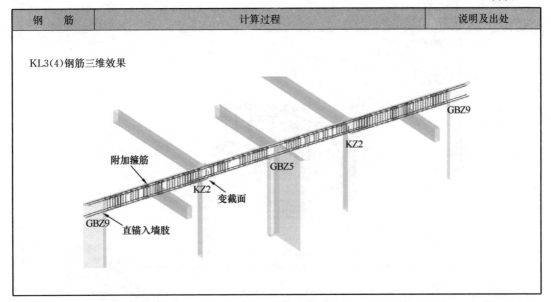	

4. KL4(1)钢筋计算过程

KL4(1)钢筋计算简图，见图 6-2-4。

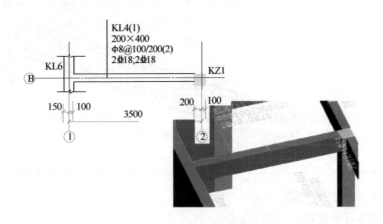

图 6-2-4　KL4(1)钢筋计算简图

KL4(1)钢筋计算过程，见表 6-2-5。

KL4(1)钢筋计算过程　　　　　　　　　　表 6-2-5

钢　　筋	计算过程	说明及出处
上部通长筋 2 ⚏ 18	$l_{aE}=41d=41\times18=738\text{mm}>300-20=280\text{mm}$，所以两端支座采用弯锚 长度 $=3500-200-100+(250-20+15d)+(300-20+15d)$ $=3500-200-100+(250-20+15\times18)+(300-20+15\times18)$ $=4250\text{mm}$	《11G101-1》第 79 页

续表

钢　　筋	计算过程	说明及出处
下部通长筋 2 Φ 18	长度 $=3500-200-100+12d+(300-20+15d)$ $=3500-200-100+12\times18+(300-20+15\times18)$ $=3966\text{mm}$ 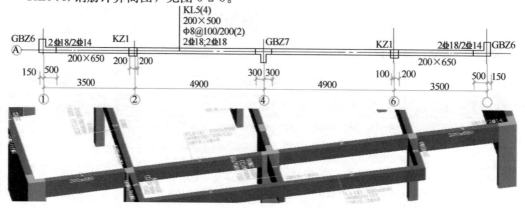 按L锚固，下部 钢筋锚固12d	《13G101-11》第 4-8 页 　一端支座为框架梁时按非框架梁处理
箍筋 Φ 8@100/200	长度 $=[(200-2\times20)+(400-2\times20)]\times2-4d+2\times11.9d$ $=[(200-2\times20)+(400-2\times20)]\times2-4\times8+2\times11.9\times8$ $=1198\text{mm}$	本书箍筋按中心线长度计算，式中"4d"是算至箍筋中心线
	箍筋加密区长度$=\max(1.5\times400，500)=600\text{mm}$ 加密区根数$=(600-50)/100+1=7$根 非加密区根数$=(3500-200-100-2\times600)/200-1=9$根 总根数$=7\times2+9=23$根	《11G101-1》第 85 页
KL4(1)钢筋 三维效果	支撑于KL，按l锚固　　　　　　　　　　　KZ1 　　　　　　　　　KL6	

5. KL5(4)钢筋计算过程

KL5(4)钢筋计算简图，见图 6-2-5。

图 6-2-5　KL5(4)钢筋计算简图

KL5（4）钢筋计算过程，见表 6-2-6。

KL5(4)钢筋计算过程 表 6-2-6

钢　　筋	计算过程	说明及出处
上部通长筋 2 ⊈ 18	l_{aE}＝41d＝41×18＝738mm＞两端支座，所以端支座采用弯锚	
	长度 ＝3500×2＋4900×2－2×500＋2×(650－20＋15d) ＝3500×2＋4900×2－2×500＋2×(650－20＋15×18) ＝17600mm 对焊接头数量＝1×2＝2(每根钢筋 1 个接头)	《11G101-1》第 79 页
下部钢筋 2 ⊈ 18	第1、4跨梁变截面，c/h_c＝150/300＞1/6，因此下部钢筋断开	《11G101-1》第 84 页
	第1、4跨下部钢筋长度 ＝3500－500－200＋(650－20＋15d)＋(300－20＋15d) ＝3500－500－200＋(650－20＋15×18)＋(300－20＋15×18) ＝4250mm	左端支座锚固同上部通长筋，右端支座变截面弯锚
	第2、3跨下部钢筋长度 ＝4900－300－100＋2×max(0.5h_c＋5d, l_{aE}) ＝4900－300－100＋2×max(0.5×300＋5×18, 41×18) ＝5976mm	《11G101-1》第 79 页

钢 筋	计算过程	说明及出处
第1、4跨侧部筋及拉筋 G2Φ12	侧部构造钢筋长度 $=3500-500-200+2\times15d$ $=3500-500-200+2\times15\times12$ $=3160$mm 拉筋长度Φ6@400 $=200-2\times20-6+2\times[1.9d+\max(10d,75)]$ $=200-2\times20-6+2\times(1.9\times6+75)$ $=327$mm 拉筋根数 $=(3500-200-500-2\times50)/400+1$ $=8$根(两跨共16根)	按施工图说明,梁高≥650mm时设置侧部构造筋 《11G101-1》第87页 拉筋弯钩: $1.9d+\max(10d,75)$
支座负筋 2Φ14	$l_{aE}=41d=41\times14=574mm<650-25=625$mm,端支座采用直锚 第1跨左支座、第4跨右支座负筋长度 $=(3500-500-200)/4+\max(0.5h_c+5d,41d)$ $=(3500-500-200)/4+\max(325+5\times14,41\times14)$ $=1274$mm	《11G101-1》第79页 支座负筋位于第二排
箍筋 Φ8@100/200	第1、4跨箍筋长度: $=[(200-2\times20)+(650-2\times20)]\times2-4d+2\times11.9d$ $=[(200-2\times20)+(650-2\times20)]\times2-4\times8+2\times11.9\times8$ $=1698$mm	本书箍筋按中心线长度计算,式中"$4d$"是算至箍筋中心线
	第1、4跨箍筋根数: 箍筋加密区长度$=\max(1.5\times650,500)=975$mm 加密区根数$=(975-50)/100+1=11$根 非加密区根数$=(3500-500-200-2\times975)/200-1=4$根 总根数$=2$跨$\times(2\times11+4)=52$根	《11G101-1》第85页
	第2、3跨箍筋长度 $=[(200-2\times20)+(500-2\times20)]\times2-4d+2\times11.9d$ $=[(200-2\times20)+(500-2\times20)]\times2-4\times8+2\times11.9\times8$ $=1398$mm	本书箍筋按中心线长度计算,式中"$4d$"是算至箍筋中心线
	箍筋加密区长度$=\max(1.5\times500,500)=750$mm 加密区根数$=(750-50)/100+1=8$根 非加密区根数$=(4900-300-100-2\times750)/200-1=14$根 总根数$=2$跨$\times(2\times8+14)=60$根	

KL5(4)钢筋三维效果

6. KL6(2)钢筋计算过程

KL6(2)钢筋计算简图，见图 6-2-6。

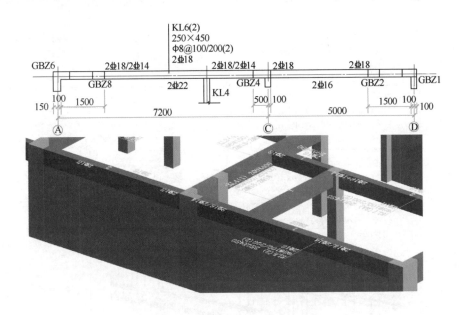

图 6-2-6 KL6(2)钢筋计算简图

KL6(2)钢筋计算过程，见表 6-2-7。

KL6(2)钢筋计算过程 表 6-2-7

钢 筋	计算过程	说明及出处
上部通长筋 2Φ18	$l_{aE}=41d=41×18=738mm<$两端支座，所以端支座采用直锚 长度 $=7200+5000-2×(1500+100)+2×\max(600，l_{aE})$ $=7200+5000-2×(1500+100)+2×\max(600，41×18)$ $=10476mm$ 对焊接头数量$=1×2=2$(每根钢筋 1 个接头) GBZ6　W1　GBZ8 框梁平行支撑于墙肢同LL锚固	《13G101-11》第 4-8 页 以及本工程梁图具体说明
第 1 跨下部筋 2Φ22	长度 $=7200-1600-500+\max(600，l_{aE})+\max(0.5h_c+5d，l_{aE})$ $=7200-1600-500+\max(600，41×22)+\max(300+5×22，41×22)$ $=6904mm$	左端支座锚固同上部通长筋，右端为中间支座直锚

钢 筋	计算过程	说明及出处
第2跨下部筋 2 Φ 16	长度 $=5000-1600-100+\max(600, l_{aE})+\max(0.5h_c+5d, l_{aE})$ $=5000-1600-100+\max(600, 41\times16)+\max(300+5\times16, 41\times16)$ $=4612mm$	锚固方式同第1跨下部钢筋
第1跨左 支座负筋 2 Φ 14	长度 $=(7200-1600-500)/4+\max(600, l_{aE})$ $=(7200-1600-500)/4+\max(600, 41\times14)$ $=1875mm$	
第1跨右 支座负筋 2 Φ 14	$l_{aE}=41d=41\times14=574mm<600-25=575mm$,故支座内直锚 长度 $=(7200-1600-500)/4+\max(0.5h_c+5d, l_{aE})$ $=(7200-1600-500)/4+\max(0.5\times600+5\times14, 41\times14)$ $=1849mm$ 支座负筋直锚 GBZ4	《11G101-1》第79页 支座负筋位于第二排
箍筋 Φ 8@100/200	长度 $=[(250-2\times20)+(450-2\times20)]\times2-4d+2\times11.9d$ $=[(250-2\times20)+(450-2\times20)]\times2-4\times8+2\times11.9\times8$ $=1398mm$	本书箍筋按中心线长度计算,式中"$4d$"是算至箍筋中心线
	第1跨箍筋根数:加密区长度$=\max(1.5\times450, 500)=675mm$ 加密区根数$=(675-50)/100+1=8$根 非加密区根数$=(7200-1600-500-2\times675)/200-1+6=24$根 式中"6"为KL4位置附加箍筋,一边3根共6根 总根数$=2\times8+24=40$根	《11G101-1》第85页
	附加箍筋是在主梁正常箍筋的基础上另外增加的箍筋,不影响主梁箍筋根数 KL6 附加箍筋 KL4	
	第2跨箍筋根数:箍筋加密区长度$=\max(1.5\times450, 500)=675mm$ 加密区根数$=(675-50)/100+1=8$根 非加密区根数$=(5000-1600-100-2\times675)/200=9$根 总根数$=2\times8+9=25$根	

续表

钢　　筋	计算过程	说明及出处
KL6(2)钢筋三维效果	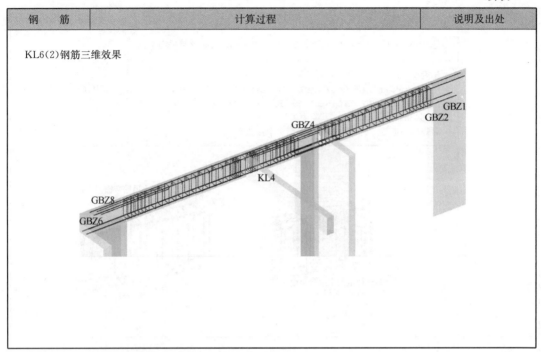	

7. KL7(2A)钢筋计算过程

KL7(2A)钢筋计算简图，见图6-2-7。

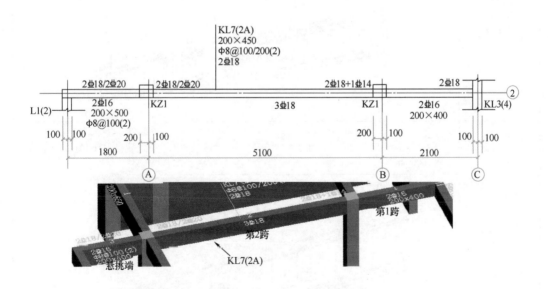

图6-2-7　KL7(2A)钢筋计算简图

KL7(2A)钢筋计算过程，见表6-2-8。

KL7(2A)钢筋计算过程

表 6-2-8

钢　筋	计算过程	说明及出处
上部通长筋 2 ⏀ 18	$l_{aE}=41d=41\times18=738mm>300-20=280mm$，右端支座采用弯锚	
	长度 $=1800+5100+2100-2\times100+(200-20+12d)+(200-20+15d)$ $=1800+5100+2100-200+(200-20+12\times18)+(200-20+15\times18)$ $=9646mm$ 对焊接头数量$=1\times2=2$(每根钢筋1个接头)	《11G101-1》第 89 页
第 2 跨左 支座负筋 2 ⏀ 20	长度 $=\max[(5100-100-200)/3，L]+300+(1700-20+12d)$ $=\max[(5100-100-200)/3，1700]+300+(1700-20+12\times20)$ $=3920mm$	《11G101-1》第 89 页 支座负筋位于第二排
	第二排钢筋伸至悬挑端弯折$12d$，伸至里端$\max(l_n/3，L)$详见施工图说明 	
第 2 跨右 支座负筋 1 ⏀ 14	长度 $=2\times(5100-100-200)/3+300$ $=3500mm$	《11G101-1》第 79 页

续表

钢 筋	计算过程	说明及出处
悬挑端下部筋 2 Φ 16	长度 ＝1800－100－20＋15d ＝1800－100－20＋15×16 ＝1920mm	《11G101-1》第 89 页 悬挑端下部筋锚固 15d
第 2 跨下部筋 3 Φ 18	第 2 跨梁高 450mm，第 1 跨梁高 400mm，$c/(h_c-50)=50/250>1/6$，且两跨钢筋规格不同，因此分别锚固 长度 ＝5100－100－200＋2×(300－20＋15d) ＝5100－100－200＋2×(300－20＋15×18) ＝5900mm 	《11G101-1》第 89 页 本例里跨下部筋在悬挑端处采用弯锚
第 1 跨下部筋 2 Φ 16	长度 ＝2100－100－100＋max(0.5h_c＋5d, l_{aE})＋12d ＝2100－100－100＋max(150＋5×16, 41×16)＋12×16 ＝2748mm 	《11G101-1》第 79 页 《13G101-11》第 4-8 页 一端支座为框架梁时按非框架梁处理

钢 筋	计算过程	说明及出处
	箍筋长度 $=[(200-2\times20)+(500-2\times20)]\times2-4d+2\times11.9d$ $=[(200-2\times20)+(500-2\times20)]\times2-4\times8+2\times11.9\times8$ $=1398mm$	本书箍筋按中心线长度计算，式中"$4d$"是算至箍筋中心线
悬挑端箍筋 $\Phi8@100$	箍筋根数 $=(1800+100-200-2\times50)/100+1+3$ $=20$ 根 式中"$+3$"是边梁处附加箍筋，参见《09G901-2》第 2～10 页	
第 2 跨箍筋 $\Phi8@100/200$	箍筋长度： $=[(200-2\times20)+(450-2\times20)]\times2-4d+2\times11.9d$ $=[(200-2\times20)+(450-2\times20)]\times2-4\times8+2\times11.9\times8$ $=1298mm$	本书箍筋按中心线长度计算，式中"$4d$"是算至箍筋中心线
	箍筋根数：加密区长度$=\max(1.5\times450，500)=675mm$ 加密区根数$=(675-50)/100+1=8$ 根 非加密区根数$=(5100-100-200-2\times675)/200-1=17$ 根 总根数$=2\times8+17=33$ 根	《11G101-1》第 85 页
第 1 跨箍筋 $\Phi8@100/200$	箍筋长度： $=[(200-2\times20)+(400-2\times20)]\times2-4d+2\times11.9d$ $=[(200-2\times20)+(400-2\times20)]\times2-4\times8+2\times11.9\times8$ $=1198mm$	
	箍筋根数：箍筋加密区长度$=\max(1.5\times400，500)=600mm$ 加密区根数$=(600-50)/100+1=7$ 根 非加密区根数$=(2100-100-100-2\times600)/200-1=3$ 根 总根数$=2\times7+3=17$ 根	

KL7(2A)钢筋三维效果：

8. KL8(2)钢筋计算过程

KL8(2)钢筋计算简图，见图6-2-8。

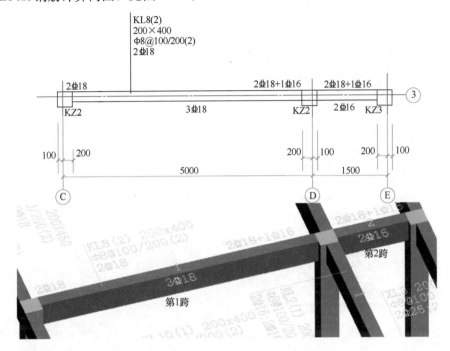

图 6-2-8　KL8(2)钢筋计算简图

KL8(2)钢筋计算过程，见表6-2-9。

KL8(2)钢筋计算过程 　　　　　　　　　　　　　　　表 6-2-9

钢　　筋	计算过程	说明及出处
上部通长筋 2Φ18	$l_{aE}=41d=41×16=656\text{mm}>300-20=280\text{mm}$，所以两端支座采用弯锚 长度 $=5000+1500-200-200+2×(300-20+15d)$ $=5000+1500-200-200+2×(300-20+15×18)$ $=7200\text{mm}$	《11G101-1》第79页
第1跨右 支座负筋 1Φ16	长度 $=(5000-2×200)/3+200+1500-200+(300-20+15d)$ $=(5000-2×200)/3+200+1500-200+(300-20+15×16)$ $=3553\text{mm}$	《11G101-1》第79页 第1跨右支座负筋贯通第2跨

191

续表

钢　　筋	计算过程	说明及出处
第1跨下部筋 3 Φ 18	长度 $=5000-2\times200+(300-20+15d)+\max(0.5h_c+5d, l_{aE})$ $=5000-2\times200+(300-20+15\times18)+\max(150+5\times18, 41\times18)$ $=5888mm$ 第1跨和第2跨下部钢筋规格不同，在中间支座各自锚固	《11G101-1》第79页
第2跨下部筋 2 Φ 16	$=1500-200-100+(300-20+15d)+\max(0.5h_c+5d, l_{aE})$ $=1500-200-100+(300-20+15\times16)+\max(150+5\times16, 41\times16)$ $=2376mm$ 第1跨和第2跨下部钢筋规格不同，在中间支座各自锚固	《11G101-1》第79页
箍筋 Φ 8@100/200	长度 $=[(200-2\times20)+(400-2\times20)]\times2-4d+2\times11.9d$ $=[(200-2\times20)+(400-2\times20)]\times2-4\times8+2\times11.9\times8$ $=1198mm$	本书箍筋按中心线长度计算，式中"4d"是算至箍筋中心线
	第1跨箍筋根数：加密区长度$=\max(1.5\times400, 500)=600mm$ 加密区根数$=(600-50)/100+1=7$根 非加密区根数$=(5000-2\times200-2\times600)/200-1=16$根 总根数$=2\times7+16=30$根	《11G101-1》第85页
	第2跨箍筋根数： $=(1500-100-200-2\times50)/100+1$ $=12$根	两端加密长度共600$\times2=1200mm$，第2跨净长$=1500-300=1200mm$，因此第2跨箍筋全长加密

KL8(2)钢筋三维效果：

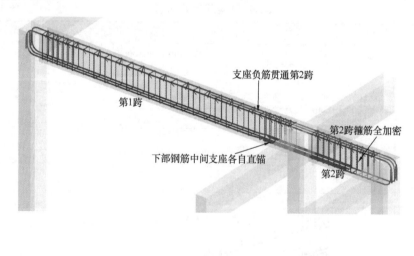

9. KL9(1)钢筋计算过程

KL9(1)钢筋计算简图，见图6-2-9。

KL9(1)钢筋计算过程，见表6-2-10。

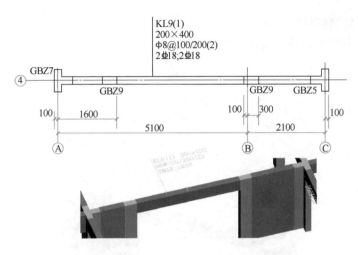

图 6-2-9 KL9(1)钢筋计算简图

KL9(1)钢筋计算过程   表 6-2-10

钢　　筋	计算过程	说明及出处
上部通长筋 2⏀18	$l_{aE}=41d=41\times18=738mm<$ 两端支座，所以端支座采用直锚	《13G101-11》第 4-8 页 以及本工程梁图具体说明
	长度 $=5100-1600-100+2\times max(600,\ l_{aE})$ $=5100-1600-100+2\times max(600,\ 41\times18)$ $=4876mm$	
下部通长筋 2⏀18	长度 $=5100-1600-100+2\times max(600,\ l_{aE})$ $=5100-1600-100+2\times max(600,\ 41\times18)$ $=4876mm$	同上部通长筋
箍筋 Φ8@100/200	长度 $=[(200-2\times20)+(400-2\times20)]\times2-4d+2\times11.9d$ $=[(200-2\times20)+(400-2\times20)]\times2-4\times8+2\times11.9\times8$ $=1198mm$	本书箍筋按中心线长度计算，式中"$4d$"是算至箍筋中心线
	箍筋加密区长度$=max(1.5\times400,\ 500)=600mm$ 加密区根数$=(600-50)/100+1=7$ 根 非加密区根数$=(5100-1600-100-2\times600)/200-1=10$ 根 总根数$=2\times7+10=24$ 根	《11G101-1》第 85 页

KL9(1)钢筋三维效果：

KL平行支撑于墙肢，
钢筋直锚入墙肢

193

10. KL10(1)钢筋计算过程

KL10(1)钢筋计算简图，见图 6-2-10。

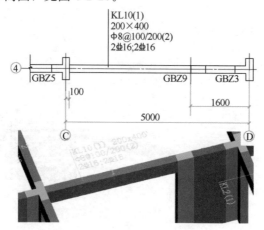

图 6-2-10 KL10(1)钢筋计算简图

KL10(1)钢筋计算过程，见表 6-2-11。

KL10(1)钢筋计算过程 表 6-2-11

钢 筋	计算过程	说明及出处
上部通长筋 2Φ16	$l_{aE}=41d=41\times16=656mm<$ 两端支座，所以端支座采用直锚	《08G101-11》第 51 页以及本工程梁图具体说明
	长度 $=5000-1600-100+2\times\max(600,l_{aE})$ $=5000-1600-100+2\times\max(600,41\times16)$ $=4612mm$	
下部通长筋 2Φ16	长度$=4612mm$	同上部通长筋
箍筋 Φ8@100/200	长度 $=[(200-2\times20)+(400-2\times20)]\times2-4d+2\times11.9d$ $=[(200-2\times20)+(400-2\times20)]\times2-4\times8+2\times11.9\times8$ $=1198mm$	本书箍筋按中心线长度计算，式中"$4d$"是算至箍筋中心线
	箍筋加密区长度$=\max(1.5\times400,500)=600mm$ 加密区根数$=(600-50)/100+1=7$ 根 非加密区根数$=(5000-1600-100-2\times600)/200-1=10$ 根 总根数$=2\times7+10=24$ 根	《11G101-1》第 85 页
KL10(1)钢筋三维效果： 		

11. KL11(1)钢筋计算过程

KL11(1)钢筋计算简图，见图 6-2-11。

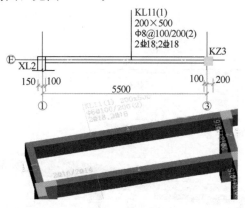

图 6-2-11 KL11(1)钢筋计算简图

KL11(1)钢筋计算过程，见表 6-2-12。

KL11(1)钢筋计算过程

表 6-2-12

钢 筋	计算过程	说明及出处
上部通长筋 2Φ18	$l_{aE}=41d=41×18=738mm>$两端支座，所以端支座采用弯锚	《13G101-11》第 4-8 页 一端支座为框架梁时按非框架梁处理
	长度 $=5500-100-100+(250-20+15d)+(300-20+15d)$ $=5500-100-100+(250-20+15×18)+(300-20+15×18)$ $=6350mm$	
下部通长筋 2Φ18	长度 $=5500-100-100+12d+(300-20+15d)$ $=5500-100-100+12×18+(300-20+15×18)$ $=6066mm$	
箍筋 Φ8@100/200	长度 $=[(200-2×20)+(500-2×20)]×2-4d+2×11.9d$ $=[(200-2×20)+(500-2×20)]×2-4×8+2×11.9×8$ $=1398mm$	本书箍筋按中心线长度计算，式中"4d"是算至箍筋中心线
	箍筋加密区长度$=max(1.5×500，500)=750mm$ 箍筋根数 $=2×[(750-50)/100+1]+(5500-100-100-2×750)/200-1$ $=34$ 根	《11G101-1》第 85 页

KL11(1)钢筋三维效果：

KZ3

XL2

KL8(2)

12. KL12(2)钢筋计算过程

KL12(2)钢筋计算简图,见图 6-2-12。

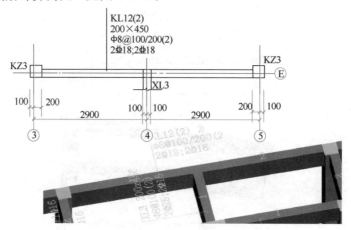

图 6-2-12 KL12(2)钢筋计算简图

KL12(2)钢筋计算过程,见表 6-2-13。

KL12(2)钢筋计算过程　　　　　　　　　　　表 6-2-13

钢 筋	计算过程	说明及出处
上部通长筋 2 Φ 18	$l_{aE}=41d=41\times18=738mm>$两端支座,所以端支座采用弯锚	《11G101-1》第 79 页
	长度 $=2900\times2-2\times200+2\times(300-20+15d)$ $=2900\times2-2\times200+2\times(300-20+15\times18)$ $=6500mm$	
下部通长筋 2 Φ 18	长度=6500mm	同上部通长筋
箍筋 Φ 8@100/200	长度 $=[(200-2\times20)+(450-2\times20)]\times2-4d+2\times11.9d$ $=[(200-2\times20)+(450-2\times20)]\times2-4\times8+2\times11.9\times8$ $=1298mm$	本书箍筋按中心线长度计算,式中"4d"是算至箍筋中心线
	箍筋加密区长度=max(1.5×450,500)=675mm 加密区根数=(675-50)/100+1=8 根 非加密区根数=(2900-200-100-2×675)/200-1=6 根 总根数=2 跨×(2×8+6)=44 根	《11G101-1》第 85 页

KL12(2)钢筋三维效果:

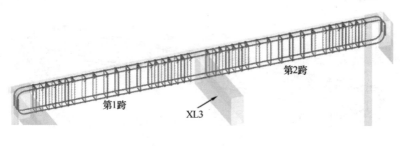

13. L1(2)钢筋计算过程

L1(2)钢筋计算简图，见图 6-2-13。

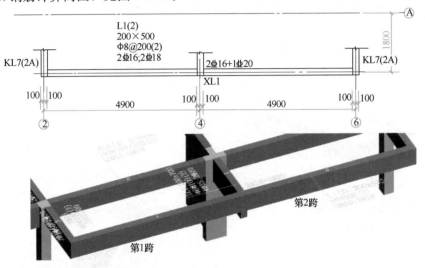

图 6-2-13 L1(2)钢筋计算简图

L1(2)钢筋计算过程，见表 6-2-14。

L1(2)钢筋计算过程   表 6-2-14

钢 筋	计算过程	说明及出处
上部通长筋 2⌀16	$l_a = 35d = 35 \times 16 = 560$mm > 两端支座，所以端支座采用弯锚	《11G101-1》第 86 页
	长度 $= 4900 \times 2 - 2 \times 100 + 2 \times (200 - 20 + 15d)$ $= 4900 \times 2 - 2 \times 100 + 2 \times (200 - 20 + 15 \times 16)$ $= 10440$mm 对焊接头数量=1×2=2(每根钢筋 1 个接头)	
下部通长筋 2⌀18	$(12d = 12 \times 18 = 216) > (200 - 20 = 180)$，所以下部筋采用弯锚	《11G101-1》第 86 页 非框架梁下部钢筋直 锚固不足时采用弯锚
	长度 $= 4900 \times 2 - 2 \times 100 + 2 \times (200 - 20 + 15d)$ $= 4900 \times 2 - 2 \times 100 + 2 \times (200 - 20 + 15 \times 18)$ $= 10500$mm 对焊接头数量=1×2=2(每根钢筋 1 个接头)	
第 2 跨左 支座负筋 1⌀20	长度 $= 200 + 2 \times (4900 - 100 - 100)/3$ $= 3333$mm	《11G101-1》第 86 页 中间支座负筋延伸长 度 $l_n/3$
箍筋 ⌀8@200	长度 $= [(200 - 2 \times 20) + (500 - 2 \times 20)] \times 2 - 4d + 2 \times 11.9d$ $= [(200 - 2 \times 20) + (500 - 2 \times 20)] \times 2 - 4 \times 8 + 2 \times 11.9 \times 8$ $= 1398$mm	本书箍筋按中心线长 度计算，式中"4d"是 算至箍筋中心线
	箍筋根数(单跨) $= (4900 - 100 - 100 - 2 \times 50)/200 + 1$ $= 24$ 根(两跨共 48 根)	《11G101-1》第 86 页 次梁箍筋无加密

钢 筋	计算过程	说明及出处
L1(2)钢筋三维效果：	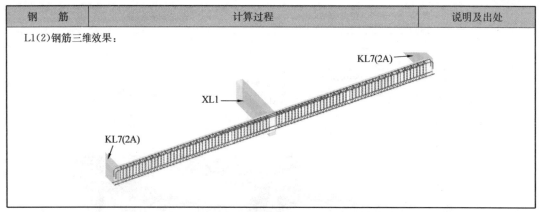	

14. XL1 钢筋计算过程

XL1 钢筋计算简图，见图 6-2-14。

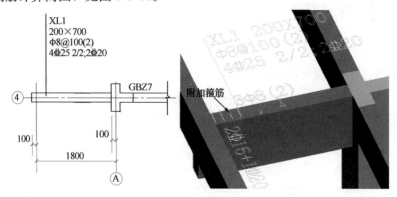

图 6-2-14　XL1 钢筋计算简图

XL1 钢筋计算过程，见表 6-2-15。

XL1 钢筋计算过程　　　　　　　　　　　表 6-2-15

钢 筋	计算过程	说明及出处
上部上排钢筋 2 Φ 25	l_a＝$35d$＝35×25＝875mm＜端支座，所以端支座采用直锚 长度 ＝$1800+100-100-20+12d+l_a$ ＝$1800+100-100-20+12\times25+35\times25$ ＝2955mm	《11G101-1》第 89 页
上部下排钢筋 2 Φ 25	长度 ＝$(1800+100-100)+12d+l_a$ ＝$(1800+100-100)+12\times25+35\times25$ ＝2955mm	《11G101-1》第 89 页 $l<4hb$，故下排钢筋 不斜弯
下部钢筋 2 Φ 20	长度 ＝$1800+100-100-20+15d$ ＝$1800+100-100-20+15\times20$ ＝2075mm	《11G101-1》第 89 页 下部钢筋锚固 $15d$

续表

钢　筋	计算过程	说明及出处
侧部筋及拉筋 N4ϕ12 （侧部钢筋配置 详见本工程梁图 具体说明）	侧部受扭钢筋长度 ＝1800＋100－100－25＋15×12 ＝1955mm 拉筋长度ϕ6@200 ＝200－2×20－6＋2×[1.9d，max(10d，75)] ＝200－2×20－6＋2×(1.9×6＋75) ＝327mm 拉筋根数 ＝(1800＋100－100－2×50)/200＋1 ＝10根(2排共20根)	《11G101-1》第87页 侧部受扭钢筋锚固同 下部钢筋 《11G101-1》第56页 拉筋弯钩： 1.9d＋max（10d，75)
箍筋 ϕ8@100	长度 ＝[(200－2×20)＋(700－2×20)]×2－4d＋2×11.9d ＝[(200－2×20)＋(700－2×20)]×2－4×8＋2×11.9×8 ＝1798mm	本书箍筋按中心线长 度计算，式中"4d"是 算至箍筋中心线
	箍筋根数 ＝(1800＋100－100－2×50)/100＋1＋3 ＝21根(式中"＋3是边梁L1(2)处附加箍筋")	《11G101-1》第89页 《09G901-2》第 2- 10页

XL1 钢筋三维效果：

15. XL2 钢筋计算过程

XL2 钢筋计算简图，见图 6-2-15。

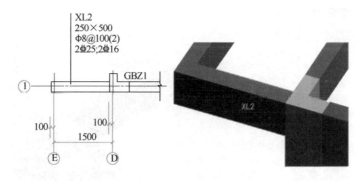

图 6-2-15　XL2 钢筋计算简图

XL2 钢筋计算过程，见表 6-2-16。

XL2 钢筋计算过程

表 6-2-16

钢 筋	计算过程		说明及出处
上部钢筋 2Φ25	$l_a = 35d = 35 \times 25 = 875mm <$ 端支座，所以端支座采用直锚		《11G101-1》第 89 页以及本工程梁图具体说明
	长度 $=1500+100-100-20+12d+l_a$ $=1500+100-100-20+12 \times 25+35 \times 25$ $=2655mm$		
下部钢筋 2Φ16	长度 $=1500+100-100-20+15d$ $=1500+100-100-20+15 \times 16$ $=1715mm$		《11G101-1》第 89 页下部钢筋锚固 $15d$
箍筋 Φ8@100	长度 $=[(250-2 \times 20)+(500-2 \times 20)] \times 2-4d+2 \times 11.9d$ $=[(250-2 \times 20)+(500-2 \times 20)] \times 2-4 \times 8+2 \times 11.9 \times 8$ $=1498mm$		本书箍筋按中心线长度计算，式中"$4d$"是算至箍筋中心线
	箍筋根数 $=(1500+100-100-2 \times 50)/100+1+3$ $=18$ 根(式中"$+3$"是边梁处附加箍筋)		《11G101-1》第 89 页

XL2 钢筋三维效果：

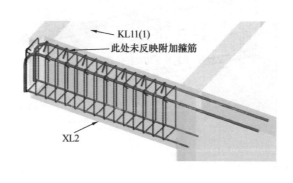

16. XL3 钢筋计算过程

XL3 钢筋计算简图，见图 6-2-16。

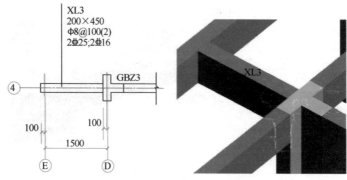

图 6-2-16 XL3 钢筋计算简图

XL3 钢筋计算过程，见表 6-2-17。

XL3 钢筋计算过程　　　　　　表 6-2-17

钢　筋	计算过程	说明及出处
上部钢筋 2 Φ 25	（$l_a = 35d = 35 \times 25 = 875$mm）<端支座，所以端支座采用直锚	《11G101-1》第 89 页以及本工程梁图具体说明
	长度 $= 1500 + 100 - 100 - 20 + 12d + l_a$ $= 1500 + 100 - 100 - 20 + 12 \times 25 + 35 \times 25$ $= 2655$mm	
下部钢筋 2 Φ 16	长度 $= 1500 + 100 - 100 - 20 + 15d$ $= 1500 + 100 - 100 - 20 + 15 \times 16$ $= 1720$mm	《11G101-1》第 89 页
箍筋 Φ 8@100	长度 $= [(200 - 2 \times 20) + (450 - 2 \times 20)] \times 2 - 4d + 2 \times 11.9d$ $= [(200 - 2 \times 20) + (450 - 2 \times 20)] \times 2 - 4 \times 8 + 2 \times 11.9 \times 8$ $= 1298$mm	本书箍筋按中心线长度计算，式中"$4d$"是算至箍筋中心线
	箍筋根数 $= (1500 + 100 - 100 - 2 \times 50)/100 + 1 + 3$ $= 18$ 根（式中"$+3$"是边梁处附加箍筋）	《11G101-1》第 89 页

XL3 钢筋三维效果：

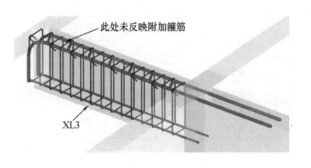

17. 一层梁（−0.050m）钢筋计算汇总

一层梁（−0.050m）钢筋计算汇总表，见表 6-2-18。

一层梁（－0.050m）钢筋计算汇总表

表 6-2-18

构件	钢筋名称	钢筋规格	长度 (m)	线密度 (kg/m)	单重 (kg)	根数	总重 (kg)	构件 数量	构件总重 (kg)	小计 (kg)
KL1 (1)	上部通长筋	2Φ16	6.29	1.58	9.938	2	19.876	2	39.753	134.321
	下部通长筋	2Φ18	6.315	2	12.630	2	25.260	2	50.520	
	左支座负筋	2Φ14	1.799	1.21	2.177	2	4.354	2	8.707	
	箍筋	Φ8@100/200	1.398	0.395	0.552	32	17.671	2	35.341	
KL2 (1)	上部通长筋	2Φ16	3.74	1.58	5.909	2	11.818	2	23.637	65.256
	下部通长筋	2Φ16	3.74	1.58	5.909	2	11.818	2	23.637	
	箍筋	Φ8@100/200	1.198	0.395	0.473	19	8.991	2	17.982	
KL3 (4)	上部通长筋（单根接头＝1）	2Φ16	14.912	1.58	23.561	2	47.122	1	47.122	168.176
	第1跨下部筋	2Φ18	5.088	2	10.176	2	20.352	1	20.352	
	第4跨下部筋	2Φ18	5.088	2	10.176	2	20.352	1	20.352	
	第2－3跨下部筋	2Φ18	6.876	2	13.752	2	27.504	1	27.504	
	第1、4跨箍筋	Φ8@100/200	1.298	0.395	0.513	68	34.864	1	34.864	
	第2、3跨箍筋	Φ8@100/200	1.198	0.395	0.473	38	17.982	1	17.982	
KL4 (1)	上部通长筋	2Φ18	4.25	2	8.500	2	17.000	2	34.000	87.496
	下部通长筋	2Φ18	3.966	2	7.932	2	15.864	2	31.728	
	箍筋	Φ8@100/200	1.198	0.395	0.473	23	10.884	2	21.768	
KL5 (4)	上部通长筋（单根接头＝1）	2Φ18	17.6	2	35.200	2	70.400	1	70.400	238.770
	第1、4跨下部钢筋	2Φ18	4.25	2	8.500	4	34.000	1	34.000	
	第2、3跨下部钢筋	2Φ18	5.976	2	11.952	4	47.808	1	47.808	
	第1、4跨侧部钢筋	G2Φ12	3.16	0.888	2.806	4	11.224	1	11.224	
	第1、4跨拉筋	Φ6@400	0.327	0.222	0.073	16	1.162	1	1.162	
	第1、4跨负筋	2Φ14	1.274	1.21	1.542	4	6.166	1	6.166	
	第1、4跨箍筋	Φ8@100/200	1.698	0.395	0.671	52	34.877	1	34.877	
	第2、3跨箍筋	Φ8@100/200	1.398	0.395	0.552	60	33.133	1	33.133	
KL6 (2)	上部通长筋（单根接头＝1）	2Φ18	10.476	2	20.952	2	41.904	2	83.808	285.063
	第1跨下部钢筋	2Φ22	6.904	2.98	20.574	2	41.148	2	82.296	
	第2跨下部钢筋	2Φ16	4.612	1.58	7.287	2	14.574	2	29.148	
	第1跨左支座负筋	2Φ14	1.875	1.21	2.269	2	4.538	2	9.075	
	第1跨右支座负筋	2Φ14	1.849	1.21	2.237	2	4.475	2	8.949	
	箍筋	Φ8@100/200	1.398	0.395	0.552	65	35.894	2	71.787	
KL7 (2A)	上部通长筋（单根接头＝1）	2Φ18	9.646	2	19.292	2	38.584	2	77.168	354.286
	第2跨左支座负筋（延伸至悬挑端）	2Φ20	3.92	2.47	9.682	2	19.365	2	38.73	
	第2跨右支座负筋	1Φ14	3.5	1.21	4.235	1	4.235	2	8.470	
	悬挑端下部筋	2Φ16	1.92	1.58	3.034	2	6.067	2	12.134	

续表

构件	钢筋名称	钢筋规格	长度 （m）	线密度 （kg/m）	单重 （kg）	根数	总重 （kg）	构件 数量	构件总重 （kg）	小计 （kg）
KL7 （2A）	第2跨下部钢筋	3Φ18	5.9	2	11.800	3	35.400	2	70.800	347.913
	第1跨下部钢筋	2Φ16	2.748	1.58	4.342	2	8.684	2	17.367	
	悬挑端箍筋	Φ8@100/200	1.398	0.395	0.552	20	11.044	2	22.088	
	第2跨箍筋	Φ8@100/200	1.298	0.395	0.513	33	16.919	2	33.839	
	第1跨箍筋	Φ8@100/200	1.198	0.395	0.473	17	8.045	2	16.089	
KL8 （2）	上部通长筋	2Φ18	7.2	2	14.400	2	28.800	2	57.600	136.649
	第1跨右负筋 （贯通第2跨）	1Φ16	3.553	1.58	5.614	1	5.614	2	11.227	
	第1跨下部钢筋	3Φ18	5.888	2	11.776	3	35.328	2	70.656	
	第2跨下部钢筋	2Φ16	2.376	1.58	3.754	2	7.508	2	15.016	
	箍筋	Φ8@100/200	1.198	0.395	0.473	42	19.875	2	39.750	
KL9 （1）	上部通长筋	2Φ18	4.876	2	9.752	2	19.504	1	19.504	50.365
	下部通长筋	2Φ18	4.876	2	9.752	2	19.504	1	19.504	
	箍筋	Φ8@100/200	1.198	0.395	0.473	24	11.357	1	11.357	
KL10 （1）	上部通长筋	2Φ16	4.612	1.58	7.287	2	14.574	1	14.574	40.505
	下部通长筋	2Φ16	4.612	1.58	7.287	2	14.574	1	14.574	
	箍筋	Φ8@100/200	1.198	0.395	0.473	24	11.357	1	11.357	
KL11 （1）	上部通长筋	2Φ18	6.35	2	12.700	2	25.400	2	50.800	136.878
	下部通长筋	2Φ18	6.066	2	12.132	2	24.264	2	48.528	
	箍筋	Φ8@100/200	1.398	0.395	0.552	34	18.775	2	37.550	
KL12 （2）	上部通长筋	2Φ18	6.5	2	13.000	2	26.000	1	26.000	74.559
	下部通长筋	2Φ18	6.5	2	13.000	2	26.000	1	26.000	
	箍筋	Φ8@100/200	1.298	0.395	0.513	44	22.559	1	22.559	
L1 （2）	上部通长筋 （单根接头＝1）	2Φ16	10.44	1.58	16.495	2	32.990	1	32.990	109.729
	下部通长筋 （单根接头＝1）	2Φ18	10.5	2	21.000	2	42.000	1	42.000	
	第2跨左支座负筋	2Φ20	3.333	2.47	8.233	1	8.233	1	8.233	
	箍筋	Φ8@200	1.398	0.395	0.552	48	26.506	1	26.506	
XL1	上部上排钢筋	2Φ25	2.955	3.85	11.377	2	22.754	1	22.754	79.068
	上部下排钢筋	2Φ25	2.955	3.85	11.377	2	22.754	1	22.754	
	下部钢筋	2Φ20	2.075	2.47	5.125	2	10.251	1	10.251	
	侧部钢筋	N4Φ12	1.955	0.888	1.736	4	6.944	1	6.944	
	拉筋	Φ6@200	0.327	0.222	0.073	20	1.452	1	1.452	
	箍筋	Φ8@100	1.798	0.395	0.710	21	14.914	1	14.914	
XL2	上部钢筋	2Φ25	2.655	3.85	10.222	2	20.444	2	40.887	73.027
	下部钢筋	2Φ16	1.715	1.58	2.710	2	5.419	2	10.839	
	箍筋	Φ8@100/200	1.498	0.395	0.592	18	10.651	2	21.302	
XL3	上部钢筋	2Φ25	2.655	3.85	10.222	2	20.444	1	40.887	35.107
	下部钢筋	2Φ16	1.72	1.58	2.718	2	5.435	1	5.435	
	箍筋	Φ8@100/200	1.298	0.395	0.513	18	9.229	1	9.229	
合计	对焊接头数＝16									2069.255

三、二层梁（3.550m）钢筋计算过程

1. KL1（2）钢筋计算过程

KL1（2）钢筋计算简图，见图 6-2-17。

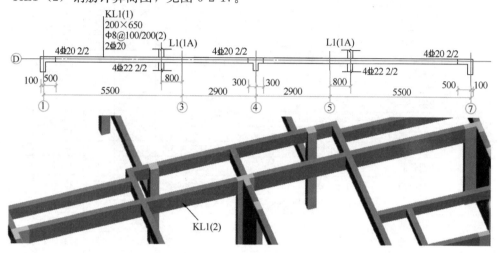

图 6-2-17　KL1（2）钢筋计算过程

KL1（2）钢筋计算过程，见表 6-2-19。

<table>
<tr><td colspan="3" align="center">**KL1（2）钢筋计算过程**</td><td align="right">表 6-2-19</td></tr>
</table>

钢 筋	计 算 过 程	说明及出处
上部通长筋 2Φ20	$l_{aE}=41d=41×20=820\text{mm}>$ 两端支座，所以端支座采用弯锚 长度 $=5500×2+2900×2-2×500+2×(600-20+15d)$ $=5500×2+2900×2-2×500+2×(600-20+15×20)$ $=17560\text{mm}$ 对焊接头数量$=1×2=2$(每根钢筋 1 个接头)	《11G101-1》第 79 页
下部通长筋 4Φ22 2/2	长度 $=5500×2+2900×2-2×500+2×(600-20+15d)$ $=5500×2+2900×2-2×500+2×(600-20+15×22)$ $=17620\text{mm}$ 对焊接头数量$=1×2=2$(每根钢筋 1 个接头)	《11G101-1》第 79 页
第 1、4 跨端支座负筋 2Φ20	长度 $=(5500+2900-300-500)/4+(600-20+15d)$ $=(5500+2900-300-500)/4+(600-20+15×20)$ $=2780\text{mm}$	《11G101-1》第 79 页
第 1 跨右支座负筋 2Φ20	长度 $=2×[(5500+2900-300-500)/4]+600$ $=4400\text{mm}$	《11G101-1》第 79 页 中间支座负筋两侧 对称

钢　筋	计　算　过　程	说明及出处
第 1、2 跨侧部 筋及拉筋 G2 ⏀12	侧部筋长度 ＝5500＋2900－300－500＋2×15d ＝5500＋2900－300－500＋2×15×12 ＝7960mm 拉筋长度Φ6@400 ＝200－2×20－6＋2×[1.9d＋max(10d，75)] ＝200－2×20－6＋2×(1.9×6＋75) ＝327mm 拉筋根数 ＝(5500＋2900－300－500－2×50)/400＋1 ＝20 根(两跨共 40 根)	《11G101-1》第 87 页 侧部钢筋按施工图说 明配置 《11G101-1》第 56 页 拉筋弯钩： 　1.9d ＋ max（10d， 75）
箍筋 Φ 8@100/200	长度 ＝[(200－2×20)＋(650－2×20)]×2－4d＋2×11.9d ＝[(200－2×20)＋(650－2×20)]×2－4×8＋2×11.9×8 ＝1698mm	本书箍筋按中心线长 度计算，式中"4d"是 算至箍筋中心线
	箍筋根数：加密区长度＝max(1.5×650，500)＝975mm 加密区根数＝(975－50)/100＋1＝11 根 非加密区根数＝(5500＋2900－500－300－2×975)/200－1＋6 ＝34 根 　式中"＋6"表示 L1(1A)处附加箍筋 总根数＝2 跨×(2×11＋34)＝112 根	《11G101-1》第 85 页

KL1(2)钢筋三维效果：

附加箍筋

附加箍筋

侧部构造筋

2. KL2(2)钢筋计算过程

KL2(2)钢筋计算简图，见图 6-2-18。

KL2(2)钢筋计算过程，见表 6-2-20。

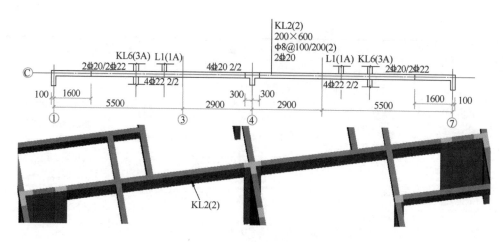

图 6-2-18 KL2(2)钢筋计算简图

KL2(2)钢筋计算过程

表 6-2-20

钢 筋	计 算 过 程	说明及出处
	$l_{aE}=41d=41\times20=820mm<$两端支座，所以端支座采用直锚	
上部通长筋 2 Φ 20	长度 $=5500\times2+2900\times2-2\times1600+2\times max(600, l_{aE})$ $=5500\times2+2900\times2-2\times1600+2\times max(600, 41\times20)$ $=15240mm$ 对焊接头数量$=1\times2=2$(每根钢筋1个接头)	《13G101-11》第 4-8 页 以及本工程梁图具体说明
下部通长筋 4 Φ 22 2/2	长度 $=5500\times2+2900\times2-2\times1600+2\times max(600, l_{aE})$ $=5500\times2+2900\times2-2\times1600+2\times max(600, 41\times22)$ $=15404mm$ 对焊接头数量$=1\times2=2$(每根钢筋1个接头)	端支座锚固方式同上部通长筋
第1、4跨端 支座负筋 2 Φ 22	长度 $=(5500+2900-300-1600)/4+max(600, l_{aE})$ $=(5500+2900-300-1600)/4+max(600, 41\times22)$ $=2527mm$	《11G101-1》第79页 支座负筋位于第二排
第1跨右支座负筋 2 Φ 20	长度 $=2\times[(5500+2900-300-1600)/4]+600$ $=3850mm$	《11G101-1》第79页 中间支座负筋两侧对称
箍筋 Φ 8@100/200	长度 $=[(200-2\times20)+(600-2\times20)]\times2-4d+2\times11.9d$ $=[(200-2\times20)+(600-2\times20)]\times2-4\times8+2\times11.9\times8$ $=1598mm$	本书箍筋按中心线长度计算，式中"4d"是算至箍筋中心线

钢　筋	计　算　过　程	说明及出处
箍筋 Φ8@100/200	箍筋根数：加密区长度＝max(1.5×600，500)＝900mm 加密区根数＝(900－50)/100＋1＝10 根 非加密区根数 ＝(5500＋2900－1600－300－2×900)/200－1＋12＝35 根 式中"＋12"表示 KL6(3A)、L1(1A)处附加箍筋 总根数＝2 跨×(2×10＋35)＝110 根	《11G101-1》第 85 页

KL2(2)钢筋三维效果：

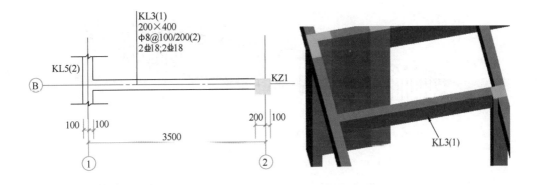

3. KL3(1)钢筋计算过程

KL3(1)钢筋计算简图，见图 6-2-19。

图 6-2-19　KL3(1)钢筋计算简图

KL3(1)钢筋计算过程［参考一层梁 KL4(1)］，见表 6-2-21。

KL3(1)钢筋计算过程 表 6-2-21

钢 筋	计 算 过 程	说明及出处
上部通长筋 2 Φ 18	$l_{aE}=41d=41\times18=738mm>300-20=280mm$，所以两端支座采用弯锚	《11G101-1》第79页
	长度 $=3500-200-100+(200-20+15d)+(300-20+15d)$ $=3500-200-100+(200-20+15\times18)+(300-20+15\times18)$ $=4200mm$	
下部通长筋 2 Φ 18	长度 $=3500-200-100+12d+(300-20+15d)$ $=3500-200-100+12\times18+(300-20+15\times18)$ $=3966mm$	《13G101-11》第 4-8 页 一端支座为框架梁时按非框架梁处理
箍筋 Φ 8@100/200	长度 $=[(200-2\times20)+(400-2\times20)]\times2-4d+2\times11.9d$ $=[(200-2\times20)+(400-2\times20)]\times2-4\times8+2\times11.9\times8$ $=1198mm$	本书箍筋按中心线长度计算，式中"4d"是算至箍筋中心线
	箍筋加密区长度=max(1.5×400，500)=600mm 加密区根数=(600-50)/100+1=7 根 非加密区根数=(3500-200-100-2×600)/200-1=9 根 总根数=7×2+9=23 根	《11G101-1》第85页

KL3(1)钢筋三维效果

4. KL4(4)钢筋计算过程

KL4(4)钢筋计算简图，见图 6-2-20。

KL4(4)钢筋计算过程［参考一层梁 KL5(4)］，见表 6-2-22。

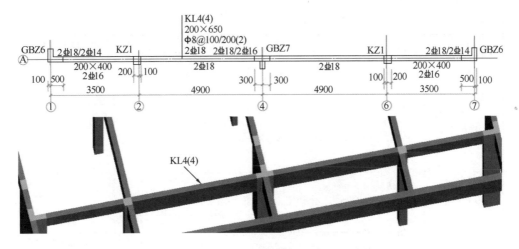

图 6-2-20 KL4(4)钢筋计算简图

KL4(4)钢筋计算过程

表 6-2-22

钢 筋	计 算 过 程	说明及出处
上部通长筋 2⨍18	$l_{aE}=41d=41×18=738mm>$两端支座，所以端支座采用弯锚 长度 $=3500×2+4900×2-2×500+2×(600-20+15d)$ $=3500×2+4900×2-2×500+2×(600-20+15×18)$ $=17500mm$ 对焊接头数量$=1×2=2$(每根钢筋1个接头)	《11G101-1》第79页
第1、4跨下部钢筋 2⨍16	第1、4跨梁变截面，$\Delta h/(h_c-50)=250/300>1/6$，因此下部钢筋断开	《11G101-1》第84页
	下部钢筋长度 $=3500-500-200+(600-20+15d)+max(150+5d，41d)$ $=3500-500-200+(600-20+15×16)+max(150+5×16，$ $41×16)$ $=4276mm$	左端支座锚固同上部通长筋，右端支座变截面直锚
第2、3跨下部钢筋 2⨍18	长度 $=2×4900-100-100+2×(300-20+15d)$ $=2×4900-100-100+2×(300-20+15×18)$ $=10700mm$ 对焊接头数量$=1×2=2$(每根钢筋1个接头)	《11G101-1》第79页
第2、3跨侧部筋及拉筋 G2⨍12	侧部构造筋长度 $=4900-300-100+2×15d$ $=4900-300-100+2×15×12$ $=4860mm$ 拉筋长度Φ6@400 $=200-2×20-6+2×[1.9d+max(10d，75)]$ $=200-2×20-6+2×(1.9×6+75)$ $=327mm$ 拉筋根数 $=(4900-300-100-2×50)/400+1$ $=12根(两跨共24根)$	《11G101-1》第87页 侧部钢筋规格见施工图说明 《11G101-1》第56页 拉筋弯钩： $1.9d+max(10d，75)$

209

续表

钢 筋	计 算 过 程	说明及出处
第1跨支支座 第4跨右支座负筋 2 ϕ 14	$l_{aE}=41d=41\times14=574\text{mm}<600-20=580\text{mm}$，端支座采用直锚 长度 $=(3500-500-200)/4+\max(0.5h_c+5d,\ 41d)$ $=(3500-500-200)/4+\max(325+5\times14,\ 41\times14)$ $=1274\text{mm}$	《11G101-1》第79页 支座负筋位于第二排
第2跨右负筋 2 ϕ 16	长度 $=2\times(4900-300-100)/4+600=2850\text{mm}$	《11G101-1》第79页
箍筋 ϕ 8@100/200	第1、4跨箍筋长度： $=[(200-2\times20)+(400-2\times20)]\times2-4d+2\times11.9d$ $=[(200-2\times20)+(400-2\times20)]\times2-4\times8+2\times11.9\times8$ $=1198\text{mm}$	本书箍筋按中心线长度计算，式中"4d"是算至箍筋中心线
	第1、4跨箍筋根数： 箍筋加密区长度$=\max(1.5\times400,\ 500)=600\text{mm}$ 加密区根数$=(600-50)/100+1=7$根 非加密区根数$=(3500-500-200-2\times600)/200-1=7$根 总根数$=2$跨$\times(2\times7+7)=42$根	《11G101-1》第85页
	第2、3跨箍筋长度 $=[(200-2\times20)+(650-2\times20)]\times2-4d+2\times11.9d$ $=[(200-2\times20)+(650-2\times20)]\times2-4\times8+2\times11.9\times8$ $=1698\text{mm}$	本书箍筋按中心线长度计算，式中"4d"是算至箍筋中心线
	箍筋加密区长度$=\max(1.5\times650,\ 500)=975\text{mm}$ 加密区根数$=(975-50)/100+1=11$根 非加密区根数$=(4900-300-100-2\times975)/200-1=12$根 总根数$=2$跨$\times(2\times11+12)=68$根	

KL4(4)钢筋三维效果：

5. KL5(2)钢筋计算过程

KL5(2)钢筋计算简图，见图 6-2-21。

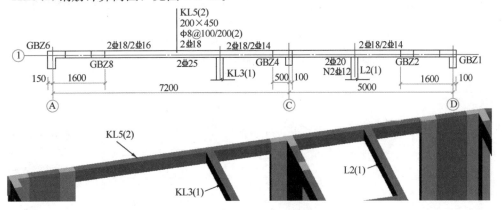

图 6-2-21 KL5(2)钢筋计算简图

KL5(2)钢筋计算过程[参考一层梁 KL6(2)]，见表 6-2-23。

KL5(2)钢筋计算过程 表 6-2-23

钢 筋	计 算 过 程	说明及出处
上部通长筋 2Φ18	$l_{aE}=41d=41\times18=738mm<$两端支座，所以端支座采用直锚 长度 $=7200+5000-2\times1600+2\times\max(600,l_{aE})$ $=7200+5000-2\times1600+2\times\max(600,41\times18)$ $=10476mm$ 对焊接头数量$=1\times2=2$(每根钢筋 1 个接头)	《13G101-11》第 4-8 页 以及本工程梁图具体说明
第 1 跨下部筋 2Φ25	长度 $=7200-1600-500+\max(600,l_{aE})+\max(0.5h_c+5d,l_{aE})$ $=7200-1600-500+\max(600,41\times25)+\max(300+5\times22,$ $41\times25)$ $=7150mm$	左端支座锚固同上部通长筋，右端为中间支座直锚
第 2 跨下部筋 2Φ20	长度 $=5000-1600-100+\max(600,l_{aE})+\max(0.5h_c+5d,l_{aE})$ $=5000-1600-100+\max(600,41\times20)+\max(300+5\times16,$ $41\times20)$ $=4940mm$	锚固方式同第 1 跨下部钢筋
第 2 跨侧部筋 N2Φ12	长度 $=5000-1600-100+\max(600,l_{aE})+\max(0.5h_c+5d,l_{aE})$ $=5000-1600-100+\max(600,41\times12)+\max(300+5\times16,$ $41\times12)$ $=4392mm$	侧部受扭钢筋，锚固同下部钢筋 《11G101-1》第 87 页

钢 筋	计 算 过 程	说明及出处
第1跨左支座负筋 2$\underline{\Phi}$16	长度 $=(7200-1600-500)/4+\max(600, l_{aE})$ $=(7200-1600-500)/4+\max(600, 41\times16)$ $=1931$mm	《11G101-1》第79页
第1跨右支座负筋 2$\underline{\Phi}$14	长度 $=2\times(7200-1600-500)/4+600$ $=3150$mm	
第2跨右支座负筋 2$\underline{\Phi}$14	长度 $=(5000-1600-100)/4+\max(600, l_{aE})$ $=(5000-1600-100)/4+\max(600, 41\times14)$ $=1425$mm	
箍筋 Φ8@100/200	长度： $=[(200-2\times20)+(450-2\times20)]\times2-4d+2\times11.9d$ $=[(200-2\times20)+(450-2\times20)]\times2-4\times8+2\times11.9\times8$ $=1298$mm	本书箍筋按中心线长度计算，式中"$4d$"是算至箍筋中心线
	第1跨箍筋根数：加密区长度$=\max(1.5\times450, 500)=675$mm 加密区根数$=(675-50)/100+1=8$根 非加密区根数$=(7200-1600-500-2\times675)/200-1+6=$24 根 式中"6"为KL4位置附加箍筋，一边3根共6根 总根数$=2\times8+24=40$根	
	第2跨箍筋根数：箍筋加密区长度$=\max(1.5\times450, 500)$ $=675$mm 加密区根数$=(675-50)/100+1=8$根 非加密区根数$=(5000-1600-100-2\times675)/200-1+6=$15 根 总根数$=2\times8+15=31$根	《11G101-1》第85页
第2跨拉筋 Φ6@400	长度 $=200-2\times20-6+2\times[1.9d, \max(10d, 75)]$ $=200-2\times20-6+2\times(1.9\times6+75)$ $=327$mm "-6"是算至拉筋中心线 根数$=(5000-1600-100-2\times50)/400+1=9$根	《11G101-1》第87页 拉筋弯钩： $1.9d+\max(10d, 75)$

续表

钢 筋	计 算 过 程	说明及出处
KL5(2)钢筋三维效果	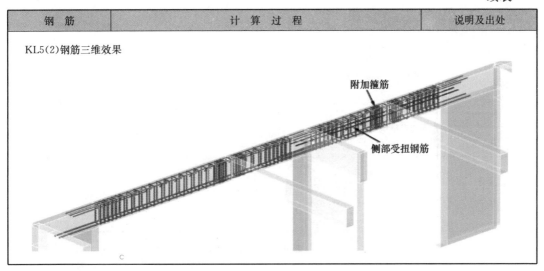	

6. KL6(3A)钢筋计算过程

KL6(3A)钢筋计算简图，见图 6-2-22。

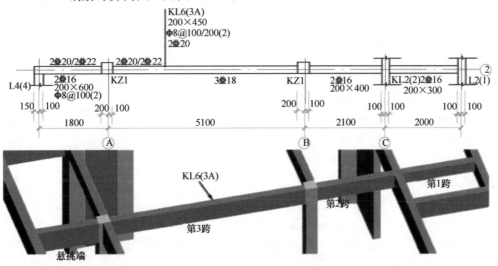

图 6-2-22　KL6(3A)钢筋计算简图

KL6(3A)钢筋计算过程［参考一层梁 KL7(2A)］，见表 6-2-24。

KL6(3A)钢筋计算过程　　　　　　　　　　　　　　表 6-2-24

钢 筋	计 算 过 程	说明及出处
上部通长筋 2 Φ 20	长度 $=1800+5100+2100+2000-2\times100+(250-20+12d)+(200-20+15d)$ $=1800+5100+2100+2000-2\times100+(250-20+12\times20)+(200-20+15\times20)$ $=11750$mm 悬挑端伸至远端下弯 $12d$，另一端锚入 L2(1) 对焊接头数量$=1\times2=2$(每根钢筋 1 个接头)	

钢 筋	计 算 过 程	说明及出处
第3跨左支座负筋 2Φ22	长度 =max[(5100−100−200)/3，L]+300+(1750−20+12d) =max[(5100−100−200)/3，1750]+300+(1750−20+12×22) =4044mm 第二排钢筋不向下斜弯（$L<4hb$） 伸至里端max($l_n/3$，L)详见施工图说明	《11G101-1》第89页 支座负筋位于第二排
悬挑端下部筋 2Φ16	长度 =1800−200+150−20+15d =1800−200+150−20+15×16 =1970mm	《11G101-1》第89页 悬挑端下部筋锚固15d
第3跨下部筋 3Φ18	第2跨梁高450mm，第1跨梁高400mm，$c/(h_c−50)$=50/250>1/6，且两跨钢筋规格不同，因此分别锚固 长度 =5100−100−200+2×(300−20+15d) =5100−100−200+2×(300−20+15×18) =5900mm 本例里跨下部筋在悬挑端处采用弯锚	《11G101-1》第84页 《11G101-1》第79页
第2跨下部筋 2Φ16	长度 =2100−100−100+max(0.5h_c+5d，l_{aE})+(200−20+15d) =2100−100−100+max(150+5×16，41×16)+(200−20+15×16) =2976mm 左端在弯截面处直锚，右端在变截面处[KL2(2)]弯锚	《11G101-1》第84页
第1跨下部筋 2Φ16	长度 =2000−100−100+max(0.5h_c+5d，l_{aE})+(200−20+15d) =2000−100−100+max(150+5×16，41×16)+(200−20+15d) =2876mm（《11G101-10》第86页，下部钢筋直锚不足时采用弯锚）	《11G101-1》第84页 《13G101-11》第4-8页 一端支座为框架梁时按非框架梁处理
悬挑端箍筋 Φ8@100	箍筋长度 =[(200−2×20)+(600−2×20)]×2−4d+2×11.9d =[(200−2×20)+(600−2×20)]×2−4×8+2×11.9×8 =1598mm	本书箍筋按中心线长度计算，式中"4d"是算至箍筋中心线
	箍筋根数 =(1800+150−200−2×50)/100+1+3 =21根（式中"+3"是边梁处附加箍筋）	《11G101-1》第89页 《12G901-1》第2-44页

钢 筋	计 算 过 程	说明及出处
第3跨箍筋 Φ8@100/200	箍筋长度： $=[(200-2\times20)+(450-2\times20)]\times2-4d+2\times11.9d$ $=[(200-2\times20)+(450-2\times20)]\times2-4\times8+2\times11.9\times8$ $=1298mm$	本书箍筋按中心线长度计算，式中"4d"是算至箍筋中心线
	箍筋根数：加密区长度$=max(1.5\times450，500)=675mm$ 加密区根数$=(675-50)/100+1=8$ 根 非加密区根数$=(5100-100-200-2\times675)/200-1=17$ 根 总根数$=2\times8+17=33$ 根	《11G101-1》第85页
第2跨箍筋 Φ8@100/200	箍筋长度： $=[(200-2\times20)+(400-2\times20)]\times2-4d+2\times11.9d$ $=[(200-2\times20)+(400-2\times20)]\times2-4\times8+2\times11.9\times8$ $=1198mm$	
	箍筋根数：箍筋加密区长度$=max(1.5\times400，500)=600mm$ 加密区根数$=(600-50)/100+1=7$ 根 非加密区根数$=(2100-100-100-2\times600)/200-1=3$ 根 总根数$=2\times7+3=17$ 根	
第1跨箍筋 Φ8@100/200	箍筋长度： $=[(200-2\times20)+(300-2\times20)]\times2-4d+2\times11.9d$ $=[(200-2\times20)+(300-2\times20)]\times2-4\times8+2\times11.9\times8$ $=998mm$	
	箍筋根数：箍筋加密区长度$=max(1.5\times300，500)=500mm$ 加密区根数$=(500-50)/100+1=6$ 根 非加密区根数$=(2000-100-100-2\times500)/200-1=3$ 根 总根数$=2\times6+3=15$ 根	

KL6(3A)钢筋三维效果：

第1跨

第2跨

第3跨

悬挑跨

7. KL7(1)钢筋计算过程

KL7(1)钢筋计算简图，见图6-2-23。

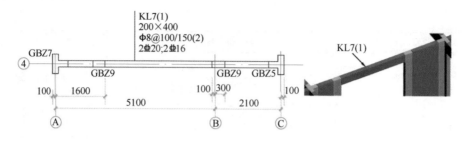

图 6-2-23 KL7(1)钢筋计算简图

KL7(1)钢筋计算过程，见表 6-2-25。

KL7(1)钢筋计算过程   表 6-2-25

钢 筋	计 算 过 程	说明及出处
上部通长筋 2Φ20	$l_{aE}=41d=41\times20=820mm<$两端支座，所以端支座采用直锚	《13G101-11》第 4-8 页 以及本工程梁图具体说明
	长度 $=5100-1600-100+2\times max(600,l_{aE})$ $=5100-1600-100+2\times max(600,41\times20)$ $=5040mm$	
下部通长筋 2Φ16	长度 $=5100-1600-100+2\times max(600,l_{aE})$ $=5100-1600-100+2\times max(600,41\times16)$ $=4712mm$	同上部通长筋
箍筋 Φ8@100/200	长度 $=[(200-2\times20)+(400-2\times20)]\times2-4d+2\times11.9d$ $=[(200-2\times20)+(400-2\times20)]\times2-4\times8+2\times11.9\times8$ $=1198mm$	本书箍筋按中心线长度计算，式中"4d"是算至箍筋中心线
	箍筋加密区长度=$max(1.5\times400,500)=600mm$ 加密区根数=$(600-50)/100+1=7$ 根 非加密区根数=$(5100-1600-100-2\times600)/150-1=14$ 根 总根数=$2\times7+14=28$ 根	《11G101-1》第 85 页

KL7(1)钢筋三维效果：

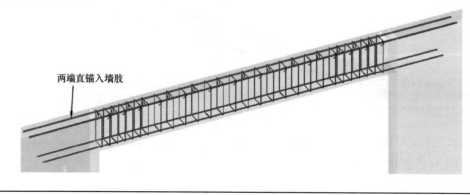

两端直锚入墙肢

8. KL8(1)钢筋计算过程

KL8(1)钢筋计算简图，见图6-2-24。

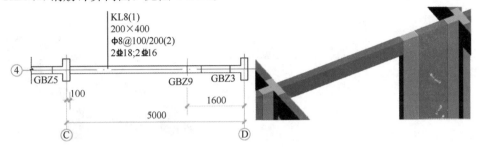

KL8(1)
200×400
Φ8@100/200(2)
2Φ18;2Φ16

④

GBZ5   GBZ9   GBZ3

100   1600
5000
ⒸⒹ

图6-2-24 KL8(1)钢筋计算简图

KL8(1)钢筋计算过程，见表6-2-26。

表 6-2-26

KL8(1)钢筋计算过程

钢 筋	计 算 过 程	说明及出处
上部通长筋 2Φ18	$l_{aE}=41d=41×18=738mm<$两端支座，所以端支座采用直锚 长度 $=5000-1600-100+2×\max(600，l_{aE})$ $=5000-1600-100+2×\max(600，41×18)$ $=4776mm$	《13G101-11》第 4-8页 以及本工程梁图具体说明
下部通长筋 2Φ16	长度 $=5000-1600-100+2×\max(600，41×16)$ $=4612mm$	同上部通长筋
箍筋 Φ8@100/200	长度 $=[(200-2×20)+(400-2×20)]×2-4d+2×11.9d$ $=[(200-2×20)+(400-2×20)]×2-4×8+2×11.9×8$ $=1198mm$	本书箍筋按中心线长度计算，式中"4d"是算至箍筋中心线
	箍筋加密区长度$=\max(1.5×400，500)=600mm$ 加密区根数$=(600-50)/100+1=7$根 非加密区根数$=(5000-1600-100-2×600)/200-1=10$根 总根数$=2×7+10=24$根	《11G101-1》第85页

KL8(1)钢筋三维效果：

两端直锚入墙肢

9. WKL9(2B)钢筋计算过程

WKL9(2B)钢筋计算简图，见图6-2-25。

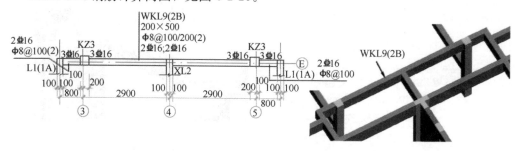

图 6-2-25　WKL9(2B)钢筋计算简图

WKL9(2B)钢筋计算过程，见表6-2-27。

WKL9(2B)钢筋计算过程　　表 6-2-27

钢　筋	计　算　过　程	说明及出处
上部通长筋 2 Φ16	长度 $=800\times2+2900\times2+200-2\times20+2\times(500-2\times20)$ $=8480mm$	《11G101-1》第89页 伸至悬挑远端下弯
下部通长筋 2 Φ16	长度 $=800\times2+2900\times2+2\times100-2\times20$ $=7560mm$	《11G101-1》第89页 下部钢筋和里跨直通
第1跨左负筋 1 Φ16	长度 $=800-20+(500-2\times20)+300+\max(l_n/3,\ L)$ $=800-20+(500-2\times20)+300+\max[(2900-300)/3,\ 800]$ $=2407mm$ 悬挑跨净长 800mm$<4h_b$，因此中间的钢筋不用斜弯	《11G101-1》第89页
第2跨右负筋 1 Φ16	长度$=2407mm$(两端对称，同第1跨左负筋)	
箍筋	长度 $=[(200-2\times20)+(500-2\times20)]\times2-4d+2\times11.9d$ $=[(200-2\times20)+(500-2\times20)]\times2-4\times8+2\times11.9\times8$ $=1398mm$	本书箍筋按中心线长度计算，式中"$4d$"是算至箍筋中心线
	两端悬挑段箍筋根数(Φ8@100) 根数$=(800-2\times50)/100+1+3=11$根(两端共22根) 式中"$+3$"是边梁处附加箍筋	《11G101-1》第89页 《12G901-1》第 2-44 页
	第1、2跨箍筋根数(Φ8@100/200) 箍筋加密区长度$=\max(1.5\times500,\ 500)=750mm$ 加密区根数$=(750-50)/100+1=8$根 非加密区根数$=(2900-200-100-2\times750)/200-1=5$根 总根数$=2$跨$\times(2\times8+5)=42$根	《11G101-1》第85页

续表

钢　筋	计　算　过　程	说明及出处
WL9(2B)钢筋三维效果：	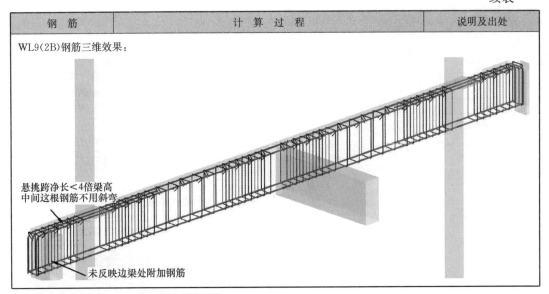 悬挑跨净长<4倍梁高 中间这根钢筋不用斜弯 未反映边梁处附加钢筋	

10. WKL10(1)钢筋计算过程

WKL10(1)钢筋计算简图，见图 6-2-26。

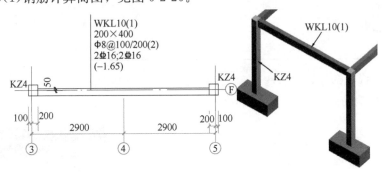

图 6-2-26　WKL10(1)钢筋计算简图

WKL10(1)钢筋计算过程，见表 6-2-28。

WKL10(1)钢筋计算过程　　　　　　　　　　　　　　　表 6-2-28

钢　筋	计　算　过　程	说明及出处
上部通长筋 2⏀16	本例屋面框架梁上部筋端支座锚固采用"梁端顶部搭接"构造，与 KZ4 钢筋计算对应，参见本书第三章 长度 $=2900\times2+2\times100-2\times20+2\times(400-20)$ $=6720\text{mm}$	《11G101-1》第 80 页
下部通长筋 2⏀16	$l_{aE}=41d=41\times16=656\text{mm}>$两端支座，所以端支座采用弯锚 长度 $=2900\times2-2\times200+2\times(300-20+15d)$ $=2900\times2-2\times200+2\times(300-20+15\times16)$ $=6440\text{mm}$	《11G101-1》第 80 页

钢　筋	计　算　过　程	说明及出处
箍筋 Φ8@100/200	长度 $=[(200-2\times20)+(400-2\times20)]\times2-4d+2\times11.9d$ $=[(200-2\times20)+(400-2\times20)]\times2-4\times8+2\times11.9\times8$ $=1198mm$	本书箍筋按中心线长度计算，式中"4d"是算至箍筋中心线
	箍筋加密区长度$=\max(1.5\times400,500)=600mm$ 加密区根数$=(600-50)/100+1=7$ 根 非加密区根数$=(2900\times2-200-200-2\times600)/200-1=20$ 根 总根数$=2\times7+20=34$ 根	《11G101-1》第 85 页

WKL10(1)钢筋三维效果：

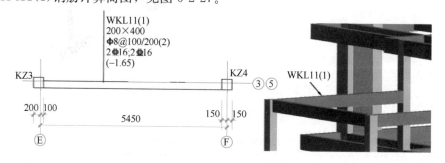

屋面框架梁上部筋弯至梁底

11. WKL11(1)钢筋计算过程

WKL11(1)钢筋计算简图，见图6-2-27。

图 6-2-27　WKL11(1)钢筋计算简图

WKL11(1)钢筋计算过程，见表6-2-29。

WKL11(1)钢筋计算过程　　　　　　　　　　　表 6-2-29

钢　筋	计　算　过　程	说明及出处
上部通长筋 2Φ16	本例屋面框架梁上部筋端支座锚固采用"梁端顶部搭接"构造，与 KZ4 钢筋计算对应，参见本书第三章	《11G101-1》第 79、80 页
	长度 $=5450-100-150+(300-20+15d)+(300-20+400-25)$ $=5450-100-150+(300-20+15\times16)+(300-20+400-25)$ $=6375mm$ KZ3 端按楼层框架梁锚固，KZ4 端按屋面框架梁锚固	

续表

钢 筋	计 算 过 程	说明及出处
下部通长筋 2 Φ 16	$l_{aE}=41d=41\times16=656mm>$ 两端支座，所以端支座采用弯锚 长度 $=5450-150-100+2\times(300-20+15d)$ $=5450-150-100+2\times(300-20+15\times16)$ $=6240mm$	《11G101-1》第 80 页
箍筋 Φ 8@100/200	长度 $=[(200-2\times20)+(400-2\times20)]\times2-4d+2\times11.9d$ $=[(200-2\times20)+(400-2\times20)]\times2-4\times8+2\times11.9\times8$ $=1198mm$	本书箍筋按中心线长 度计算，式中"$4d$"是 算至箍筋中心线
	箍筋加密区长度$=max(1.5\times400，500)=600mm$ 加密区根数$=(600-50)/100+1=7$ 根 非加密区根数$=(5450-150-100-2\times600)/200-1=19$ 根 总根数$=2\times7+19=33$ 根	《11G101-1》第 85 页

WKL11(1)钢筋三维效果：

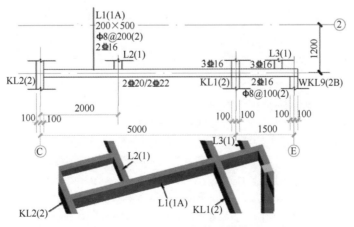

12. L1(1A)钢筋计算过程

L1(1A)钢筋计算简图，见图 6-2-28。

图 6-2-28 L1(1A)钢筋计算简图

L1(1A)钢筋计算过程，见表 6-2-30。

L1(1A)钢筋计算过程　　　　　　　　　　　　　表 6-2-30

钢　筋	计　算　过　程	说明及出处
上部通长筋 2 ⏀ 16	长度 $=5000+1500-2\times100+(200-20+15d)+(200-20+500-2\times20)$ $=5000+1500-2\times100+(200-20+15\times16)+(200-20+500-2\times20)$ $=7360mm$	《11G101-1》第 86、89 页 伸至悬挑远端下弯
第 1 跨下部筋 2 ⏀ 20/2 ⏀ 22	2 ⏀ 20 长度 $=5000-2\times100+2\times(200-20+15d)$ $=5000-2\times100+2\times(200-20+15\times20)$ $=5760mm$ 2 ⏀ 22 长度 $=5000-2\times100+2\times(200-20+15d)$ $=5000-2\times100+2\times(200-20+15\times22)$ $=5820mm$	《11G101-1》第 89 页 L 下部钢筋锚固 15d
悬挑端下部筋 2 ⏀ 16	长度 $=1500-100+100-20+15d$ $=1500-100+100-20+15\times16$ $=1720mm$	《11G101-1》第 89 页 悬挑端下部钢筋里端锚固 15d
第 1 跨右负筋 1 ⏀ 16	长度 $=[1500-20+(500-2\times20)]+200+\max(l_n/3, L)$ $=[1500-20+460]+200+\max[(5000-200)/3, 1500]$ $=3740mm$ 悬挑跨净长<4 倍梁高，所以此钢筋不斜弯	《11G101-1》第 89 页
箍筋	长度 $=[(200-2\times20)+(500-2\times20)]\times2-4d+2\times11.9d$ $=[(200-2\times20)+(500-2\times20)]\times2-4\times8+2\times11.9\times8$ $=1398mm$	本书箍筋按中心线长度计算，式中"4d"是算至箍筋中心线
	悬挑段箍筋根数(⏀8@100) 根数$=(1500-2\times50)/100+1+6+3=24$ 根 式中"+6"是 L3(1)处附加箍筋，"+3"是边梁处附加箍筋	《11G101-1》第 89 页 《12G901-1》第 2-44 页
	第 1 跨箍筋根数(⏀8@200) 根数$=(5000-100-100)/200+1+6=31$ 根 式中"+6"是 L2、L3 处附加箍筋	

钢　筋	计　算　过　程	说明及出处
L1(1A)钢筋三维效果：	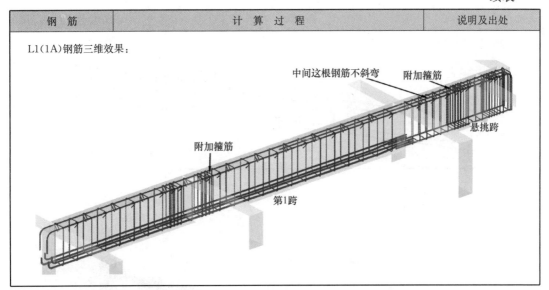	

13. L2(1)钢筋计算过程

L2(1)钢筋计算简图，见图 6-2-29。

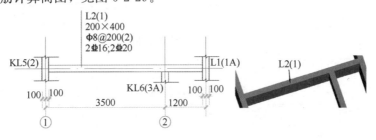

图 6-2-29　L2(1)钢筋计算简图

L2(1)钢筋计算过程，见表 6-2-31。

表 6-2-31

L2(1)钢筋计算过程

钢　筋	计　算　过　程	说明及出处
上部钢筋 2 Φ16	长度 ＝3500＋1200－2×100＋2×(200－20＋15d) ＝3500＋1200－2×100＋2×(200－20＋15×16) ＝5340mm	《11G101-1》第86页
下部钢筋 2 Φ20	长度 ＝3500＋1200－2×100＋2×(200－20＋15d) ＝3500＋1200－2×100＋2×(200－20＋15×20) ＝5460mm	《11G101-1》第86页 L 下部钢筋锚固 12d，直锚不足时采用 弯锚
箍筋 Φ 8@200	长度 ＝[(200－2×20)＋(400－2×20)]×2－4d＋2×11.9d ＝[(200－2×20)＋(400－2×20)]×2－4×8＋2×11.9×8 ＝1198mm	本书箍筋按中心线长 度计算，式中"4d"是 算至箍筋中心线
	根数＝(3500＋1200－2×100－2×50)/200＋1＋6＝29 根 式中"＋6"是 KL6(3A)处附加箍筋	《11G101-1》第86页

续表

钢 筋	计 算 过 程	说明及出处
L2(1)钢筋三维效果：		

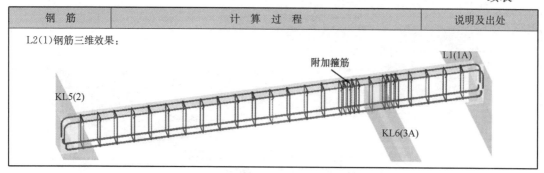

14. L3(1)钢筋计算过程

L3(1)钢筋计算简图，见图 6-2-30。

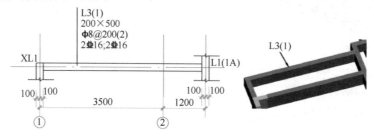

图 6-2-30　L3(1)钢筋计算简图

L3(1)钢筋计算过程，见表 6-2-32。

L3(1)钢筋计算过程　　　　表 6-2-32

钢 筋	计 算 过 程	说明及出处
上部钢筋 2Φ16	长度 ＝3500＋1200－2×100＋2×(200－20＋15d) ＝3500＋1200－2×100＋2×(200－20＋15×16) ＝5340mm	《11G101-1》第 86 页
下部钢筋 2Φ16	长度 ＝3500＋1200－2×100＋2×(200－20＋15d) ＝3500＋1200－2×100＋2×(200－20＋15×16) ＝5340mm	《11G101-1》第 86 页 L 下部钢筋锚固 12d，直锚不足时采用 弯锚
箍筋 Φ8@200	长度 ＝[(200－2×20)＋(500－2×20)]×2－4d＋2×11.9d ＝[(200－2×20)＋(500－2×20)]×2－4×8＋2×11.9×8 ＝1398mm	本书箍筋按中心线长 度计算，式中"4d"是 算至箍筋中心线
	根数＝(3500＋1200－2×100－2×50)/200＋1＝23 根	《11G101-1》第 86 页
L3(1)钢筋三维效果：		

15. L4(4)钢筋计算过程

L4(4)钢筋计算简图，见图6-2-31。

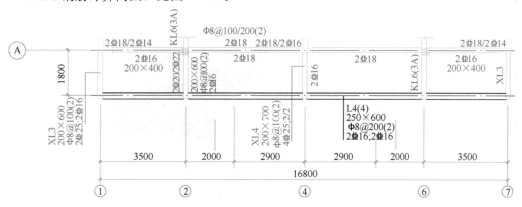

图6-2-31　L4(4)钢筋计算简图

L4(4)钢筋计算过程，见表6-2-33。

L4(4)钢筋计算过程		表 6-2-33
钢　筋	计　算　过　程	说明及出处
上部通长筋 2Φ16	长度 =16800−2×100+2×(200−20+15d) =16800−2×100+2×(200−20+15×16) =17440mm 对焊接头=1×2=2(每根钢筋1个接头，共2个接头)	《11G101-1》第86页
下部通长筋 2Φ16	长度 =16800−2×100+2×(200−20+15d) =16800−2×100+2×(200−20+15×16) =17440mm 对焊接头=1×2=2(每根钢筋1个接头，共2个接头)	《11G101-1》第86页 L下部钢筋锚固12d，直锚不足时采用弯锚
箍筋 Φ8@200	长度 =[(250−2×20)+(600−2×20)]×2−4d+2×11.9d =[(250−2×20)+(600−2×20)]×2−4×8+2×11.9×8 =1698mm	本书箍筋按中心线长度计算，式中"4d"是算至箍筋中心线
	第1、4跨根数=(3500−2×100−2×50)/200+1=17 根 第2、3跨根数=(4900−2×100−2×50)/200+1=24 根 总根数=2×17+2×24=82 根	《11G101-1》第86页

L4(4)钢筋三维效果：

16. XL1 钢筋计算过程

XL1 钢筋计算简图，见图 6-2-32。

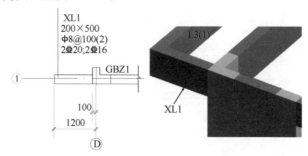

图 6-2-32　XL1 钢筋计算简图

XL1 钢筋计算过程（参考一层梁 XL2），见表 6-2-34。

XL1 钢筋计算过程

表 6-2-34

钢　筋	计　算　过　程	说明及出处
上部钢筋 2 Φ 20	$l_a=36d=36\times20=720mm<$端支座，所以端支座采用直锚 长度 $=1200-100-20+12d+l_a$ $=1200-100-20+12\times20+35\times20$ $=2020mm$	《11G101-1》第 89 页
下部钢筋 2 Φ 16	长度 $=1200-100-20+15d$ $=1200-100-20+15\times16$ $=1320mm$	《11G101-1》第 89 页 下部钢筋锚固 15d
箍筋 Φ 8@100	长度 $=[(200-2\times20)+(500-2\times20)]\times2-4d+2\times11.9d$ $=[(200-2\times20)+(500-2\times20)]\times2-4\times8+2\times11.9\times8$ $=1398mm$	本书箍筋按中心线长度计算，式中"4d"是算至箍筋中心线
	箍筋根数 $=(1200-100-2\times50)/100+1+3$ $=14$ 根（式中"+3"是边梁处附加箍筋）	《11G101-1》第 89 页 《12G901-1》第 2-44 页

XL1 钢筋三维效果：

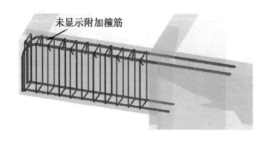

17．XL2 钢筋计算过程

XL2 钢筋计算简图，见图 6-2-33。

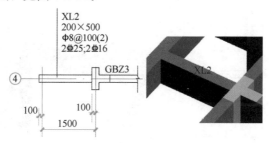

图 6-2-33 XL2 钢筋计算简图

XL2 钢筋计算过程(参考一层梁 XL3)，见表 6-2-35。

XL2 钢筋计算过程   表 6-2-35

钢 筋	计 算 过 程	说明及出处
上部钢筋 2 Φ 25	$l_a=36d=36\times25=900$mm<端支座，所以端支座采用直锚	《11G101-1》第 89 页
	长度 $=1500+100-100-20+12d+l_a$ $=1500+100-100-20+(12\times25)+35\times25$ $=2655$mm	
下部钢筋 2 Φ 16	长度 $=1500+100-100-20+15d$ $=1500+100-100-20+15\times16$ $=1720$mm	《11G101-1》第 89 页
箍筋 Φ 8@100	长度 $=[(200-2\times20)+(500-2\times20)]\times2-4d+2\times11.9d$ $=[(200-2\times20)+(500-2\times20)]\times2-4\times8+2\times11.9\times8$ $=1398$mm	本书箍筋按中心线长度计算，式中"$4d$"是算至箍筋中心线
	箍筋根数 $=(1500+100-100-2\times50)/100+1+3$ $=18$ 根(式中"$+3$"是边梁处附加箍筋)	《11G101-1》第 89 页 《12G901-1》第 2-44 页

XL2 钢筋三维效果：

未显示附加箍筋

XL2

18. XL3 钢筋计算过程

XL3 钢筋计算简图，见图 6-2-34。

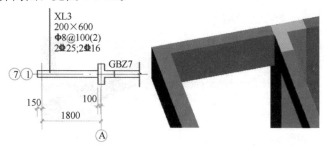

图 6-2-34　XL3 钢筋计算简图

XL3 钢筋计算过程，见表 6-2-36。

XL3 钢筋计算过程　　　　　　　　　　　　　　　　　表 6-2-36

钢　筋	计　算　过　程	说明及出处
上部钢筋 2Φ25	$l_a = 36d = 36 \times 25 = 900$mm＜端支座，所以端支座采用直锚	《11G101-1》第 89 页
	长度 $=1800+150-100-20+12d+l_a$ $=1800+150-100-20+(12 \times 25)+35 \times 25$ $=3005$mm	
下部钢筋 2Φ16	长度 $=1800+150-100-20+15d$ $=1800+150-100-20+15 \times 16$ $=2070$mm	《11G101-1》第 89 页
箍筋 Φ 8@100	长度 $=[(200-2 \times 20)+(600-2 \times 20)] \times 2-4d+2 \times 11.9d$ $=[(200-2 \times 20)+(600-2 \times 20)] \times 2-4 \times 8+2 \times 11.9 \times 8$ $=1598$mm	本书箍筋按中心线长度计算，式中"4d"是算至箍筋中心线
	箍筋根数 $=(1800+150-100-2 \times 50)/100+1+3$ $=22$ 根(式中"＋3"是边梁处附加箍筋)	《11G101-1》第 89 页 《12G901-1》 第 2-44 页

XL3 钢筋三维效果：

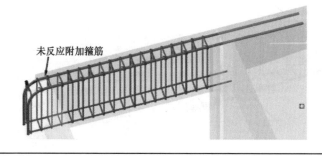

未反应附加箍筋

19. XL4 钢筋计算过程

XL4 钢筋计算简图，见图 6-2-35。

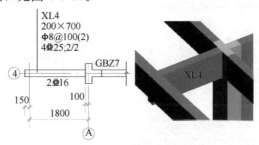

图 6-2-35　XL4 钢筋计算简图

XL4 钢筋计算过程，见表 6-2-37。

钢　筋	计　算　过　程	说明及出处
上部第 1 排钢筋 2 ⊈ 25	$l_a = 36d = 36 \times 25 = 900$mm＜端支座，所以端支座采用直锚 长度 $=1800+150-100-20+12d+l_a$ $=1800+150-100-20+(12 \times 25)+35 \times 25$ $=3005$mm	《11G101-1》第 89 页
上部第 2 排钢筋 2 ⊈ 25	长度 $=1800+150-100-20+12d+l_a$ $=1800+150-100-20+12 \times 25+35 \times 25$ $=3005$mm	《11G101-1》第 89 页
下部钢筋 2 ⊈ 16	长度 $=1800+150-100-20+15d$ $=1800+150-100-20+15 \times 16$ $=2070$mm	《11G101-1》第 89 页
侧部钢筋及拉筋 N4 ⊈ 12	侧部受扭钢筋长度 $=1800+150-100-20+15d$ $=1800+150-100-20+15 \times 12$ $=2010$mm 拉筋Φ6@200 长度 $=200-2 \times 20-6+2 \times [1.9d+\max(10d, 75)]$ $=200-2 \times 20-6+2 \times (1.9 \times 6+75)$ $=327$mm 根数 $=(1800+150-100-2 \times 50)/200+1$ $=10$ 根(两排共 20 根)	《11G101-1》第 87 页 《11G101-1》第 56 页 拉筋弯钩： 　$1.9d + \max(10d, 75)$

表 6-2-37

续表

钢 筋	计 算 过 程	说明及出处
箍筋 Φ8@100	长度 $=[(200-2\times20)+(700-2\times20)]\times2-4d+2\times11.9d$ $=[(200-2\times20)+(700-2\times20)]\times2-4\times8+2\times11.9\times8$ $=1798mm$	本书箍筋按中心线长 度计算,式中"$4d$"是 算至箍筋中心线
	箍筋根数 $=(1800+150-100-2\times50)/100+1+3$ $=22$ 根(式中"$+3$"是边梁处附加箍筋)	《11G101-1》第89页

XL4 钢筋三维效果:

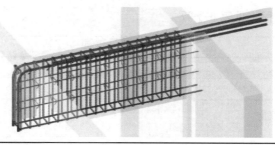

20. 二层梁钢筋计算汇总表

二层梁钢筋计算汇总表,见表 6-2-38。

二层梁钢筋计算汇总表   表 6-2-38

构件	钢筋名称	钢筋规格	长度 (m)	线密度 (kg/m)	单重 (kg)	根数	总重 (kg)	构件 数量	构件总重 (kg)	小计 (kg)
KL1(2)	上部通长筋 (单根接头=1)	2 Φ20	17.56	2.47	43.373	2	86.746	1	86.746	451.878
	下部通长筋 (单根接头=1)	4 Φ22	17.62	2.98	52.508	4	210.030	1	210.030	
	第1、4跨端支座负筋	2 Φ20	2.78	2.47	6.867	4	27.466	1	27.466	
	第1跨右支座负筋	2 Φ20	4.4	2.47	10.868	2	21.736	1	21.736	
	第1、2跨侧部钢筋	G2 Φ12	7.96	0.888	7.068	4	28.274	1	28.274	
	第1、2跨拉筋	Φ6@400	0.327	0.222	0.073	40	2.904	1	2.904	
	箍筋	Φ8@100/200	1.689	0.395	0.667	112	74.721	1	74.721	
KL2(2)	上部通长筋 (单根接头=1)	2 Φ20	15.24	2.47	37.643	2	75.286	1	75.286	377.084
	下部通长筋 (单根接头=1)	4 Φ22 2/2	15.404	2.98	45.904	4	183.616	1	183.616	
	第1、4跨端支座负筋	2 Φ22	2.527	2.98	7.530	4	30.122	1	30.122	
	第1跨右支座负筋	2 Φ20	3.85	2.47	9.510	2	19.019	1	19.019	
	箍筋	Φ8@100/200	1.589	0.395	0.628	110	69.042	1	69.042	

续表

构件	钢筋名称	钢筋规格	长度 (m)	线密度 (kg/m)	单重 (kg)	根数	总重 (kg)	构件 数量	构件总重 (kg)	小计 (kg)
KL3(1)	上部通长筋	2Φ18	4.2	2	8.400	2	16.800	1	16.800	43.548
	下部通长筋	2Φ18	3.966	2	7.932	2	15.864	1	15.864	
	箍筋	Φ8@100/200	1.198	0.395	0.473	23	10.884	1	10.884	
KL4(4)	上部通长筋 (单根接头=1)	2Φ18	17.5	2	35.000	2	70.000	1	70.000	223.432
	第1、4跨下部筋	2Φ16	4.276	1.58	6.756	4	27.024	1	27.024	
	第2-3跨下部筋 (单根接头=1)	2Φ18	10.7	2	21.400	2	42.800	1	42.81	
	第2、3跨侧部筋	G2Φ12	4.86	0.888	4.316	4	17.263	1	17.263	
	第2、3跨拉筋	Φ6@400	0.327	0.222	0.073	24	1.742	1	1.742	
	第1、4跨端支座负筋	2Φ14	1.274	1.21	1.542	4	6.166	1	6.166	
	第2跨右负筋	2Φ16	2.85	1.58	4.503	2	9.006	1	9.006	
	第1、4跨箍筋	Φ8@100/200	1.198	0.395	0.473	42	19.875	1	19.875	
	第2、3跨箍筋	Φ8@100/200	1.698	0.395	0.671	68	45.608	1	45.608	
KL5(2)	上部通长筋 (单根接头=1)	2Φ18	10.476	2	20.952	2	41.904	2	83.808	366.856
	第1跨下部筋	2Φ25	7.15	3.85	27.528	2	55.055	2	110.110	
	第2跨下部筋	2Φ20	4.94	2.47	12.202	2	24.404	2	48.807	
	第2跨侧部钢筋	N2Φ12	4.392	0.888	3.900	2	7.800	2	15.600	
	第2跨拉筋	Φ6@400	0.345	0.222	0.077	9	0.689	2	1.379	
	第1跨左支座负筋	2Φ16	1.931	1.58	3.051	2	6.102	2	12.204	
	第1跨右支座负筋	2Φ14	3.15	1.21	3.812	2	7.623	2	15.246	
	第2跨右支座负筋	2Φ14	1.425	1.21	1.724	2	3.449	2	6.897	
	箍筋	Φ8@100/200	1.298	0.395	0.513	71	36.402	2	72.805	
KL6 (3A)	上部通长筋 (单根接头=1)	2Φ20	11.75	2.47	29.023	2	58.045	2	116.09	516.192
	第3跨左支座负筋	2Φ22	4.044	2.98	12.051	2	24.102	2	48.204	
	悬挑跨下部钢筋	2Φ16	1.97	1.58	3.113	2	6.225	2	12.450	
	第3跨下部钢筋	3Φ18	5.9	2	11.800	3	35.400	2	70.800	
	第2跨下部钢筋	2Φ16	2.976	1.58	4.702	2	9.404	2	18.808	
	第1跨下部钢筋	2Φ16	2.876	1.58	4.544	2	9.088	2	18.176	
	悬挑跨箍筋	Φ8@100	1.598	0.395	0.631	21	13.255	2	26.511	
	第3跨箍筋	Φ8@100/200	1.298	0.395	0.513	33	16.919	2	33.839	
	第2跨箍筋	Φ8@100/200	1.198	0.395	0.473	17	8.045	2	16.089	
	第1跨箍筋	Φ8@100/200	10.998	0.395	4.344	15	65.163	2	130.326	

续表

构件	钢筋名称	钢筋规格	长度 (m)	线密度 (kg/m)	单重 (kg)	根数	总重 (kg)	构件 数量	构件总重 (kg)	小计 (kg)
KL7(1)	上部通长筋	2 Φ 20	5.04	2.47	12.449	2	24.898	1	24.898	53.037
	下部通长筋	2 Φ 16	4.712	1.58	7.445	2	14.890	1	14.890	
	箍筋	Φ 8@100/200	1.198	0.395	0.473	28	13.250	1	13.250	
KL8(1)	上部通长筋	2 Φ 18	4.776	2	9.552	2	19.104	1	19.104	45.035
	下部通长筋	2 Φ 16	4.612	1.58	7.287	2	14.574	1	14.574	
	箍筋	Φ 8@100/200	1.198	0.395	0.473	24	11.357	1	11.357	
WKL9 (2B)	上部通长筋	2 Φ 16	8.48	1.58	13.398	2	26.797	1	26.797	94.738
	下部通长筋	2 Φ 16	7.56	1.58	11.945	2	23.890	1	23.890	
	第1、2跨两端负筋	1 Φ 16	2.407	1.58	3.803	2	7.606	1	7.606	
	箍筋	Φ 8@100/200	1.398	0.395	0.552	66	36.446	1	36.446	
WKL10 (1)	上部钢筋	2 Φ 16	6.72	1.58	10.618	2	21.235	1	21.235	57.675
	下部钢筋	2 Φ 16	6.44	1.58	10.175	2	20.350	1	20.350	
	箍筋	Φ 8@100/200	1.198	0.395	0.473	34	16.089	1	16.089	
WKL11 (1)	上部钢筋	2 Φ 16	6.375	1.58	10.073	2	20.145	2	40.290	110.959
	下部钢筋	2 Φ 16	6.24	1.58	9.859	2	19.718	2	39.437	
	箍筋	Φ 8@100/200	1.198	0.395	0.473	33	15.616	2	31.232	
L1(1A)	上部通长筋	2 Φ 16	7.36	1.58	11.629	2	23.258	2	46.515	256.230
	第1跨下部筋上排	2 Φ 20	5.76	2.47	14.227	2	28.454	2	56.909	
	第1跨下部筋下排	2 Φ 22	5.82	2.98	17.344	2	34.687	2	69.374	
	悬挑跨下部筋	2 Φ 16	1.72	1.58	2.718	2	5.435	2	10.870	
	第1跨右负筋	1 Φ 16	3.74	1.58	5.909	1	5.909	2	11.818	
	箍筋	Φ 8@100/200	1.398	0.395	0.552	55	30.372	2	60.743	
L2(1)	上部钢筋	2 Φ 16	5.34	1.58	8.437	2	16.874	2	33.749	115.140
	下部钢筋	2 Φ 20	5.46	2.47	13.486	2	26.972	2	53.945	
	箍筋	Φ 8@100/200	1.198	0.395	0.473	29	13.723	2	27.446	
L3(1)	上部钢筋	2 Φ 16	5.34	1.58	8.437	2	16.874	2	33.749	92.899
	下部钢筋	2 Φ 16	5.34	1.58	8.437	2	16.874	2	33.749	
	箍筋	Φ 8@100/200	1.398	0.395	0.552	23	12.701	2	25.402	
L4(4)	上部钢筋 (单根接头=1)	2 Φ 16	17.44	1.58	27.555	2	55.110	1	55.110	165.219
	下部钢筋 (单根接头=1)	2 Φ 16	17.44	1.58	27.555	2	55.110	1	55.110	
	箍筋	Φ 8@100/200	1.698	0.395	0.671	82	54.998	1	54.998	
XL1	上部钢筋	2 Φ 20	2.02	2.47	4.989	2	9.979	2	19.958	43.762
	下部钢筋	2 Φ 16	1.32	1.58	2.086	2	4.171	2	8.342	
	箍筋	Φ 8@100	1.398	0.395	0.552	14	7.731	2	15.462	

构件	钢筋名称	钢筋规格	长度 (m)	线密度 (kg/m)	单重 (kg)	根数	总重 (kg)	构件 数量	构件总重 (kg)	小计 (kg)
XL2	上部钢筋	2Φ25	2.655	3.85	10.222	2	20.444	1	20.444	35.818
	下部钢筋	2Φ16	1.72	1.58	2.718	2	5.435	1	5.435	
	箍筋	Φ8@100	1.398	0.395	0.552	18	9.940	1	9.940	
XL3	上部钢筋	2Φ25	3.005	3.85	11.569	2	23.139	2	46.277	87.133
	下部钢筋	2Φ16	2.07	1.58	3.271	2	6.541	2	13.082	
	箍筋	Φ8@100	1.598	0.395	0.631	22	13.887	2	27.773	
XL4	上部上排钢筋	2Φ25	3.005	3.85	11.569	2	23.139	1	23.139	77.034
	上部下排钢筋	2Φ25	3.005	3.85	11.569	2	23.139	1	23.139	
	下部钢筋	2Φ16	2.07	1.58	3.271	2	6.541	1	6.541	
	侧部钢筋	N4Φ12	2.01	0.888	1.785	4	7.140	1	7.140	
	拉筋	Φ6@200	0.327	0.222	0.073	20	1.452	1	1.452	
	箍筋	Φ8@100	1.798	0.395	0.710	22	15.625	1	15.625	
合计	接头＝26									3213.671

四、三层(屋面层)梁(6.750m)钢筋计算过程

1. WKL1(2)钢筋计算过程

WKL1(2)钢筋计算简图，见图 6-2-36。

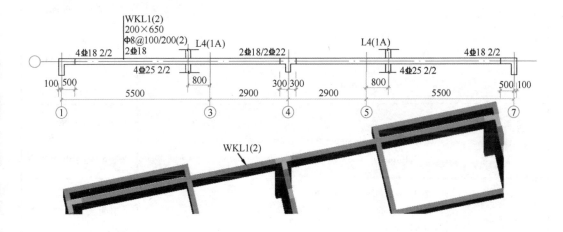

图 6-2-36　WKL1(2)钢筋计算简图

WKL1(2)钢筋计算过程，见表 6-2-39。

WKL1(2)钢筋计算过程

表 6-2-39

钢 筋	计 算 过 程	说明及出处
上部通长筋 2⌀18	本例屋面框架梁上部筋端支座锚固采用"梁端顶部搭接"构造，梁上部筋弯至梁底 长度 =5500×2+2900×2-2×500+2×(600-20+650-20) =18220mm 对焊接头数量=1×2=2(每根钢筋1个接头)	《11G101-1》第80页
下部通长筋 4⌀25 2/2	长度(弯锚) =5500×2+2900×2-2×500+2×(600-20+15d) =5500×2+2900×2-2×500+2×(600-20+15×20) =17710mm 对焊接头数量=1×2=2(每根钢筋1个接头)	《11G101-1》第80页
第1、2跨侧部筋及拉筋 G2⌀12	侧部构造钢筋长度(直锚) =5500+2900-500-300+2×15×12 =7960mm 拉筋⌀6@400 长度 =200-2×20-6+2×(1.9×6+75) =327mm 根数 =(5500+2900-500-300-2×50)/400+1 =20(两跨共40根)	《11G101-1》第87页 《11G101-1》第56页 侧部钢筋酌置见施工图说明； 梁宽＜350mm，拉筋6mm 拉筋弯钩： 1.9d + max(10d, 75)
第1、2跨端支座负筋 2⌀18	长度 =(5500+2900-300-500)/4+(600-20+650-20) =3110mm	《11G101-1》第80页 支座负筋位于第二排端支座锚固同上通筋
第1跨右支座负筋 2⌀22	长度 =2×[(5500+2900-300-500)/4]+600 =4400mm	《11G101-1》第80页 中间支座负筋两侧对称
箍筋 ⌀8@100/200	长度 =[(200-2×20)+(650-2×20)]×2-4d+2×11.9d =[(200-2×20)+(650-2×20)]×2-4×8+2×11.9×8 =1698mm	本书箍筋按中心线长度计算，式中"4d"是算至箍筋中心线

续表

钢 筋	计 算 过 程	说明及出处
箍筋 Φ8@100/200	箍筋根数：加密区长度＝max(1.5×650，500)＝975mm 加密区根数＝(975－50)/100＋1＝11 根 非加密区根数＝(5500＋2900－500－300－2×975)/200－1＋6 ＝34 根 式中"＋6"表示 L1(1A)处附加箍筋 总根数＝2 跨×(2×11＋34)＝112 根	《11G101-1》第 85 页

WkL1(2)钢筋三维效果：

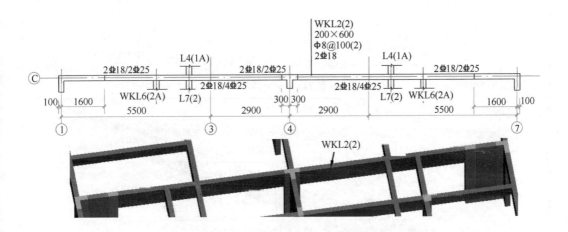

2. WKL2(2)钢筋计算过程

WKL2(2)钢筋计算简图，见图 6-2-37。

图 6-2-37 WKL2(2)钢筋计算过程

WKL2(2)钢筋计算过程，见表 6-2-40。

WKL2(2)钢筋计算过程

表 6-2-40

钢 筋	计 算 过 程	说明及出处
上部通长筋 2Φ18	长度 $=5500\times2+2900\times2-2\times1600+2\times\max(600,l_{aE})$ $=5500\times2+2900\times2-2\times1600+2\times\max(600,41\times18)$ $=15076mm$ 对焊接头数量$=1\times2=2$(每根钢筋 1 个接头)	《13G101-11》第 4-8 页 以及本工程梁图具体说明
下部通长筋 2Φ18/4Φ25	2Φ18 长度 $=5500\times2+2900\times2-2\times1600+2\times\max(600,l_{aE})$ $=5500\times2+2900\times2-2\times1600+2\times\max(600,41\times18)$ $=15075mm$ 对焊接头数量$=1\times2=2$(每根钢筋 1 个接头) 4Φ25 长度 $=5500\times2+2900\times2-2\times1600+2\times\max(600,l_{aE})$ $=5500\times2+2900\times2-2\times1600+2\times\max(600,41\times25)$ $=15650mm$ 对焊接头数量$=1\times4=4$(每根钢筋 1 个接头)	端支座锚固方式同上部通长筋
第1、2跨端支座负筋 2Φ25	长度 $=(5500+2900-300-1600)/4+\max(600,l_{aE})$ $=(5500+2900-300-1600)/4+\max(600,41\times25)$ $=2650mm$	《11G101-1》第 80 页 支座负筋位于第二排
第1跨右支座负筋 2Φ25	长度 $=2\times[(5500+2900-300-1600)/4]+600$ $=3850mm$	《11G101-1》第 80 页 中间支座负筋两侧对称
箍筋 Φ8@100	长度 $=[(200-2\times20)+(600-2\times20)]\times2-4d+2\times11.9d$ $=[(200-2\times20)+(600-2\times20)]\times2-4\times8+2\times11.9\times8$ $=1598mm$	本书箍筋按中心线长度计算,式中"$4d$"是算至箍筋中心线
	根数 $=(5500+2900-1600-300-2\times50)/100+1+2\times6$ $=77$ 根 两跨共 $2\times77=154$ 根 式中"2×6"是指 WKL6(2A)和 L7(2)位置的附加箍筋	《11G101-85》第 85 页

WKL2(2)钢筋三维效果:

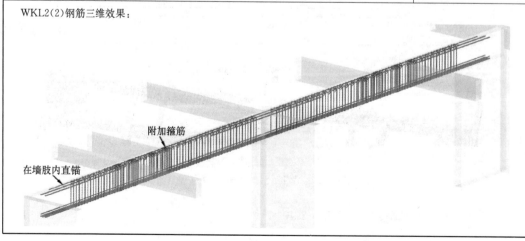

附加箍筋

在墙肢内直锚

3. WKL3(4)钢筋计算过程

WKL3(4)钢筋计算简图，见图 6-2-38。

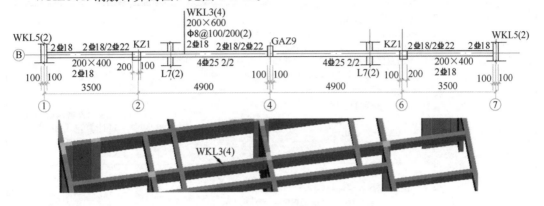

图 6-2-38　WKL3(4)钢筋计算简图

WKL3(4)钢筋计算过程，见表 6-2-41。

WKL3(4)钢筋计算过程　　　　　　　　　　表 6-2-41

钢　筋	计　算　过　程	说明及出处
上部通长筋 2⌀18	$l_{aE}=41d=41\times18=738mm$＞两端支座，所以端支座采用弯锚 长度 $=3500\times2+4900\times2-2\times100+2\times(200-20+15d)$ $=3500\times2+4900\times2-2\times100+2\times(200-20+15\times18)$ $=17500mm$ 对焊接头数量$=1\times2=2$(每根钢筋1个接头)	《11G101-1》第80页 《13G101-11》第4-8页 一端支座为框架梁时按非框架梁处理
第1、4跨下部钢筋 2⌀18	第1、4跨梁变截面，$c/h_c=200/300＞1/6$，因此下部钢筋断开 下部钢筋长度 $=3500-100-200+(200-20+15d)+\max(150+5d，41d)$ $=3500-100-200+(200-20+15\times18)+\max(150+5\times18，41\times18)$ $=4388mm$ 一端在 WKL 内按 L 锚固，另一端变截面直锚	《11G101-1》第84页 《13G101-11》4-8页 一端支座为框架梁时按框架梁处理 《11G101-1》第86页
第2、3跨下部钢筋 4⌀25 2/2	长度 $=2\times4900-100-100+2\times(300-30+15d)$ $=2\times4900-100-100+2\times(300-30+15\times25)$ $=10890mm$ 对焊接头数量$=1\times4=4$(每根钢筋1个接头)	《11G101-1》第84页
第1跨右支座 第4跨左支座负筋 2⌀22	长度 $=2\times(4900-100-100)/4+300$ $=2650mm$	《11G101-1》第80页 支座负筋位于第二排支座两侧对称
第2跨右负筋 2⌀22	长度 $=2\times(4900-100-100)/4+200$ $=2550mm$	
箍筋 ⌀8@100/200	第1、4跨箍筋长度： $=[(200-2\times20)+(400-2\times20)]\times2-4d+2\times11.9d$ $=[(200-2\times20)+(400-2\times20)]\times2-4\times8+2\times11.9\times8$ $=1198mm$	本书箍筋按中心线长度计算，式中"4d"是算至箍筋中心线

续表

钢 筋	计 算 过 程	说明及出处
箍筋 Φ8@100/200	第1、4跨箍筋根数： 箍筋加密区长度=max(1.5×400，500)=600mm 加密区根数=(600−50)/100+1=7 根 非加密区根数=(3500−200−100−2×600)/200−1=9 根 总根数=2 跨×(2×7+9)=46 根	《11G101-1》第 85 页
	第2、3跨箍筋长度 =[(200−2×20)+(600−2×20)]×2−4d+2×11.9d =[(200−2×20)+(600−2×20)]×2−4×8+2×11.9×8 =1598mm	本书箍筋按中心线长度计算，式中"4d"是算至箍筋中心线
	箍筋加密区长度=max(1.5×600，500)=900mm 加密区根数=(900−50)/100+1=10 根 非加密区根数=(4900−100−100−2×900)/200−1+6=20 根 式中"+6"是L7(2)处附加箍筋 总根数=2 跨×(2×10+20)=80 根	
	总根数=2 跨×(2×10+20)=80 根	

WKL3(4)钢筋三维效果：

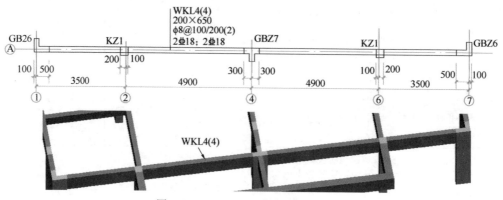

4. WKL4（4）钢筋计算过程

WKL4（4）钢筋计算简图，见图 6-2-39。

图 6-2-39 WKL4（4）钢筋计算简图

WKL4（4）钢筋计算过程，见表 6-2-42。

WKL4（4）钢筋计算过程　　　　　　　　　　表 6-2-42

钢　筋	计　算　过　程	说明及出处
上部通长筋 2 Φ 18	$l_{aE}=41d=41\times18=738mm>$ 两端支座，所以端支座采用弯锚 本例屋面框架梁上部筋端支座锚固采用"梁端顶部搭接"构造，梁上部筋弯至梁底	《11G101-1》第80页
	长度 $=3500\times2+4900\times2-2\times500+2\times(600-20+650-20)$ $=18220mm$ 　对焊接头数量$=2\times2=4$（每根钢筋2个接头）	
下部通长筋 2 Φ 18	下部钢筋长度 $=3500\times2+4900\times2-2\times500+2\times(600-20+15d)$ $=3500\times2+4900\times2-2\times500+2\times(600-20+15\times18)$ $=17500mm$ 对焊接头数量$=1\times2=2$（每根钢筋2个接头）	《11G101-1》第80页
侧部筋及拉筋 G2 Φ 12	第1、4跨侧部构造钢筋长度（直锚） $=3500-200-500+2\times15\times12$ $=3160mm$ 第2、3跨侧部构造钢筋长度（直锚） $=4900-300-100+2\times15\times12$ $=4860mm$	《11G101-1》第87页 侧部钢筋酌置见施工图说明
	拉筋Φ6@400 长度 $=200-2\times20-6+2\times(1.9\times6+75)$ $=327mm$（式中"$+2\times8$"是勾住箍筋） 第1、4跨根数 $=(3500-200-500-2\times50)/400+1$ $=8$根（两跨共16根） 第2、3跨根数 $=(4900-300-100-2\times50)/400+1$ $=12$根（两跨共24根）	《11G101-1》第87页 《11G101-1》第56页 梁宽＜350mm，拉筋6mm 拉筋弯钩： 　$1.9d+\max(10d,75)$
箍筋 Φ 8@100/200	箍筋长度 $=[(200-2\times20)+(650-2\times20)]\times2-4d+2\times11.9d$ $=[(200-2\times20)+(650-2\times20)]\times2-4\times8+2\times11.9\times8$ $=1698mm$	本书箍筋按中心线长度计算，式中"$4d$"是算至箍筋中心线
	第1、4跨箍筋根数： 箍筋加密区长度$=\max(1.5\times650,500)=975mm$ 加密区根数$=(975-50)/100+1=11$根 非加密区根数$=(3500-500-200-2\times975)/200-1=4$根 总根数$=2$跨$\times(2\times11+4)=52$根	《11G101-1》第85页
	第1、4跨箍筋根数： 箍筋加密区长度$=\max(1.5\times650,500)=975mm$ 加密区根数$=(975-50)/100+1=11$根 非加密区根数$=(4900-300-100-2\times975)/200-1=12$根 总根数$=2$跨$\times(2\times11+12)=68$根	

钢 筋	计 算 过 程	说明及出处
WKL4(4)钢筋三维效果	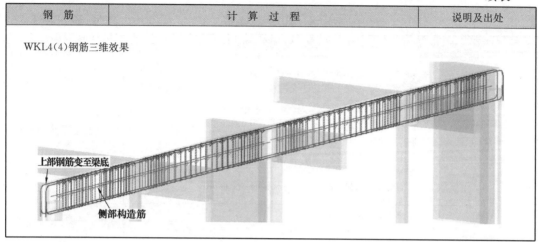	

5. WKL5（2）钢筋计算过程

WKL5（2）钢筋计算简图，见图 6-2-40。

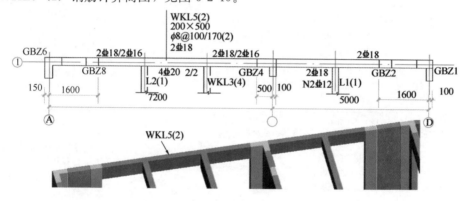

图 6-2-40　WKL5（2）钢筋计算简图

WKL5（2）钢筋计算过程，见表 6-2-43。

WKL5（2）钢筋计算过程　　　　　　表 6-2-43

钢 筋	计 算 过 程	说明及出处
上部通长筋 2Φ18	$l_{aE}=41d=41\times18=738mm<$ 两端支座，所以端支座采用直锚 长度 $=7200+5000-2\times1600+2\times\max(600,\ l_{aE})$ $=7200+5000-2\times1600+2\times\max(600,\ 41\times18)$ $=10476mm$ 对焊接头数量$=1\times2=2$(每根钢筋 1 个接头)	《13G101-11》第 4-8 页 以及本工程梁图具体说明
第 1 跨下部筋 4Φ20 2/2	长度 $=7200-1600-500+\max(600,\ l_{aE})+\max(0.5h_c+5d,\ l_{aE})$ $=7200-1600-500+\max(600,\ 41\times20)+\max(300+5\times22,\ 41\times20)$ $=6740mm$	左端支座锚固同上部通长筋，右端为中间支座直锚

续表

钢 筋	计 算 过 程	说明及出处
第2跨下部筋 2Φ18	长度 $=5000-1600-100+\max(600, l_{aE})+\max(0.5h_c+5d, l_{aE})$ $=5000-1600-100+\max(600, 41\times18)+\max(300+5\times16,$ $\quad 41\times18)$ $=4776\text{mm}$	锚固方式同第1跨下部钢筋
第2跨侧部筋 N2Φ12	长度 $=5000-1600-100+\max(600, l_{aE})+\max(0.5h_c+5d, l_{aE})$ $=5000-1600-100+\max(600, 41\times12)+\max(300+5\times12,$ $\quad 41\times12)$ $=4392\text{mm}$	侧部受扭钢筋，锚固同下部钢筋 《11G101-1》第87页
第1跨左支座负筋 2Φ16	长度 $=(7200-1600-500)/4+\max(600, l_{aE})$ $=(7200-1600-500)/4+\max(600, 41\times16)$ $=1931\text{mm}$	《11G101-1》第80页 支座负筋位于第二排
第1跨右支座负筋 2Φ16	长度 $=2\times(7200-1600-500)/4+600$ $=3150\text{mm}$	
箍筋 Φ8@100/170	长度： $=[(200-2\times20)+(500-2\times20)]\times2-4d+2\times11.9d$ $=[(200-2\times20)+(500-2\times20)]\times2-4\times8+2\times11.9\times8$ $=1398\text{mm}$	本书箍筋按中心线长度计算，式中"$4d$"是算至箍筋中心线
	第1跨箍筋根数：加密区长度$=\max(1.5\times500, 500)=750$ 加密区根数$=(750-50)/100+1=8$根 非加密区根数$=(7200-1600-500-2\times750)/170-1+12=$ 33 根 式中"12"是 WKL3(4)、L2(1)位置附加箍筋 总根数$=2\times8+33=49$根	《11G101-1》第85页
	第2跨箍筋根数：箍筋加密区长度$=\max(1.5\times500, 500)=750\text{mm}$ 加密区根数$=(750-50)/100+1=8$根 非加密区根数$=(5000-1600-100-2\times750)/170-1+6=16$根 式中"$+6$"是 L1(1)处附加箍筋 总根数$=2\times8+16=32$根	
第2跨拉筋 Φ6@400	长度 $=200-2\times20-6+2\times[1.9d, \max(10d, 75)]$ $=200-2\times20-6+2\times(1.9\times6+75)$ $=327\text{mm}$ "-6"是算至拉筋中心线 根数$=(5000-1600-100-2\times50)/400+1=9$根	《11G101-1》第56页 拉筋弯钩： $1.9d+\max(10d,$ $75)$

241

续表

钢 筋	计 算 过 程	说明及出处

WKL5（2）钢筋三维效果：

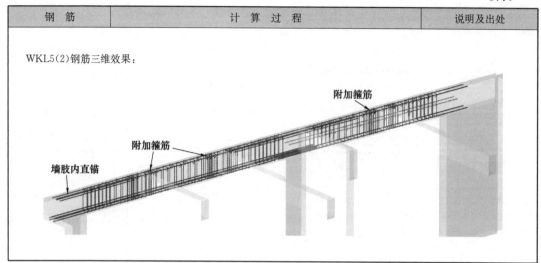

6. WKL6（2A）钢筋计算过程

WKL6（2A）钢筋计算简图，见图6-2-41。

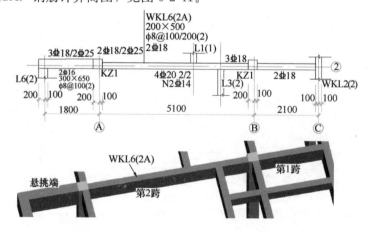

图 6-2-41　WKL6（2A）钢筋计算简图

WKL6（2A）钢筋计算过程，见表6-2-44。

WKL6（2A）钢筋计算过程　　　　　　　表 6-2-44

钢 筋	计 算 过 程	说明及出处
上部通长筋 2Φ18	长度 $=1800+5100+2100-2\times100+(300-20+12d)+(200$ 　$-20+15d)$ $=1800+5100+2100-2\times100+(300-20+12\times18)+(200$ 　$-20+15\times18)$ $=9746\text{mm}$ 悬挑端伸至远端下弯$12d$，另一端锚入 WKL2(2) 对焊接头数量$=1\times2=2$（每根钢筋1个接头）	

钢　筋	计　算　过　程	说明及出处
悬挑段上部多出的钢筋 1 Φ 18	长度 =1800−200−100+(300−20+12d)+(300−20+15d) =1800−200−100+(300−20+12×18)+(300−20+15×18) =2546mm **悬挑跨上部多出的钢筋** **在柱内弯锚**	《11G101-1》第84页支座两边宽度不同宽出部位钢筋直接锚固
第2跨左支座负筋 2 Φ 25	长度 =max[(5100−100−200)/3,L]+300+(1800−20+12d) =max[(5100−100−200)/3,1800]+300+(1800−20+12×25) =4180mm 伸至里端 max(l_n/3,L)详见施工图说明	《11G101-1》第89页支座负筋位于第二排
第2跨右负筋 1 Φ 18	长度=2×(5100−200−100)/3+300 =3500mm	《11G101-1》第80页中间支座负筋
悬挑跨下部筋 2 Φ 16	长度 =1800−200+200−20+15d =1800−200+200−20+15×16 =2020mm	《11G101-1》第89页悬挑端下部筋锚固15d
悬挑跨侧部筋 G2 Φ 12	侧部构造筋 长度 =1800−200+200−20+15×12 =1960mm 拉筋长度Φ6@200 =200−2×20−6+2×(1.9×6+75)=327mm 拉筋根数 =(1800−200+200−2×50)/200+1=10 根	侧部筋配置见施工图《11G101-1》第87页梁宽＜350mm，拉筋6mm《11G101-1》第56页拉筋弯钩：1.9d + max (10d，75)
第2跨下部筋 4 Φ 20 2/2	长度 =5100−100−200+2×max(150+5×d,41d) =5100−100−200+2×max(150+5×20,41×20) =6440mm 本例里跨下部筋在悬挑端处采用直锚	《11G101-1》第89页
第2跨侧部筋 N2 Φ 14	长度 =5100−100−200+2×max(150+5×d,41d) =5100−100−200+2×max(150+5×14,41×14) =5948mm	《11G101-1》第87页侧部受扭钢筋锚固同下部钢筋
第2跨拉筋 Φ 6@400	长度=200−2×20−6+2×(1.9×6+75)=327mm 根数=(5100−100−200−2×50)/400+1=13 根	《11G101-1》第56页

续表

钢 筋	计 算 过 程	说明及出处
第1跨下部筋 2 ⌀18	长度 =2100−100−100+max(0.5h_c+5d, l_{aE})+(200−20+15d) =2100−100−100+max(150+5×18, 41×18)+(200−20+12×18) =3088mm	《11G101-1》第86页 《13G101-11》第4-8页 一端支座为框架梁时按非框架梁处理
悬挑跨箍筋 Φ8@100	箍筋长度 =[(300−2×20)+(650−2×20)]×2−4d+2×11.9d =[(300−2×20)+(650−2×20)]×2−4×8+2×11.9×8 =1898mm	本书箍筋按中心线长度计算，式中"4d"是算至箍筋中心线
	箍筋根数 =(1800+200−200−2×50)/100+1=18根	
第2跨箍筋 Φ8@100/200	箍筋长度： =[(200−2×20)+(500−2×20)]×2−4d+2×11.9d =[(200−2×20)+(500−2×20)]×2−4×8+2×11.9×8 =1398mm	本书箍筋按中心线长度计算，式中"4d"是算至箍筋中心线
	箍筋根数：加密区长度=max(1.5×500, 500)=750mm 加密区根数=(750−50)/100+1=8根 非加密区根数=(5100−100−200−2×750)/200−1+12=28根 总根数=2×8+28=44根	《11G101-1》第85页
第1跨箍筋 Φ8@100/200	箍筋长度=1422mm 箍筋根数：加密区长度=max(1.5×500, 500)=750mm 加密区根数=(750−50)/100+1=8根 非加密区根数=(2100−100−100−2×750)/200−1=1根 总根数=2×8+1=17根	

WKL(2A)钢筋三维效果：

第1跨　第2跨　悬挑跨

7. WKL7（1）钢筋计算过程

WKL7（1）钢筋计算简图，见图6-2-42。

WKL7（1）钢筋计算过程，见表6-2-45。

244

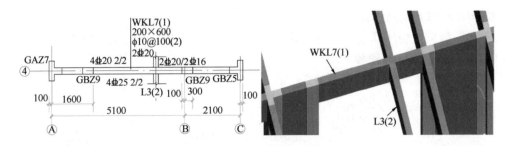

图 6-2-42　WKL7（1）钢筋计算简图

WKL7（1）钢筋计算过程　　　　表 6-2-45

钢　筋	计　算　过　程	说明及出处
上部通长筋 2 Φ20	$l_{aE}=41d=41\times20=820mm<$两端支座，所以端支座采用直锚 长度 $=5100-1600-100+2\times max(600,l_{aE})$ $=5100-1600-100+2\times max(600,41\times20)$ $=5040mm$	《13G101-11》第 4-8 页 以及本工程梁图具体说明
下部通长筋 4 Φ25 2/2	长度 $=5100-1600-100+2\times max(600,l_{aE})$ $=5100-1600-100+2\times max(600,41\times25)$ $=5450mm$	同上部通长筋
左支座负筋 2 Φ20	长度 $=(5100-1600-100)/4+max(600,l_{aE})$ $=(5100-1600-100)/4+max(600,41\times20)$ $=1670mm$	《11G101-1》第80 页
右支座负筋 2 Φ16	长度 $=(5100-1600-100)/4+max(600,l_{aE})$ $=(5100-1600-100)/4+max(600,41\times16)$ $=1506mm$	支座负筋位于第2排
箍筋 Φ 10@100	长度 $=[(200-2\times20)+(600-2\times20)]\times2-4d+2\times11.9d$ $=[(200-2\times20)+(600-2\times20)]\times2-4\times10+2\times11.9\times10$ $=1646mm$	本书箍筋按中心线长度计算，式中"$4d$"是算至箍筋中心线
	根数 $=(5100-1600-100-2\times50)/100+1+6$ $=40$ 根 式中"$+6$"是L3(2)处附加箍筋	《11G101-1》第85 页

WKL7(1)钢筋三维效果：

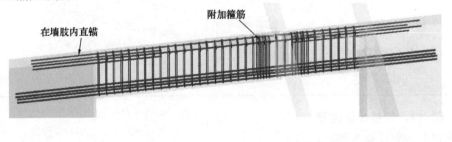

8. WKL8（1）钢筋计算过程

WKL8（1）钢筋计算过程，与二层梁 KL8（1）完全相同，此处不再重复。

9. L1（1）钢筋计算过程

L1（1）钢筋计算简图，见图 6-2-43。

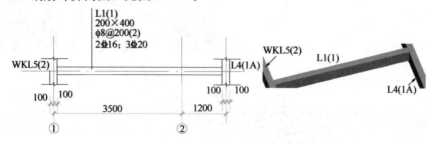

图 6-2-43　L1（1）钢筋计算简图

L1（1）钢筋计算过程，见表 6-2-46。

L1（1）钢筋计算过程　　　　　　　　　　　　　表 6-2-46

钢　筋	计　算　过　程	说明及出处
上部钢筋 2Φ16	长度 $=3500+1200-2\times100+2\times(200-20+15d)$ $=3500+1200-2\times100+2\times(200-20+15\times16)$ $=5340mm$	《11G101-1》第 86 页
下部钢筋 3Φ20	长度 $=3500+1200-2\times100+2\times(200-20+15d)$ $=3500+1200-2\times100+2\times(200-20+15\times20)$ $=5460mm$	《11G101-1》第 86 页 L 下部钢筋直锚不足 时采用弯锚
箍筋 Φ8@200	长度 $=[(200-2\times20)+(400-2\times20)]\times2-4d+2\times11.9d$ $=[(200-2\times20)+(400-2\times20)]\times2-4\times8+2\times11.9\times8$ $=1198mm$	本书箍筋按中心线长 度计算，式中"4d"是 算至箍筋中心线
	根数$=(3500+1200-2\times100-2\times50)/200+1=23$ 根	《11G101-1》第 86 页

L1(1)钢筋三维效果：

10. L2（1）钢筋计算过程

L2（1）钢筋计算简图，见图 6-2-44。

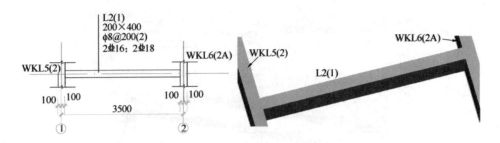

图 6-2-44 L2（1）钢筋计算简图

L2（1）钢筋计算过程，见表 6-2-47。

L2（1）钢筋计算过程　　　　　　　表 6-2-47

钢 筋	计 算 过 程	说明及出处
上部钢筋 2Φ16	长度 $=3500-2\times100+2\times(200-20+15d)$ $=3500-2\times100+2\times(200-20+15\times16)$ $=4140mm$	《11G101-1》第 86 页
下部钢筋 2Φ18	长度 $=3500-2\times100+2\times(200-20+15d)$ $=3500-2\times100+2\times(200-20+15\times18)$ $=4200mm$	《11G101-1》第 86 页 L 下部钢筋直锚不足 时采用弯锚
箍筋 Φ8@200	长度 $=[(200-2\times20)+(400-2\times20)]\times2-4d+2\times11.9d$ $=[(200-2\times20)+(400-2\times20)]\times2-4\times8+2\times11.9\times8$ $=1198mm$	本书箍筋按中心线长 度计算，式中"$4d$"是 算至箍筋中心线
	根数$=(3500-2\times100-2\times50)/200+1=17$ 根	《11G101-1》第 86 页

L2(1)钢筋三维效果：

下部筋总锚12d

11. L3（2）钢筋计算过程

L3（2）钢筋计算简图，见图 6-2-45。

L3（2）钢筋计算过程，见表 6-2-48。

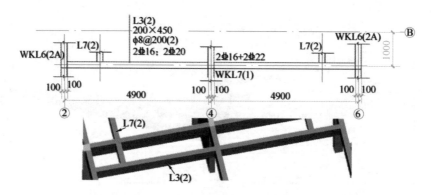

图 6-2-45　L3（2）钢筋计算简图

L3（2）钢筋计算过程

表 6-2-48

钢　筋	计　算　过　程	说明及出处
上部通长筋 2 Φ 16	$l_a = 35d = 35 \times 16 = 560mm > $ 两端支座，所以端支座采用弯锚 长度 $= 4900 \times 2 - 2 \times 100 + 2 \times (200 - 20 + 15d)$ $= 4900 \times 2 - 2 \times 100 + 2 \times (200 - 20 + 15 \times 16)$ $= 10440mm$ 对焊接头数量 $= 1 \times 2 = 2$（每根钢筋 1 个接头）	《11G101-1》第 86 页
下部通长筋 2 Φ 20	长度 $= 4900 \times 2 - 2 \times 100 + 2 \times (200 - 20 + 15d)$ $= 4900 \times 2 - 2 \times 100 + 2 \times (200 - 20 + 15 \times 20)$ $= 10560mm$ 对焊接头数量 $= 1 \times 2 = 2$（每根钢筋 1 个接头）	《11G101-1》第 86 页 非框架梁下部直锚不足时采用弯锚
第 2 跨左支座负筋 2 Φ 22	长度 $= 200 + 2 \times (4900 - 100 - 100)/4$ $= 2550mm$	《11G101-1》第 86 页 本例中，中间第 2 排支座负筋延伸长度取 $l_n/4$
箍筋 Φ 8@200	长度 $= [(200 - 2 \times 20) + (450 - 2 \times 20)] \times 2 - 4d + 2 \times 11.9d$ $= [(200 - 2 \times 20) + (450 - 2 \times 20)] \times 2 - 4 \times 8 + 2 \times 11.9 \times 8$ $= 1298mm$	本书箍筋按中心线长度计算，式中"$4d$"是算至箍筋中心线
	箍筋根数（单跨） $= (4900 - 100 - 100 - 2 \times 50)/200 + 1 + 6$ $= 30$ 根（两跨共 60 根）	《11G101-1》第 86 页 次梁箍筋无加密

L3(2)钢筋三维效果：

附加箍筋

12. L4（1A）钢筋计算过程

L4（1A）钢筋计算简图，见图6-2-46。

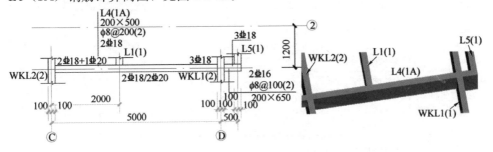

图6-2-46 L4（1A）钢筋计算简图

L4（1A）钢筋计算过程，见表6-2-49。

	L4（1A）钢筋计算过程	表6-2-49
钢 筋	计 算 过 程	说明及出处
上部通长筋 2⊈18	长度 ＝5000＋500－2×100＋（200－20＋15d）＋（200－20＋12d） ＝5000＋500－2×100＋（200－20＋15×18）＋（200－20＋12×18） ＝6.146mm	《11G101-1》第86页 《11G101-1》第89页 伸至悬挑远端下弯12d
第1跨下部筋 2⊈18/2⊈20	2⊈18长度 ＝5000－2×100＋2×（200－20＋15d） ＝5000－2×100＋2×（200－20＋15×18） ＝5700mm 2⊈20长度 ＝5000－2×100＋2×（200－20＋15d） ＝5000－2×100＋2×（200－20＋15×20） ＝5760mm	《03G101-1》第65页 L下部钢筋锚固12d
悬挑跨下部筋 2⊈16	长度 ＝500－100＋100－20＋15d ＝500－100＋100－20＋15×16 ＝720mm	《11G101-1》第89页 悬挑端下部钢筋里端锚固15d
悬挑跨侧部筋及拉筋 G2⊈12	侧部构造筋长度 ＝500－100＋100－20＋15d ＝500－100＋100－20＋15×12 ＝660mm 拉筋Φ6@200 长度 ＝200－2×20－6＋2×[1.9d＋max（10d，75）] ＝200－2×20－6＋2×（1.9×6＋75） ＝327mm 根数 ＝（500－2×50）/200＋1 ＝3根	《11G101-1》第87页 侧部构造筋锚固15d 《11G101 1》第56页 拉筋弯钩： 1.9d ＋ max（10d，75）

续表

钢 筋	计 算 过 程	说明及出处
第1跨左负筋 1 ⊈ 20	长度 $=(200-20+15d)+l_n/3$ $=(200-20+15\times20)+(5000-200)/3$ $=2080mm$	《11G101-1》第86页
第1跨右负筋 1 ⊈ 18	长度 $=(500-20+650-2\times20)+200+max(l_n/3,L)$ $=(500-20+650-2\times20)+200+max[(5000-200)/3,500]$ $=2890mm$	《11G101-1》第89页 悬挑跨上部筋伸入里跨的长度见施工图说明
箍筋	悬挑跨箍筋长度Φ8@100 $=[(200-2\times20)+(650-2\times20)]\times2-4d+2\times11.9d$ $=[(200-2\times20)+(650-2\times20)]\times2-4\times8+2\times11.9\times8$ $=1698mm$	本书箍筋按中心线长度计算,式中"$4d$"是算至箍筋中心线
	第1跨箍筋长度Φ8@200 $=[(200-2\times20)+(500-2\times20)]\times2-4d+2\times11.9d$ $=[(200-2\times20)+(500-2\times20)]\times2-4\times8+2\times11.9\times8$ $=1398mm$	
	悬挑跨箍筋根数(Φ8@100) 根数$=(500-2\times50)/100+1+3=8$根("$+3$"是边梁处附加箍筋)	《11G101-1》第89页
	第1跨箍筋根数(Φ8@200) 根数$=(5000-100-100)/200+1+6=31$根 式中"$+6$"是L1处附加箍筋	

L4(1A)钢筋三维效果:

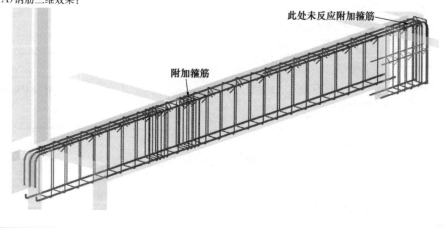

13. L5(1) 钢筋计算过程

L5(1)钢筋计算,与二层梁L3(1)完全相同,此处不再重复。

14. L6(2) 钢筋计算过程

L6(2)钢筋计算简图,见图6-2-47。

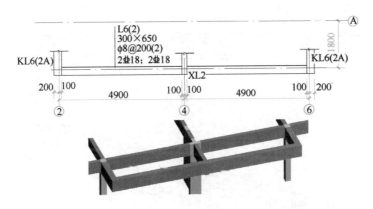

图 6-2-47 L6（2）钢筋计算简图

L6（2）钢筋计算过程，见表 6-2-50。

L6（2）钢筋计算过程 表 6-2-50

钢 筋	计 算 过 程	说明及出处
上部通长筋 2⌀18	$l_a=35d=35\times18=630mm>$两端支座，所以端支座采用弯锚 长度 $=4900\times2-2\times100+2\times(300-20+15d)$ $=4900\times2-2\times100+2\times(300-20+15\times18)$ $=10700mm$ 对焊接头数量$=1\times2=2$(每根钢筋1个接头)	《11G101-1》第86页
下部通长筋 2⌀18	长度 $=4900\times2-2\times100+2\times(200-20+15d)$ $=4900\times2-2\times100+2\times(200-20+15\times18)$ $=10500mm$ 对焊接头数量$=1\times2=2$(每根钢筋1个接头)	《11G101-1》第86页 非框架梁下部钢筋直锚不足时采用弯锚
第1、2跨侧部筋及拉筋 G2⌀12	侧部构造钢筋长度 $=4900-2\times100+2\times15d$ $=4900-2\times100+2\times15\times12$ $=5060mm$ 拉筋长度⌀8@400 $=300-2\times20-6+2\times[1.9d+\max(10d,75)]$ $=300-2\times20-6+2\times(1.9\times6+75)$ $=427mm$ 根数 $=(4900-2\times100-2\times50)/400+1$ $=13$ 根(两跨共26根)	《11G101-1》第87页 侧部构造筋锚固15d 《11G101-1》第56页 拉筋弯钩： $1.9d+\max(10d,75)$
箍筋 ⌀8@200	长度 $=[(300-2\times20)+(650-2\times20)]\times2-4d+2\times11.9d$ $=[(300-2\times20)+(650-2\times20)]\times2-4\times8+2\times11.9\times8$ $=1898mm$ 箍筋根数(单跨) $=(4900-100-100-2\times50)/200+1$ $=24$ 根(两跨共48根)	本书箍筋按中心线长度计算，式中"$4d$"是算至箍筋中心线 《11G101-1》第86页 次梁箍筋无加密

续表

钢 筋	计 算 过 程	说明及出处
L6(2)钢筋三维效果：	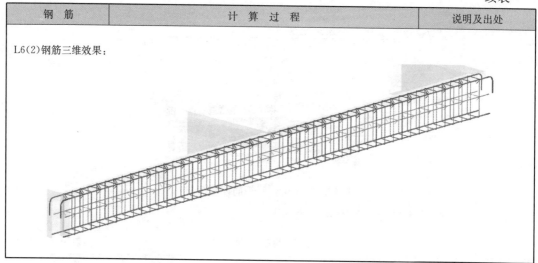	

15. L7（2）钢筋计算过程

L7（2）钢筋计算简图，见图 6-2-48。

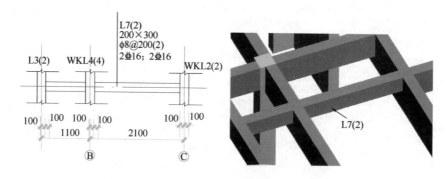

图 6-2-48　L7（2）钢筋计算简图

L7（2）钢筋计算过程，见表 6-2-51。

L7（2）钢筋计算过程　　　　　　　　　　　　表 6-2-51

钢 筋	计 算 过 程	说明及出处
上部通长筋 2Φ16	$l_a = 35d = 35 \times 16 = 560\text{mm} >$ 两端支座，所以端支座采用弯锚 长度 $= 2100 + 1100 - 2 \times 100 + 2 \times (200 - 20 + 15d)$ $= 2100 + 1100 - 2 \times 100 + 2 \times (200 - 20 + 15 \times 16)$ $= 3840\text{mm}$	《11G101-1》第 86 页
下部通长筋 2Φ16	长度 $= 2100 + 1100 - 2 \times 100 + 2 \times (200 - 20 + 12d)$ $= 2100 + 1100 - 2 \times 100 + 2 \times (200 - 20 + 12 \times 16)$ $= 3840\text{mm}$	《11G101-1》第 86 页 非框架梁下部钢筋直锚不足时采用弯锚

续表

钢　　筋	计　算　过　程	说明及出处
箍筋 $\phi 8@200$	长度 $=[(200-2\times20)+(300-2\times20)]\times2-4d+2\times11.9d$ $=[(200-2\times20)+(300-2\times20)]\times2-4\times8+2\times11.9\times8$ $=998mm$	本书箍筋按中心线长度计算，式中"$4d$"是算至箍筋中心线
	第1跨箍筋根数 $=(1100-100-100-2\times50)/200+1=5$根 第2跨箍筋根数 $=(2100-100-100-2\times50)/200+1=10$根	《11G101-1》第86页 次梁箍筋无加密

L7(2)钢筋三维效果：

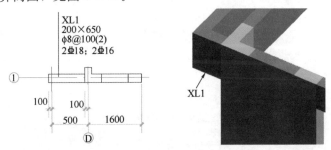

16. XL1 钢筋计算过程

XL1 钢筋计算简图，见图 6-2-49。

XL1
200×650
φ8@100(2)
2Φ18；2Φ16

图 6-2-49　XL1 钢筋计算简图

XL1 钢筋计算过程，见表 6-2 52。

XL1 钢筋计算过程　　　　　　　　　　　表 6-2-52

钢　　筋	计　算　过　程	说明及出处
上部钢筋 2Φ18	$l_a=35d=35\times18=630mm<$端支座，所以端支座采用直锚	《11G101-1》第89页 屋面 XL 直锚入墙肢 长度见施工图说明
	长度 $=500-100+100-20+12d+1.6l_a$ $=500-100+100-20+12\times18+1.6\times35\times18$ $=1704mm$	

钢 筋	计 算 过 程	说明及出处
下部钢筋 2 Φ 16	长度 $=500-100+100-20+15d$ $=500-100+100-20+15\times16$ $=720mm$	《11G101-1》第 89 页 下部钢筋锚固 $15d$
侧部筋及拉筋 G2 Φ 12	侧部构造筋长度 $=500-100+100-20+15d$ $=500-100+100-20+15\times12$ $=660mm$ 拉筋长度Φ 6@200 $=200-2\times20-6+2\times(1.9\times6+75)$ $=327mm$ 拉筋根数 $=(500-100+100-2\times50)/200+1$ $=3$ 根	侧部钢筋配置见施工图说明 《11G101-1》第 87 页 《11G101-1》第 56 页 梁宽＜350mm，拉筋 6mm
箍筋 Φ 8@100	长度 $=[(200-2\times20)+(650-2\times20)]\times2-4d+2\times11.9d$ $=[(200-2\times20)+(650-2\times20)]\times2-4\times8+2\times11.9\times8$ $=1698mm$	本书箍筋按中心线长度计算，式中"$4d$"是算至箍筋中心线
	箍筋根数 $=(500-100+100-2\times50)/100+1+3$ $=8$ 根（式中"$+3$"是边梁处附加箍筋）	《11G101-1》第 89 页

XL1 钢筋三维效果：

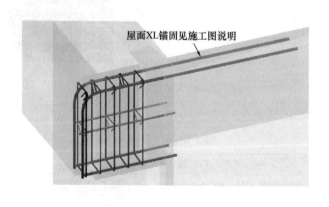

屋面XL锚固见施工图说明

17. XL2 钢筋计算过程

XL2 钢筋计算简图，见图 6-2-50。

XL2 钢筋计算过程，见表 6-2-53。

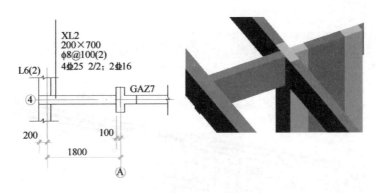

图 6-2-50 XL2 钢筋计算简图

XL2 钢筋计算过程   表 6-2-53

钢 筋	计 算 过 程	说明及出处
上部第 1 排 钢筋 2 Φ 25	$l_a=35d=35×25=875mm<$端支座，所以端支座采用直锚 长度 $=1800+200-100-20+12d+1.6l_a$ $=1800+200-100-20+(12×25)+1.6×35×25$ $=3580mm$	《11G101-1》第 89 页 屋面×L 直锚入墙肢 长度见本工程施工图 说明
上部第 2 排 钢筋 2 Φ 25	长度 $=1800+200-100-20+12d+1.6l_a$ $=1800+200-100-20+12×25+1.6×35×25$ $=3580mm$	《11G101-1》第 89 页
下部钢筋 2 Φ 16	长度 $=1800+200-100-20+15d$ $=1800+200-100-20+15×16$ $=2120mm$	《11G101-1》第 89 页
侧部钢筋及拉筋 N4 Φ 12	侧部受扭钢筋长度 $=1800+200-100-20+15d$ $=1800+200-100-20+15×12$ $=2060mm$ 拉筋Φ 6@200 长度 $=200-2×20-6+2×[1.9d，max(10d，75)]$ $=200-2×20-6+2×(1.9×6+75)$ $=327mm$ 根数 $=(1800+200-100-2×50)/200 \mid 1$ $=10$ 根（两排共 20 根）	侧部筋配置见施工图 说明 《11G101-1》第 87 页 《11G101-1》第 56 页 梁宽＜350mm，拉 筋 6mm
箍筋 Φ 8@100	长度 $=[(200-2×20)+(700-2×20)]×2-4d+2×11.9d$ $=[(200-2×20)+(700-2×20)]×2-4×8+2×11.9×8$ $=1798mm$	本书箍筋按中心线长 度计算，式中"4d"是 算至箍筋中心线
	箍筋根数 $=(1800+150-100-2×50)/100+1+3$ $=22$ 根（式中"+3"是边梁处附加箍筋）	《11G101-1》第 89 页

续表

钢 筋	计 算 过 程	说明及出处
XL2 钢筋三维效果:	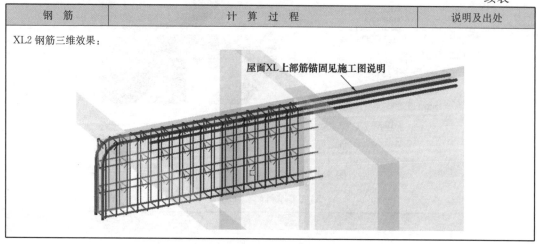	

屋面XL上部筋锚固见施工图说明

18. 三层梁（6.750m）钢筋计算汇总表

三层梁（6.750m）钢筋计算汇总表，见表 6-2-54。

三层梁（6.750m）钢筋计算汇总表　　　　表 6-2-54

构件	钢筋名称	钢筋规格	长度 (m)	线密度 (kg/m)	单重 (kg)	根数	总重 (kg)	构件数量	构件总重 (kg)	小计 (kg)
WKL1 (2)	上部通长筋（单根接头＝1）	2⏀18	18.22	2	36.440	2	72.880	1	72.880	503.015
	下部通长筋（单根接头＝1）	4⏀252/2	17.71	3.85	68.184	4	272.734	1	272.734	
	第1、2跨侧部钢筋	G⏀12	7.96	0.888	7.068	4	28.274	1	28.274	
	拉筋	Φ6@400	0.327	0.222	0.073	40	2.904	1	2.904	
	第1、2跨端支座负筋	2⏀18	3.11	2	6.220	4	24.880	1	24.880	
	第1跨右支座负筋	2⏀22	4.4	2.98	13.112	2	26.224	1	26.224	
	箍筋	Φ8@100/200	1.698	0.395	0.671	112	75.120	1	75.120	
WKL2 (2)	上部通长筋（单根接头＝1）	2⏀18	15.076	2	30.152	2	60.304	1	60.304	529.275
	下部上排通长筋（单根接头＝1）	2⏀18	15.075	2	30.150	2	60.300	1	60.300	
	下部下排通长筋（单根接头＝1）	4⏀25	15.65	3.85	60.253	4	241.010	1	241.010	
	第1、2跨端支座负筋	2⏀25	2.65	3.85	10.203	4	40.810	1	40.810	
	第1跨右支座负筋	2⏀25	3.85	3.85	14.823	2	29.645	1	29.645	
	箍筋	Φ8@100/200	1.598	0.395	0.631	154	97.206	1	97.206	
WKL3 (4)	上部通长筋（单根接头＝1）	2⏀18	17.5	2	35.000	2	70.000	1	70.000	391.860
	第1、4跨下部筋	2⏀18	4.388	2	8.776	4	35.104	1	35.104	
	第2—3跨下部筋（单根接头＝1）（单根接头＝1）	4⏀25 2/2	10.89	3.85	41.927	4	167.706	1	167.706	
	第1跨右、第4跨左负筋	2⏀22	2.65	2.98	7.897	4	31.588	1	31.588	
	第2跨右负筋	2⏀22	2.55	2.98	7.599	2	15.198	1	15.198	
	第1、4跨箍筋	Φ8@100/200	1.198	0.395	0.473	46	21.768	1	21.768	
	第2、3跨箍筋	Φ8@100/200	1.598	0.395	0.631	80	50.497	1	50.497	

续表

构件	钢筋名称	钢筋规格	长度 (m)	线密度 (kg/m)	单重 (kg)	根数	总重 (kg)	构件 数量	构件总重 (kg)	小计 (kg)
WKL4 (4)	上部通长筋(单根接头＝2)	2Φ18	18.22	2	36.440	2	72.880	1	72.880	254.756
	下部通长筋(单根接头＝2)	2Φ18	17.5	2	35.000	2	70.000	1	70.000	
	第1、4跨侧部钢筋	G2Φ12	3.16	0.888	2.806	4	11.224	1	11.224	
	第2、3跨侧部钢筋	G2Φ12	4.86	0.888	4.316	4	17.263	1	17.263	
	拉筋	Φ6@400	0.327	0.222	0.073	40	2.904	1	2.904	
	箍筋	Φ8@100/200	1.698	0.395	0.671	120	80.485	1	80.485	
WKL5 (2)	上部通长筋(单根接头＝1)	2Φ18	10.476	2	20.952	2	41.904	2	83.808	393.675
	第1跨下部钢筋	4Φ20 2/2	6.74	2.47	16.648	4	66.591	2	133.182	
	第2跨下部钢筋	2Φ18	4.776	2	9.552	2	19.104	2	38.208	
	第2跨侧部钢筋	N2Φ12	4.392	0.888	3.900	2	7.800	2	15.600	
	第2跨拉筋	Φ6@400	0.327	0.222	0.073	9	0.653	2	1.307	
	第1跨左负筋	2Φ16	1.931	1.58	3.051	2	6.102	2	12.204	
	第1跨右负筋	2Φ16	3.15	1.58	4.977	2	9.954	2	19.908	
	箍筋	Φ8@100/200	1.398	0.395	0.552	81	44.729	2	89.458	
WKL6 (2A)	上部通长筋(单根接头＝1)	2Φ18	9.746	2	19.492	2	38.984	2	77.968	464.698
	悬挑跨上部多出的钢筋	1Φ18	2.546	2	5.092	1	5.092	2	10.184	
	第2跨左支座负筋	2Φ25	4.180	3.85	16.093	2	32.186	2	64.372	
	第2跨右支座负筋	1Φ18	3.5	2	7.000	1	7.000	2	14.000	
	悬挑跨下部筋	2Φ16	2.02	1.58	3.192	2	6.383	2	12.766	
	悬挑跨侧部筋	G2Φ12	1.96	0.888	1.740	2	3.481	2	6.962	
	悬挑跨拉筋	Φ6@200	0.327	0.222	0.073	10	0.726	2	1.452	
	第2跨下部筋	4Φ20 2/2	6.44	2.47	15.907	4	63.627	2	127.254	
	第2跨侧部筋	N2Φ14	5.948	1.21	7.197	2	14.394	2	28.788	
	第2跨拉筋	Φ6@400	0.327	0.222	0.073	13	0.944	2	1.887	
	第1跨下部筋	2Φ18	3.088	2	6.176	2	12.352	2	24.704	
	悬挑跨箍筋	Φ8@100	1.898	0.395	0.750	18	13.495	2	26.990	
	第1、2跨箍筋	Φ8@100/200	1.398	0.395	0.552	61	33.685	2	67.370	
WKL7 (1)	上部通长筋	2Φ20	5.04	2.47	12.449	2	24.898	1	24.898	160.080
	下部通长筋	4Φ25 2/2	5.45	3.85	20.983	4	83.930	1	83.930	
	左支座负筋	2Φ20	1.67	2.47	4.125	2	8.250	1	8.250	
	左支座负筋	1Φ16	1.506	1.58	2.379	1	2.379	1	2.379	
	箍筋	Φ10@100	1.646	0.617	1.016	40	40.623	1	40.623	
WKL8 (1)	同二层梁 KL8(1)									45.035
L1(1)	上部钢筋	2Φ16	5.34	1.58	8.437	2	16.874	2	33.749	136.434
	下部钢筋	3Φ20	5.46	2.47	13.486	3	40.459	2	80.917	
	箍筋	Φ8@200	1.198	0.395	0.473	23	10.884	2	21.768	
L2(1)	上部钢筋	2Φ16	4.14	1.58	6.541	2	13.082	2	26.165	75.854
	下部钢筋	2Φ18	4.2	2	8.400	2	16.800	2	33.600	
	箍筋	Φ8@200	1.198	0.395	0.473	17	8.045	2	16.089	

续表

构件	钢筋名称	钢筋规格	比重 （m）	线密度 （kg/m）	单重 （kg）	根数	总重 （kg）	构件 数量	构件总重 （kg）	小计 （kg）
L3(2)	上部通长筋(单根接头＝1)	2⊕16	10.44	1.58	16.495	2	32.990	1	32.990	131.117
	下部通长筋	2⊕20	10.56	2.47	26.083	2	52.166	1	52.166	
	第2跨左支座负筋	2⊕22	2.55	2.98	7.599	2	15.198	1	15.198	
	箍筋	Φ8@200	1.298	0.395	0.513	60	30.763	1	30.763	
L4(1A)	上部通长筋	2⊕18	6.146	2	12.292	2	24.584	2	49.168	225.811
	第1跨下部筋(上排)	2⊕18	5.7	2	11.400	2	22.800	2	45.600	
	第1跨下部筋(下排)	2⊕20	5.76	2.47	14.227	2	28.454	2	56.909	
	悬挑跨下部筋	2⊕16	0.72	1.58	1.138	2	2.275	2	4.550	
	悬挑跨侧部筋	G2⊕12	0.66	0.888	0.586	2	1.172	2	2.344	
	悬挑跨拉筋	Φ6@200	0.327	0.222	0.073	3	0.218	2	0.436	
	第1跨左负筋	1⊕20	2.08	2.47	5.138	1	5.138	2	10.275	
	第1跨右负筋	1⊕18	2.89	2	5.780	1	5.780	2	11.560	
	悬挑跨箍筋	Φ8@100	1.698	0.395	0.671	8	5.366	2	10.731	
	第1跨箍筋	Φ8@200	1.398	0.395	0.552	31	17.119	2	34.237	
L5(1)	同二层梁 L3(1)									92.899
L6(2)	上部钢筋(单根接头＝1)	2⊕18	10.7	2	21.400	2	42.800	1	42.800	141
	下部钢筋(单根接头＝1)	2⊕18	10.5	2	21.000	2	42.000	1	42.000	
	第1、2跨侧部筋	G2⊕12	5.06	0.888	4.493	4	17.973	1	17.973	
	第1、2跨拉筋	Φ6@400	0.427	0.222	0.095	26	2.465	1	2.465	
	箍筋	Φ8@200	1.898	0.395	0.750	48	35.986	1	35.986	
L7(2)	上部钢筋	2⊕16	3.84	1.58	6.067	2	12.134	2	24.269	60.364
	下部钢筋	2⊕16	3.84	1.58	6.067	2	12.134	2	24.269	
	箍筋	Φ8@200	0.998	0.395	0.394	15	5.913	2	11.826	
XL1	上部钢筋	2⊕18	1.704	2	3.408	2	6.816	2	13.632	32.903
	下部钢筋	2⊕18	0.72	2	1.440	2	2.880	2	5.760	
	侧部钢筋	G2⊕12	0.66	0.888	0.586	2	1.172	2	2.344	
	拉筋	Φ6@200	0.327	0.222	0.073	3	0.218	2	0.436	
	箍筋	Φ8@100	1.698	0.395	0.671	8	5.366	2	10.731	
XL2	上部上排钢筋	2⊕25	3.58	3.85	13.783	2	27.566	1	27.566	86.225
	上部下排钢筋	2⊕25	3.58	3.85	13.783	2	27.566	1	27.566	
	下部钢筋	2⊕16	2.12	1.58	3.350	2	6.699	1	6.699	
	侧部钢筋	N4⊕12	2.06	0.888	1.829	4	7.317	1	7.317	
	拉筋	Φ6@200	0.327	0.222	0.073	20	1.452	1	1.452	
	箍筋	Φ8@100	1.798	0.395	0.710	22	15.625	1	15.625	
合计	接头＝42									3725.226

五、楼梯间顶梁(9.65m)钢筋计算过程

说明：楼梯间柱为异形柱，此处梁的钢筋计算，还参考《混凝土异形柱结构技术规程》（JGJ 149—2006）。

1. WKL1(1)钢筋计算过程

WKL1(1)钢筋计算简图，见图 6-2-51。

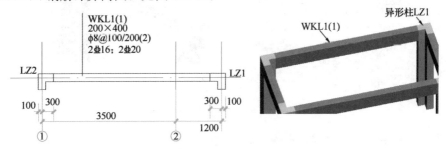

图 6-2-51 WKL1(1)钢筋计算过程

WKL1(1)钢筋计算过程，见表 6-2-55。

<table>
<tr><td colspan="3" align="right">WKL1(1)钢筋计算过程　　　　　　　　　　　　　　　　　表 6-2-55</td></tr>
<tr><th>钢 筋</th><th>计 算 过 程</th><th>说明及出处</th></tr>
<tr><td rowspan="3">上部钢筋
2Φ16</td><td>上部筋在异形柱内锚固：伸至柱外边下弯至梁底</td><td rowspan="6">《11G101-1》第80页
《JGJ149-2006》第21页</td></tr>
<tr><td>长度</td></tr>
<tr><td>＝3500＋1200－2×300＋2×(400－20＋400－20)
＝5620mm</td></tr>
<tr><td rowspan="3">下部钢筋
2Φ20</td><td>l_{aE}＝41d＝41×20＝820mm＞两端支座，所以端支座采用弯锚</td></tr>
<tr><td>长度(弯锚)</td></tr>
<tr><td>＝3500＋1200－2×300＋2×(400－20＋15d)
＝3500＋1200－2×300＋2×(400－20＋15×20)
＝5460mm</td></tr>
<tr><td rowspan="5">箍筋
Φ8@100/200</td><td>长度</td><td rowspan="2">本书箍筋按中心线长度计算，式中"4d"是算至箍筋中心线</td></tr>
<tr><td>＝[(200－2×20)＋(400－2×20)]×2－4d＋2×11.9d
＝[(200－2×20)＋(400－2×20)]×2－4×8＋2×11.9×8
＝1198mm</td></tr>
<tr><td>箍筋根数：加密区＝max(1.5×400，500)＝600mm</td><td rowspan="3">《11G101-1》第85页</td></tr>
<tr><td>加密区根数＝(600－50)/100＋1＝7根
非加密区根数＝(3500＋1200－300－300－2×600)/200－1＝14根</td></tr>
<tr><td>总根数＝2×7＋14＝28根</td></tr>
<tr><td colspan="3">WKL1(1)钢筋三维效果：</td></tr>
</table>

2. WKL2（1）钢筋计算过程

WKL2（1）钢筋计算简图，见图 6-2-52。

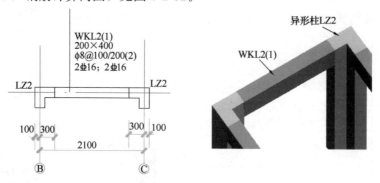

图 6-2-52 WKL2（1）钢筋计算过程

WKL2（1）钢筋计算过程，见表 6-2-56。

	WKL2（1）钢筋计算过程	表 6-2-56
钢 筋	计 算 过 程	说明及出处
上部钢筋 2 Φ 16	上部筋在异形柱内锚固：伸至柱外边下弯至梁底 长度 $=2100-2\times300+2\times(400-20+400-20)$ $=3020mm$	《11G101-1》第 80 页 《JGJ 149-2006》第 21 页
下部钢筋 2 Φ 16	$l_{aE}=41d$ $=41\times16=656mm>$两端支座，所以端支座采用弯锚 长度（弯锚） $=2100-2\times300+2\times(400-20+15d)$ $=2100-2\times300+2\times(400-20+15\times16)$ $=2740mm$	
箍筋 Φ 8@100/200	长度 $=[(200-2\times20)+(400-2\times20)]\times2-4d+2\times11.9d$ $=[(200-2\times20)+(400-2\times20)]\times2-4\times8+2\times11.9\times8$ $=1198mm$	本书箍筋按中心线长度计算，式中"4d"是算至箍筋中心线
	箍筋根数：（本例梁跨较短，中间几乎无非加密区了，因此采用全加密进行计算） 根数$=(2100-300-300-2\times50)/100+1=15$ 根	《11G101-1》第 85 页

WKL2(1)钢筋三维效果：

3. 楼梯间顶梁（9.650m）钢筋计算汇总表

楼梯间顶梁（9.650m）钢筋计算汇总表，见表 6-2-57。

楼梯间顶梁（9.650m）钢筋计算汇总表　　　　表 6-2-57

构件	钢筋名称	钢筋规格	长度 (m)	线密度 (kg/m)	单重 (kg)	根数	总重 (kg)	构件数量	构件总重 (kg)	小计 (kg)
WKL1(1)	上部通长筋	2ϕ16	5.63	1.58	8.895	2	17.791	4	71.163	232.052
	下部通长筋	2ϕ20	5.46	2.47	13.486	2	26.972	4	107.890	
	箍筋	Φ8@100/200	1.198	0.395	0.473	28	13.250	4	53.000	
WKL2(1)	上部通长筋	2ϕ16	3.02	1.58	4.772	2	9.543	4	38.173	101.199
	下部通长筋	2ϕ16	2.74	1.58	4.329	2	8.658	4	34.634	
	箍筋	Φ8@100/200	1.198	0.395	0.473	15	7.098	4	28.393	
合计										333.251

第三节　梁构件钢筋总结

一、梁钢筋知识体系

梁钢筋的知识体系，见图 6-3-1。本书将平法钢筋识图算量的学习方法总结为"系统梳理"和"关联对照"，这也是本书的精髓所在，请读者多加理解。

"系统梳理"就是将某类构件的钢筋相关构造进行梳理，例如，我们将梁构件的钢筋构造梳理为"纵筋端支座构造"、"纵筋中间支座构造"、"纵筋悬挑构造"、"纵筋端部收头构造"、"箍筋及附加钢筋构造"五大点，也就是将平法图集上的内容进行分类归纳。

"关联对照"就是将相关的构件或相关的图集规范进行对照理解。例如，我们对照《11G101-1》、《12G901-1》、《13G101-11》来理解梁钢筋的相关内容。

图 6-3-1　梁钢筋知识体系

二、梁纵筋端支座构造

梁纵筋端支座构造，见表 6-3-1，不同的梁类型，其纵筋在端支座的锚固构造也有所不同，通过这样关联对照，就可以方便记忆和理解，这是本书一直强调的学习方法。

梁纵筋端支座构造

表 6-3-1

梁构件种类	钢筋构造	说明及出处
KL	以框架柱为支座（直锚、弯锚）： 	《11G101-1》第 79 页
KL	平行于剪力墙肢（按 LL 锚固）： 剪力墙肢	《13G101-11》第 4-8 页
KL	以另一根 KL 为支座：该支座按 L 锚固 	《13G101-11》 第 4-8 页
WKL	上部钢筋：梁筋入柱、柱筋入梁 下部钢筋：弯锚、直锚 梁筋入柱　　柱筋入梁	《11G101-1》第 80 页 《11G101-1》第 59 页

续表

梁构件种类	钢筋构造	说明及出处
JLL	单跨基础连梁 JLL：锚入承台（而不是柱范围） 	《11G101-1》第 92 页
JL	条形基础基础梁 JL 基础梁钢筋　基础梁JL 条形基础底板 条形基础底板钢筋 	《11G101-3》第 73 页
XL	XL 端支座：直锚、弯锚 	《11G101-1》第 89 页 《12G901-1》第 2-44 页
L	主梁　次梁 	《11G101-1》第 86 页

三、梁纵筋中间支座构造

梁纵筋中间支座构造，见表 6-3-2。

梁纵筋中间支座构造

表 6-3-2

梁构件种类	钢筋构造	说明及出处
各类梁中间支座"各自锚固"与"直通"	 中间支座钢筋直通 中间支座钢筋各自锚固	《11G101-1》第 79 页
KL、WKL	(1) 顶有高差、底有高差、顶和底均有高差 中间支座两端有高差	《11G101-1》第 84 页
L	(2) 一侧不平、两侧不平 支座两边宽度不同	《11G101-1》第 84 页
JL		《11G101-3》第 74 页
JCL	(3) 支座两边钢筋根数不同	《11G101-3》第 78 页
JL	 支座两边钢筋根数不同	《11G101-3》第 74 页

264

四、梁纵筋悬挑构造

梁纵筋悬挑构造，见表 6-3-3。

梁纵筋悬挑构造   表 6-3-3

钢筋构造分类		钢筋构造	说明及出处
KL、WKL、L、XL 悬挑远端	上部上排角筋		《11G101-1》第 89 页
	上部上排非角筋		
	上部二排钢筋		
	下部钢筋		
KL、WKL、L 悬挑里端		$\max(l_n/3,L)$	《11G101-1》第 89 页 具体设计说明
JL 带外伸			《11G101-3》第 73 页
JCL 带外伸			《11G101-3》第 76 页

五、梁纵筋端部收头构造

梁纵筋端部收头构造，见表 6-3-4。承台梁 CTL、筏形基础基础主梁 JL 都没有支座，他们作为其他构件的支座，因此他们的纵筋在端部不是"锚固"，而是"收头"或"封边"。

梁纵筋端部收头构造   表 6-3-4

梁种类	钢筋构造	说明及出处
CTL		《11G101-3》第 90 页

续表

梁种类	钢筋构造	说明及出处
JL	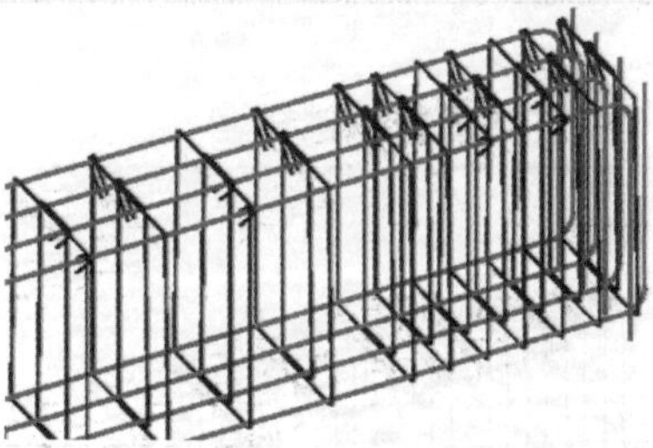	《11G101-3》第 73 页

六、梁箍筋及附加钢筋构造

梁箍筋及附加钢筋构造，见表 6-3-5。

梁箍筋及附加钢筋构造　　表 6-3-5

构造分类	钢筋构造	说明及出处
箍筋加密区	KL、WKL：（按抗震等级区分） 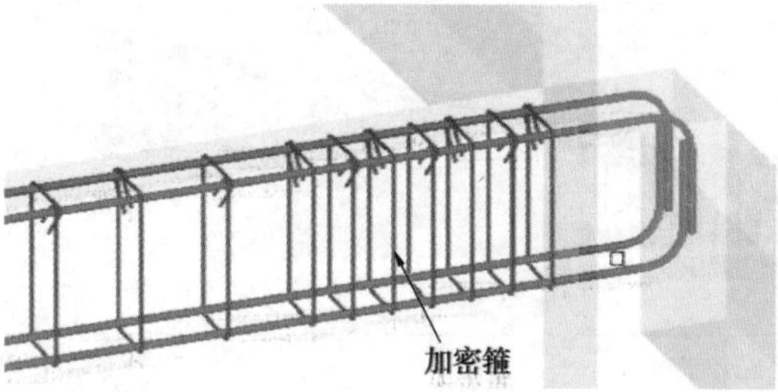 加密箍	《11G101-1》第 85 页
	L：一般不加密	《11G101-1》第 86 页
	井字梁：视具体设计	视具体设计
	悬挑梁：全加密	《11G101-1》第 89 页
	JZL、JCL、JL、CTL、JLL：若有多种箍筋规格视具体设计	视具体设计
附加箍筋	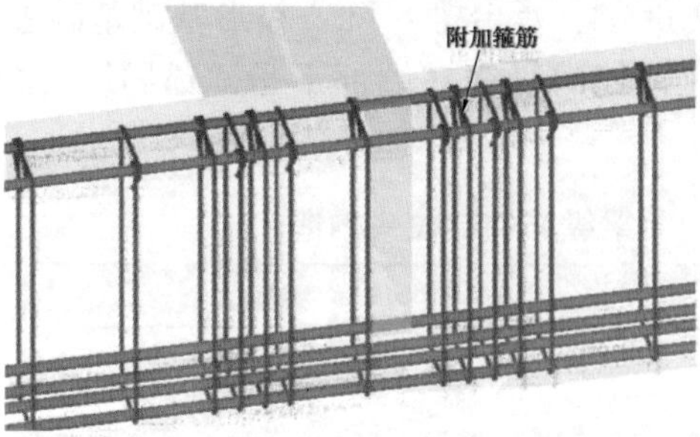 附加箍筋 	《11G101-1》第 87 页
附加吊筋	 附加吊筋	

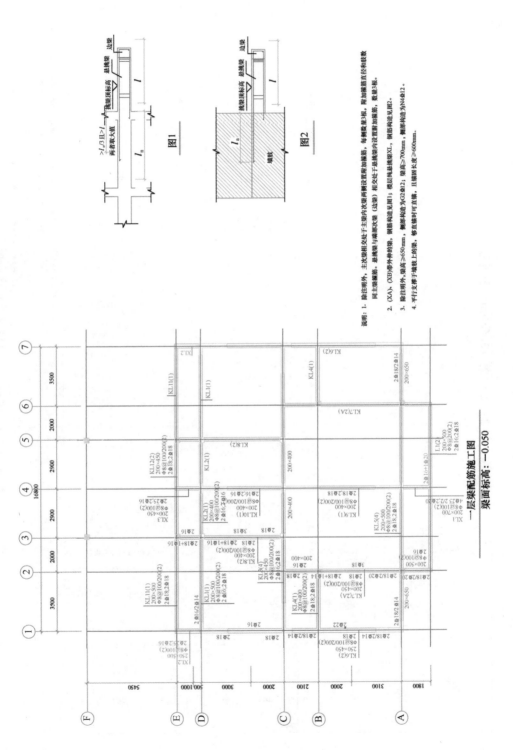

本章施工图1：一层梁（－0.050m）配筋图

267

本章施工图 2：二层梁 (3.550m) 配筋图

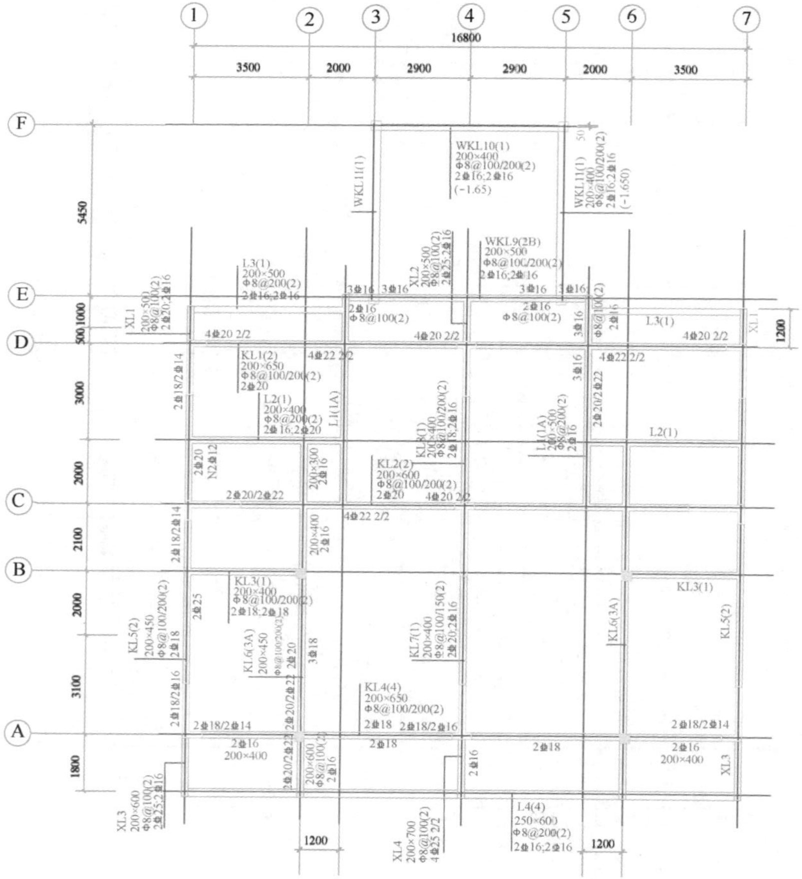

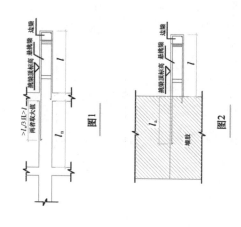

图1

图2

说明：1. 除注明外，主次梁相交处次梁两侧各设置附加箍筋，每侧数量3道，附加箍筋直径及肢数和梁同主梁箍筋。基础梁与墙相交处次梁（边梁）相交处主基础梁内设置附加箍筋，钢筋构造见图1；模层纯基础梁底XL，钢筋构造见图2。

2. （XA）、（XB）序外伸的梁，钢筋构造见图1；钢筋构造见图2。

3. 除注明外，梁高 ≥650mm，侧部构造为G2Φ12；梁高≥700mm，侧部构造为N4Φ12。

本章施工图 3：三层梁（6.750m）配筋图

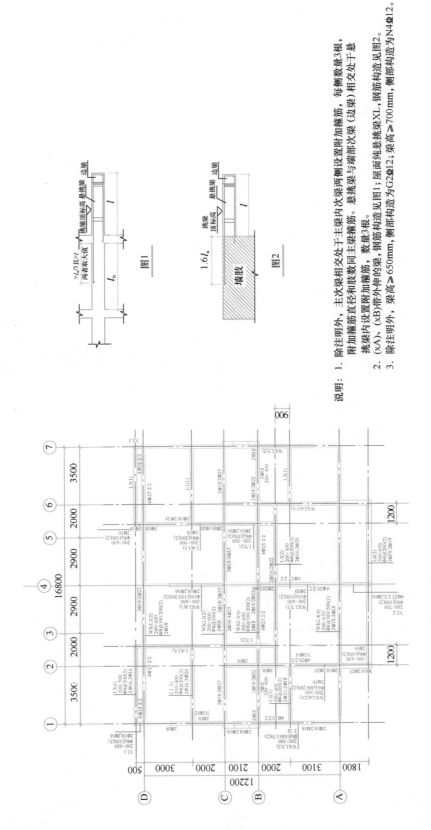

图1

图2

说明：1. 除注明外，主次梁相交处于主梁内次梁两侧设置附加箍筋，每侧数量3根，附加箍筋直径和肢数同主梁箍筋。悬挑梁与端部次梁（边梁）相交处于悬挑梁内设置附加箍筋，数量3根。

2. （xA）、（xB）带外伸的梁，钢筋构造见图1；屋面纯悬挑梁XL，钢筋构造见图2。

3. 除注明外，梁高≥650mm，侧部构造为G2Φ12；梁高≥700mm，侧部构造为N4Φ12。

屋面梁配筋施工
梁面标高：6.750

本章施工图 4：楼梯间顶梁（9.650m）配筋图

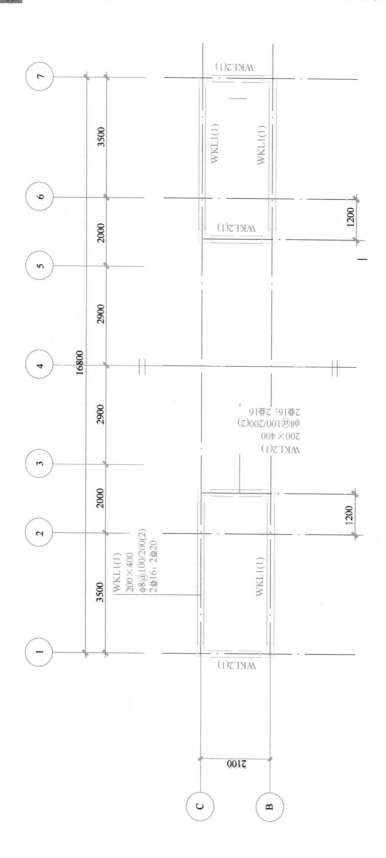

本章附图：彭波各地讲座及梁钢筋欣赏

附图 6-1　彭波在甘肃讲座

附图 6-2　彭波在山西一建讲座

附图 6-3　KL 带外伸

附图 6-4　梁柱节点

附图 6-5　附加吊筋

附图 6-6　梁侧部钢筋

附图 6-7　钢筋连接

附图 6-8　基础连梁

第七章 现浇板构件

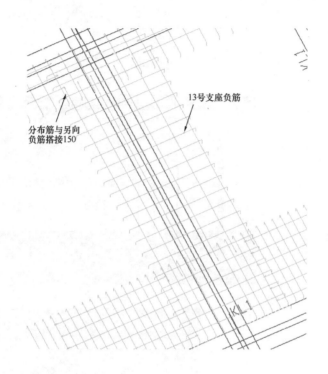

13号支座负筋

分布筋与另向
负筋搭接150

KL1

第一节 关于现浇板构件

一、现浇板构件类型

常见的现浇板构件类型，见表 7-1-1。

现浇板构件类型   表 7-1-1

现浇板类型	图 示
有梁楼盖板	

续表

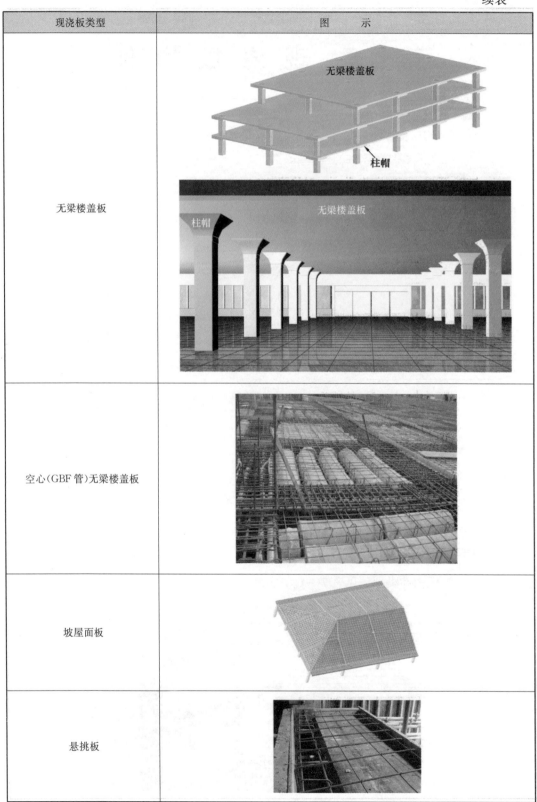

现浇板类型	图　　示
无梁楼盖板	
空心（GBF管）无梁楼盖板	
坡屋面板	
悬挑板	

续表

现浇板类型	图 示
楼梯平台板	

二、现浇板施工图表示方法

现浇板施工图表示方法，见表 7-1-2。

现浇板施工图表示方法 表 7-1-2

施工图表示方法	图 示
传统表示方法：每根钢筋画钢筋线并进行标注	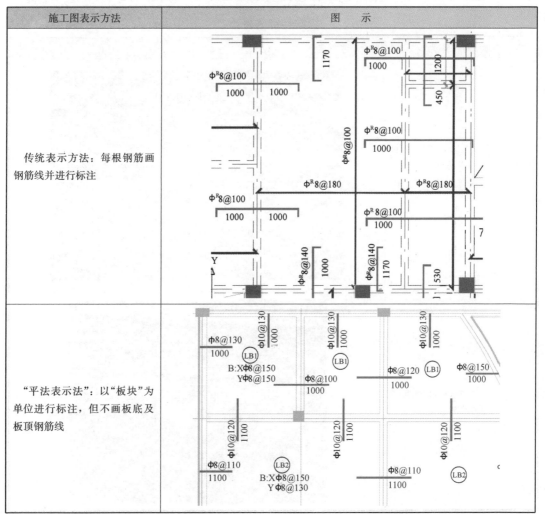
"平法表示法"：以"板块"为单位进行标注，但不画板底及板顶钢筋线	

续表

施工图表示方法	图 示
列表表示法：平面图上画钢筋线标注钢筋编号，钢筋规格则在列表中进行表达	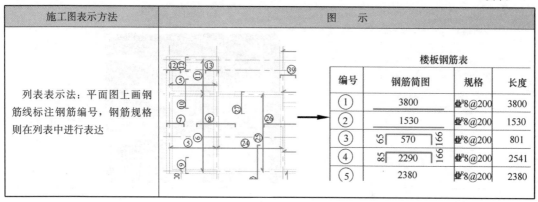

楼板钢筋表

编号	钢筋简图	规格	长度
①	3800	⏀^{R}8@200	3800
②	1530	⏀^{R}8@200	1530
③	65 ⌐570⌐ 166 166	⏀^{R}8@200	801
④	85 ⌐2290⌐ 166 166	⏀^{R}8@200	2541
⑤	2380	⏀^{R}8@200	2380

三、板构件钢筋骨架

建筑工程中所有构件的钢筋，都要组成一个整体，要么是笼式的，要么是网片式的。板构件的钢筋是由纵横两向钢筋组成网片式的钢筋骨架，板构件基本钢筋骨架，见表 7-1-3。

板构件钢筋骨架 表 7-1-3

钢筋骨架	图 示
板钢筋骨架形式1：由板底钢筋网＋四周支座的负筋网组成中间区域根据实际工程可能有温度筋	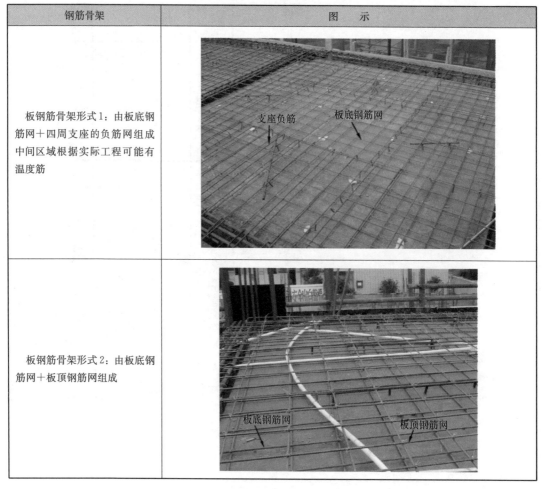
板钢筋骨架形式2：由板底钢筋网＋板顶钢筋网组成	

276

第二节 现浇板构件钢筋计算

一、板构件钢筋计算参数

板构件钢筋计算参数，见表 7-2-1。

板构件钢筋计算参数 表 7-2-1

参　　数	值	说明及出处
混凝土保护层厚度	15mm	《11G101-1》第 54 页
纵筋端部保护层厚度	20mm	比如板纵筋伸至梁外侧，本例就取梁纵筋保护层厚度
l_a（混凝土强度等级 C30）	35d（三级钢）	《11G101-1》第 53 页
l_1（混凝土强度等级 C30）	1.4l_a	《11G101-1》第 55 页
板纵筋连接方式	绑扎搭接	
板钢筋起步距离	1/2 板筋间距	《11G101-1》第 92 页
分布筋与支座负筋搭接长度	150mm	《11G101-1》第 94 页
温度筋与支座负筋搭接长度	$l_l=1.4l_a$	
板底钢筋锚固	max(5d，0.5b_b)	《11G101-1》第 92 页
板顶钢筋、支座负筋锚固	$b_b-c+15d$	
定尺长度	9000mm	
一级钢筋末端 180°弯钩长度	6.25d	《11G101-1》第 53 页
特别说明	本实例未计算马凳筋	

二、一层板(−0.050m)钢筋计算过程

板钢筋计算分为通长筋和支座负筋两类，通长筋按"板块"分别计算，支座负筋按钢筋编号分别计算。

1. 一层板通长筋计算过程

（1）LB1 通长筋计算过程

LB1 通长筋计算过程，见表 7-2-2。

LB1 通长筋计算过程   表 7-2-2

钢 筋	计算过程	说明及出处
板底 X 向钢筋 B：$X \oplus 6@130$	长度＝$3500-200+\max(5d, 125)+\max(5d, 100)$ 　　　＝$3500-200+\max(5\times6, 125)+\max(5\times6, 100)$ 　　　＝$3525mm$	《11G101-1》第 92 页
板底 X 向钢筋 B：$X \oplus 6@130$	根数＝$(5100-200-130)/130+1$ 　　　＝38 根	《11G101-1》第 92 页
板底 Y 向钢筋 B：$Y \oplus 6@130$	长度＝$5100-200+\max(5d, 100)+\max(5d, 100)$ 　　　＝$5100-200+\max(5\times6, 100)+\max(5\times6, 100)$ 　　　＝$5100mm$	
板底 Y 向钢筋 B：$Y \oplus 6@130$	根数＝$(3500-200-130)/130+1$ 　　　＝26 根	
LB1 通长筋三维钢筋效果图		

（2）LB2 通长筋计算过程

LB2 通长筋计算过程，见表 7-2-3。

LB2 通长筋计算过程   表 7-2-3

钢 筋	计算过程	说明及出处
板底 X 向钢筋 B：$X \oplus 8@150$	长度＝$4900-200+\max(5d, 100)+\max(5d, 100)$ 　　　＝$4900-200+\max(5\times6, 100)+\max(5\times6, 100)$ 　　　＝$4900mm$	《11G101-1》第 92 页 三级钢末端不用加弯钩
板底 X 向钢筋 B：$X \oplus 8@150$	根数＝$(7200-200-150)/150+1$ 　　　＝47 根	
板底 Y 向钢筋 B：$Y \oplus 8@150$	长度＝$7200-200+\max(5d, 100)+\max(5d, 100)$ 　　　＝$7200-200+\max(5\times6, 100)+\max(5\times6, 100)$ 　　　＝$7200mm$	
板底 Y 向钢筋 B：$Y \oplus 8@150$	根数＝$(4900-200-150)/150+1$ 　　　＝32 根	
温度筋 $\Phi 6.5@150$ （未计算马凳筋）	X 向温度筋长度 ＝$4900-2\times100-2\times1250+2\times1.4\times35\times6.5$ ＝$2837mm$(光圆钢筋末端加弯钩)	X 向温度筋根数 ＝$(7200-200-2\times1250-$ 　　$150)/150+1$ ＝30 根

钢 筋	计算过程	说明及出处
温度筋 φ6.5@150 （未计算马凳筋）	Y向温度筋长度 $=7200-2\times100-2\times1250+2\times1.4\times35\times6.5$ $=5137$mm 温度筋与支座负筋搭接 $l_l=1.4l_a$	Y向温度筋根数 $=(4900-200-2\times1250-$ $150)/150+1$ $=15$ 根
LB2 通长筋三维 钢筋效果图	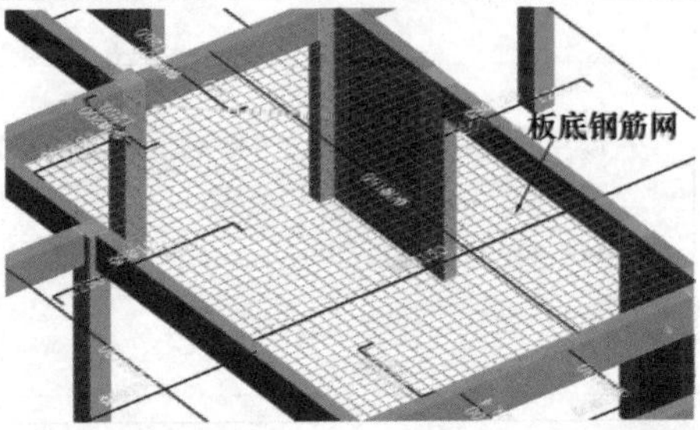 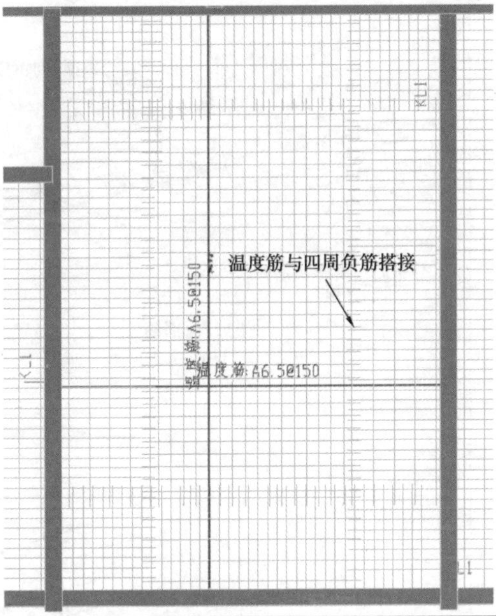	

（3）LB3 通长筋计算过程

LB3 通长筋计算过程，见表7-2-4。

LB3 通长筋计算过程 表 7-2-4

钢 筋	计算过程	说明及出处
板底 X 向钢筋 B：X Φ6@130	长度＝4900mm(同 LB2)	
	根数＝(1800-200-130)/130+1 ＝13 根	《11G101-1》第 92 页
板底 Y 向钢筋 B：Y Φ6@130	长度＝1800-200+max(5d，100)+max(5d，100) ＝1800-200+max(5×6,100)+max(5×6,100) ＝1800mm	
	根数＝(4900-200-130)/130+1 ＝37 根	

续表

钢 筋	计算过程	说明及出处
板顶 Y 向钢筋 T：Y⊕8@200 （未计算马凳筋）	长度＝1800＋200－2×20＋2×15d 　　　＝1800＋200－2×20＋2×15×8 　　　＝2200mm	根数 ＝（4900－200－ 　200）/200＋1 ＝24 根
板顶 Y 向钢筋 的分布筋 Φ6@200	长度＝4900－2×100－2×500＋2×150＋2×6.25×6 　　　＝4075mm 根数＝（1800－200－200）/200＋1 　　　＝8 根	LB3 板顶在施工图上 只标注了 Y 向钢筋， 所以 X 方向要布置分 布筋
LB3 通长筋三维 钢筋效果图		

（4）LB4 通长筋计算过程

LB4 通长筋计算过程，见表 7-2-5。

LB4 通长筋计算过程

表 7-2-5

钢　筋	计算过程		说明及出处
板底 X 向钢筋 B：X ⊈ 8@150	长度＝5500－200＋max(5d，125)＋max(5d，100) 　　　＝5500－200＋max(5×6，125)＋max(5×6，100) 　　　＝5525mm		《11G101-1》第 92 页
	根数＝(5000－200－150)/150＋1 　　　＝32 根		
板底 Y 向钢筋 B：Y ⊈ 8@150	长度＝5000－200＋max(5d，100)＋max(5d，100) 　　　＝5000－200＋max(5×6，100)＋max(5×6，100) 　　　＝5000mm		
	根数＝(5500－200－150)/150＋1 　　　＝36 根		
温度筋 φ 6.5@150 （未计算马凳筋）	X 向温度筋长度 ＝5500－200－2×1250＋2×1.4×35×6.5 ＝3437mm	X 向温度筋根数 ＝(5000－200－2×1250－150)/ 　150＋1 ＝16 根	
	Y 向温度筋长度 ＝5000－200－2×1250＋2×1.4×35×6.5 ＝2937mm	Y 向温度筋根数 ＝(5100－200－2×1250－150)/ 　150＋1 ＝16 根	
LB4 通长筋三 维钢筋效果图			

三级钢端部不用弯钩

板底钢筋网

温度筋：φ6.5@150

温度筋与四周负筋搭接

温度筋：φ6.5@150

KL1

（5）LB5 通长筋计算过程

LB5 通长筋计算过程，见表 7-2-6。

LB5 通长筋计算过程　　　　　　　　　　　　　表 7-2-6

钢　筋	计算过程	说明及出处
板底 X 向钢筋 B：XΦ6@130	长度＝2900－200＋max(5d, 100)＋max(5d, 100) 　　＝2900－200＋max(5×6,100)＋max(5×6,100) 　　＝2900mm	《11G101-1》第 92 页
	根数＝(5000－200－130)/130＋1 　　＝37 根	
板底 Y 向钢筋 B：YΦ6@130	长度＝5000－200＋max(5d, 100)＋max(5d, 100) 　　＝5000－200＋max(5×6,100)＋max(5×6,100) 　　＝5000mm	
	根数＝(2900－200－130)/130＋1 　　＝21 根	
LB5 通长筋三维 钢筋效果图		

（6）LB6 通长筋计算过程

LB6 通长筋计算过程，见表 7-2-7。

LB6 通长筋计算过程　　　　　　　　　　　　　表 7-2-7

钢　筋	计算过程	说明及出处
板底 X 向钢筋 B：XΦ6@130	长度＝5525mm（同 LB4） 根数＝(1500－200－130)/130＋1 　　＝10 根	《11G101-1》第 92 页
板底 Y 向钢筋 B：YΦ6@130	长度＝1500－200＋max(5d, 100)＋max(5d, 100) 　　＝1500－200＋max(5×6,100)＋max(5×6,100) 　　＝1500mm	
	根数＝(5500－200－130)/130＋1 　　＝41 根	
板顶 Y 向钢筋 T：YΦ8@200 （未计算马凳筋）	长度＝1500＋200－2×20＋2×15d 　　＝1500＋200－2×20＋2×15×8 　　＝1900mm	根数 ＝（5500 － 200 － 　200)/200＋1 ＝27 根

续表

钢　筋	计算过程	说明及出处
板顶 Y 向钢筋的分布筋 Φ 6@200	长度＝5500－2×100－2×500＋2×150＋2×6.25×6 ＝4675mm 根数＝(1500－200－200)/200＋1 ＝7 根	LB6 板顶在施工图上只标注了 Y 向钢筋，所以 X 方面布置分布筋
LB6 通长筋三维钢筋效果图	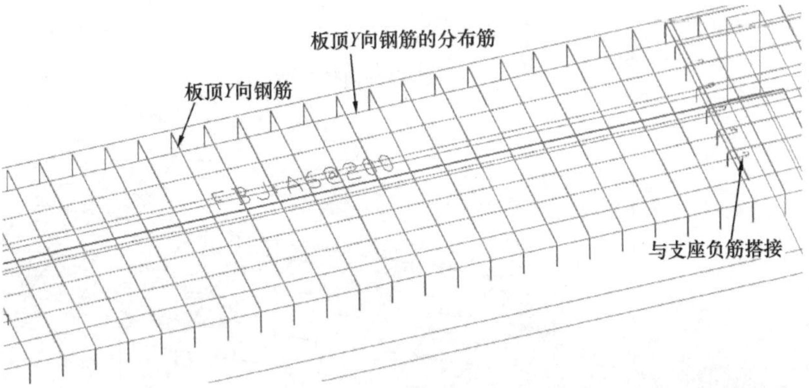 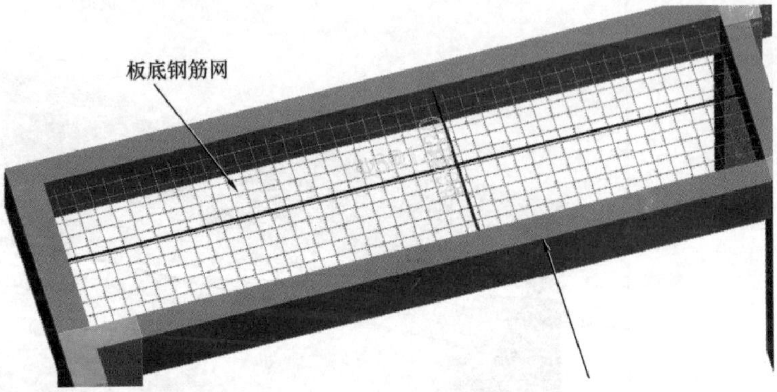 板顶 Y 向钢筋的分布筋 板顶 Y 向钢筋 与支座负筋搭接 板底钢筋网	

(7)LB7 通长筋计算过程

LB7 通长筋计算过程，见表 7-2-8。

LB7 通长筋计算过程　　　　　　　　　　　表 7-2-8

钢　筋	计算过程	说明及出处
板底 X 向钢筋 B：X Φ 6@130	长度＝2900mm（同 LB5）	《11G101-1》第 92 页
	根数＝10 根（同 LB6）	
板底 Y 向钢筋 B：Y Φ 6@130	长度＝1500mm（同 LB6）	
	根数＝(2900－200－130)/130＋1 ＝21 根	
板顶 Y 向钢筋 T：Y Φ 8@200	长度＝1900mm（同 LB6）	根数 ＝(2900 － 200 － 200)/200＋1 ＝14 根

283

续表

钢 筋	计算过程	说明及出处
板顶 Y 向钢筋的分布筋 $\phi6@200$	长度＝2900－2×100－2×500+2×150+2×6.25×6 　　　＝2075mm 根数＝(1500－200－200)/200+1 　　　＝7 根	LB7 板顶在施工图上只标注了 Y 向钢筋，所以 X 向布置分布筋
LB7 通长筋三维钢筋效果图	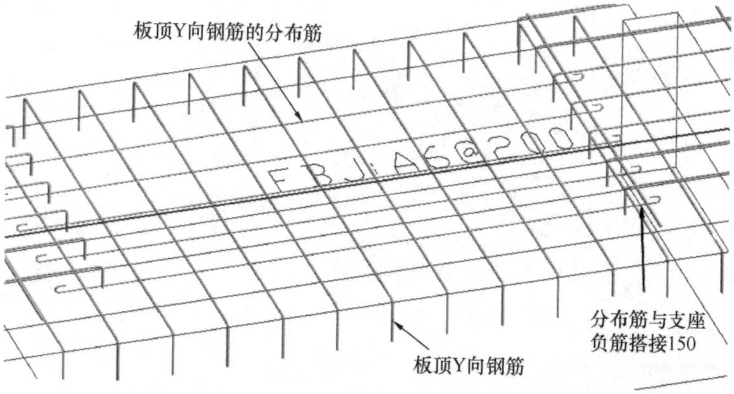 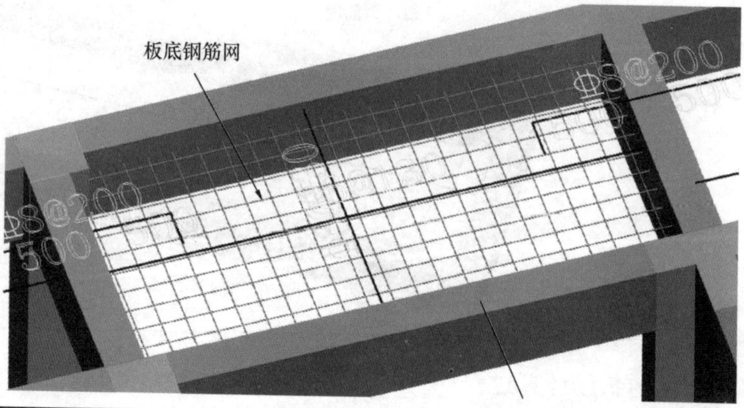	

2. 一层板负筋计算过程

（1）①号支座负筋计算过程

①号支座负筋计算过程(未计算马凳筋)，见表 7-2-9。

①号支座负筋计算过程　　　　表 **7-2-9**

钢 筋	计算过程	说明及出处
①号支座负筋 $\Phi8@200$	长度＝900+(100－2×15)×2 　　　＝900+(100－30)×2 　　　＝1040mm 根数＝(3500－200－200)/200+1 　　　＝17 根	《11G101-1》第 92 页负筋标注长度参见本章施工图，本例中，端支座负筋标注长度为实际平直段长度

钢 筋	计算过程	说明及出处
分布筋 Φ6@200	长度＝3500－200－900－1250＋2×150＋2×6.25×6 　　　＝1525mm 根数＝(900－100)/200＋1 　　　＝5 根	《11G101-1》第 94 页
①号支座负筋 三维效果		

支座负筋

分布筋

分布筋与另向负筋搭接

（2）②号支座负筋计算过程

②号支座负筋计算过程（未计算马凳筋），见表7-2-10。

②号支座负筋计算过程　　　　　　　　　　表 7-2-10

钢 筋	计算过程	说明及出处
②号支座负筋 Φ8@150	长度＝1040mm（同①号负筋） 根数＝(5100－200－150)/150＋1 　　　＝33 根	《11G101-1》第 92 页
分布筋 Φ6@200	长度＝5100－200－2×900＋2×150＋2×6.25×6 　　　＝3475mm 根数＝5 根（同①号负筋分布筋）	《11G101-1》第 94 页
②号支座负筋 三维效果		

分布筋与另向负筋搭接150

支座负筋

支座负筋分布筋

（3）③号支座负筋计算过程

③号支座负筋计算过程（未计算马凳筋），见表7-2-11。

③号支座负筋计算过程　　　表 7-2-11

钢　　筋	计算过程	说明及出处
③号支座负筋 Φ8@120	长度=2×1250+200+(100−2×15)+(150−2×15) 　　=2890mm 根数=(5100−200−120)/120+1 　　=41 根	《11G101-1》第 92 页
LB1 一侧分布筋 Φ6@200	长度=3475mm(同②号支座负筋的分布筋) 根数=(1250−100)/200+1 　　=7 根	《11G101-1》第 94 页
LB2 一侧分布筋 Φ6@200	长度=7200−200−2×1250+2×150+2×6.25×6 　　=4875mm 根数=7 根(同 LB1 一侧分布筋)	这一侧分布筋和④号 筋的分布筋连通
③号支座负筋 三维效果		

（4）④号支座负筋计算过程

④号支座负筋计算过程(未计算马凳筋)，见表 7-2-12。

④号支座负筋计算过程　　　表 7-2-12

钢　　筋	计算过程	说明及出处
④号支座负筋 Φ8@120	长度=1250+(150−2×15)×2 　　=1250+(150−2×15)×2 　　=1490mm 根数=(2100−100+100−120)/120+1 　　=18 根	《11G101-1》第 92 页

钢　筋	计算过程	说明及出处
分布筋 φ6@200	已在③号支座负筋里面计算了，此处不再计算	《11G101-1》第 94 页
④号支座负筋 三维效果	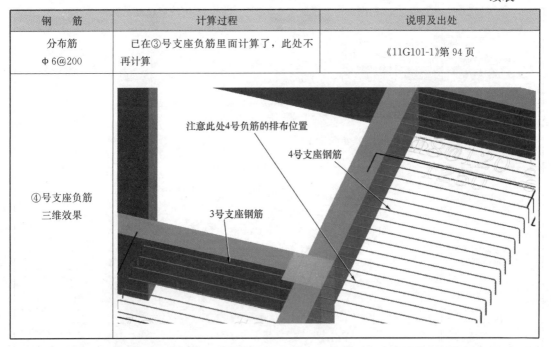	

（5）⑤号支座负筋计算过程

⑤号支座负筋计算过程（未计算马凳筋），见表 7-2-13。

⑤号支座负筋计算过程

表 7-2-13

钢　筋	计算过程	说明及出处
⑤号支座负筋 Φ8@150	长度＝1490mm（同④号支座负筋） 根数＝(4900－200－150)/150＋1 ＝32 根	《11G101-1》第 92 页
分布筋 φ6@200	长度＝4900－200－2×1250＋2×150＋2×6.25×6 ＝2575mm 根数＝(1250－100)/200＋1 ＝7 根	《11G101-1》第 94 页
⑤号支座负筋 三维效果		

（6）⑥号支座负筋计算过程

⑥号支座负筋计算过程（未计算马凳筋），见表 7-2-14。

⑥号支座负筋计算过程　　　　　　　　表 7-2-14

钢　筋	计算过程	说明及出处
⑥号支座负筋 ⊈8@150	长度＝1250＋(100－2×15)×2 　　＝1250＋(100－15×2)×2 　　＝1390mm 根数＝(2900－200－150)/150+1 　　＝18 根	《11G101-1》第92页
分布筋 Φ6@200	长度＝2900－200－2×750＋2×150＋2×6.25×6 　　＝1575mm 根数＝(1250－100)/200+1 　　＝7 根	《11G101-1》第94页
⑥号支座负筋 三维效果	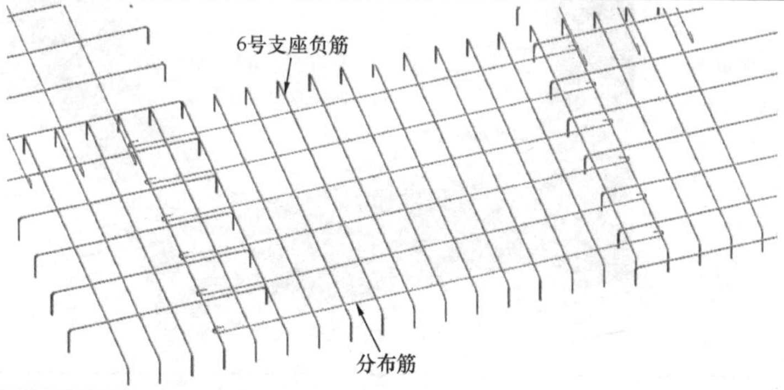	

（7）⑦号支座负筋计算过程

⑦号支座负筋计算过程(未计算马凳筋)，见表 7-2-15。

⑦号支座负筋计算过程　　　　　　　　表 7-2-15

钢　筋	计算过程	说明及出处
⑦号支座负筋 ⊈8@120	长度＝2×1250＋200＋2×(150－15×2) 　　＝2940mm 根数＝(7200－200－120)/120+1 　　＝59 根	《11G101-1》第92页
分布筋 Φ6@200	长度＝7200－200－2×1250＋2×150＋2×6.25×6 　　＝4875mm 根数＝(1250－100)/200+1 　　＝7 根(两侧共14根)	《11G101-1》第92页
⑦号支座负筋 三维效果	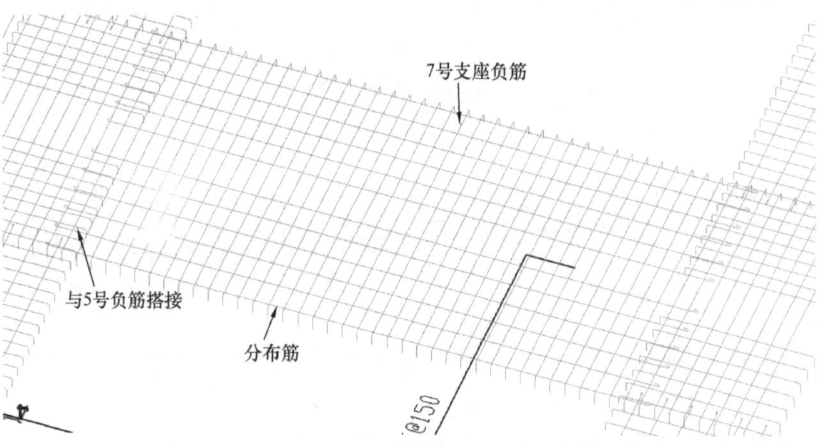	

（8）⑧号支座负筋计算过程

⑧号支座负筋计算过程（未计算马凳筋），见表 7-2-16。

⑧号支座负筋计算过程   表 7-2-16

钢 筋	计算过程	说明及出处
⑧号支座负筋 $\oplus$ 8@200	长度＝500＋(100－15×2)×2 　　　＝500＋(100－15×2)×2 　　　＝640mm 根数＝(1800－200－200)/200＋1 　　　＝8 根	《11G101-1》第 92 页
分布筋 Φ 6@200	LB3 板顶 Y 向钢筋替代⑧号支座负筋的分布筋	
⑧号支座负筋 三维效果	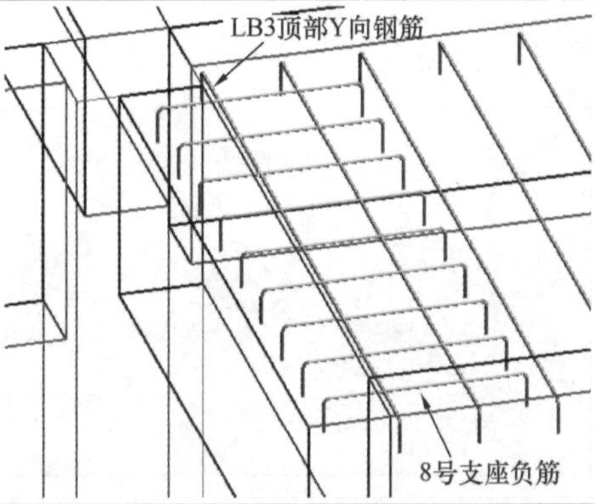	

（9）⑨号支座负筋计算过程

⑨号支座负筋计算过程（未计算马凳筋），见表 7-2-17。

⑨号支座负筋计算过程   表 7-2-17

钢 筋	计算过程	说明及出处
⑨号支座负筋 $\oplus$ 8@200	长度＝2×500＋200＋2×(100－15×2) 　　　＝1400mm 根数＝8 根（同⑧号支座负筋）	《11G101-1》第 92 页
分布筋 Φ 6@200	LB3 板顶 Y 向钢筋替代⑨号支座负筋的分布筋	
⑨号支座负筋 三维效果	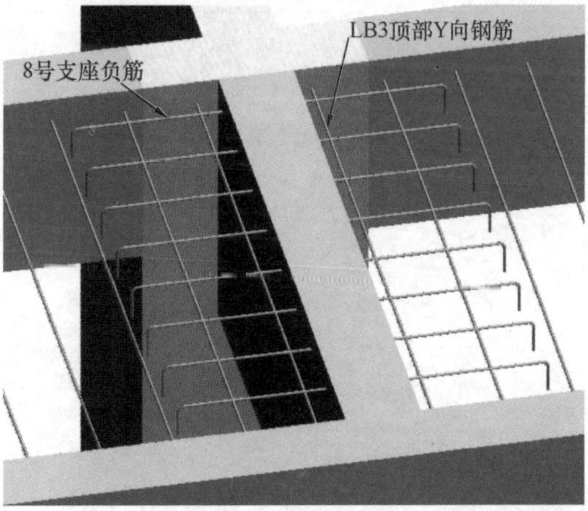	

289

（10）⑩号支座负筋计算过程

⑩号支座负筋计算过程（未计算马凳筋），见表7-2-18。

⑩号支座负筋计算过程

表 **7-2-18**

钢 筋	计算过程	说明及出处
⑩号支座负筋 Φ8@110	长度＝1250＋(150－2×15)×2 　　＝1250＋(150－2×15)×2 　　＝1490mm 根数＝(5500－200－110)/110＋1 　　＝49 根	《11G101-1》第 92 页
分布筋 Φ6@200	长度＝5500－200－2×1250＋2×150＋2×6.25×6 　　＝3175mm 根数＝(1250－100)/200＋1 　　＝7 根	《11G101-1》第 94 页
⑩号支座负筋 三维效果		

（11）⑪号支座负筋计算过程

⑪号支座负筋计算过程（未计算马凳筋），见表7-2-19。

⑪号支座负筋计算过程

表 **7-2-19**

钢 筋	计算过程	说明及出处
⑪号支座负筋 Φ8@125	长度＝1490mm（同⑩号支座负筋） 根数＝(5000－200－125)/125＋1 　　＝39 根	《11G101-1》第 92 页
分布筋 Φ6@200	长度＝5000－200－2×1250＋2×150＋2×6.25×6 　　＝2675mm 根数＝(1250－100)/200＋1 　　＝7 根	《11G101-1》第 94 页
⑪号支座负筋 三维效果		

290

(12) ⑫号支座负筋计算过程

⑫号支座负筋计算过程(未计算马凳筋),见表7-2-20。

⑫号支座负筋计算过程　　　　表 7-2-20

钢　　筋	计算过程	说明及出处
⑫号支座负筋 ⊈8@200	长度＝750＋(100－2×15)×2 　　＝750＋(100－2×15)×2 　　＝890mm 根数＝(5000－200－200)/200＋1 　　＝24 根	《11G101-1》第 92 页
分布筋 Φ6@200	长度＝5000－200－750－1250＋2×150＋2×6.25×6 　　＝3175mm 根数＝(750－100)/200＋1 　　＝5 根	《11G101-1》第 94 页
⑫号支座负筋 三维效果	 分布筋与14号负筋搭接　12号支座负筋　与6号负筋搭接	

(13) ⑬号支座负筋计算过程

⑬号支座负筋计算过程(未计算马凳筋),见表7-2-21。

⑬号支座负筋计算过程　　　　表 7-2-21

钢　　筋	计算过程	说明及出处
⑬号支座负筋 ⊈8@200	长度＝2×750＋200＋2×(100－2×15)×2 　　＝1900mm 根数＝24 根(同⑫号支座负筋)	《11G101-1》第 92 页
分布筋 Φ6@200	长度＝3175mm(同⑫号支座负筋的分布筋) 根数＝(750－100)/200＋1 　　＝5 根(两侧共 10 根)	《11G101-1》第 94 页

续表

钢 筋	计算过程	说明及出处
⑬号支座负筋三维效果	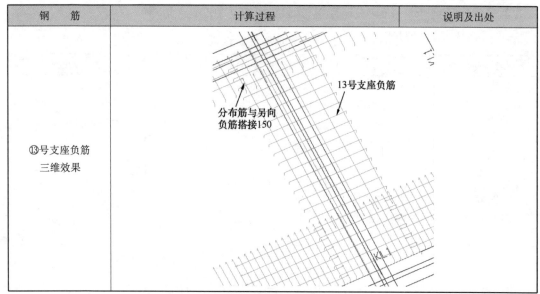	

（14）⑭号支座负筋计算过程

⑭号支座负筋计算过程（未计算马凳筋），见表 7-2-22。

⑭号支座负筋计算过程   表 7-2-22

钢 筋	计算过程	说明及出处
⑭号支座负筋 $\Phi 8@200$	长度＝890mm（同⑫号支座负筋） 根数＝(2900－200－200)/200＋1 　　＝14 根	《11G101-1》第 92 页
分布筋 $\Phi 6@200$	长度＝2900－200－2×750＋2×150＋2×6.25×6 　　＝1575mm 根数＝(750－100)/200＋1 　　＝5 根	《11G101-1》第 94 页
⑭号支座负筋三维效果	分布筋与另向 负筋搭接150 14号支座负筋	

（15）⑮号支座负筋计算过程

⑮号支座负筋计算过程（未计算马凳筋），见表 7-2-23。

⑮号支座负筋计算过程　　　　　　表 7-2-23

钢　筋	计算过程	说明及出处
⑮号支座负筋 ⊕ 8@200	长度＝500＋(100－2×15)×2 　　　＝500＋(100－2×15)×2 　　　＝640mm 根数＝(1500－200－200)/200＋1 　　　＝7 根	《11G101-4》第 92 页
分布筋 Φ 6@200	LB6 板顶 Y 向纵筋替代⑮号支座负筋的分布筋	
⑮号支座负筋 三维效果	 LB6板顶Y向钢筋 15号支座负筋	

(16) ⑯号支座负筋计算过程

⑯号支座负筋计算过程(未计算马凳筋)，见表 7-2-24。

⑯号支座负筋计算过程　　　　　　表 7-2-24

钢　筋	计算过程	说明及出处
⑯号支座负筋 ⊕ 8@200	长度＝2×500＋200＋2×(100－2×15) 　　　＝1400mm 根数＝7 根(同⑮号支座负筋)	《11G101-1》第 92 页
分布筋 Φ 6@200	LB6 板顶 Y 向纵筋替代⑮号支座负筋的分布筋	
⑯号支座负筋 三维效果	 LB7板顶Y向钢筋 16号支座负筋	

3. 一层板钢筋计算汇总

(1) 一层板钢筋整体三维效果

一层板钢筋整体三维效果，见图 7-2-1。

(2) 一层板钢筋计算汇总表

一层板钢筋计算汇总表，见表 7-2-25。

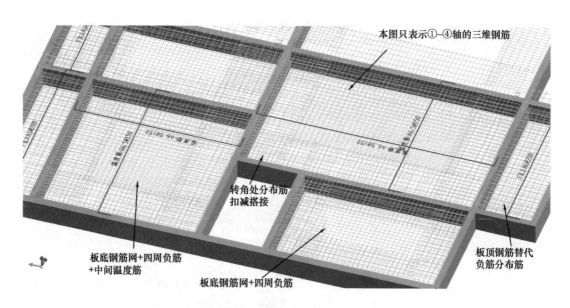

图 7-2-1 一层板整体钢筋三维图

一层板钢筋计算汇总表　　　表 7-2-25

构 件	钢筋名称	长度 (m)	线密度 (kg/m)	单重 (kg)	根数	总重 (kg)	构件数量	构件总重 (kg)	小计 (kg)
LB1	B：X Φ6@130	3.525	0.222	0.783	38	29.737	2	59.474	118.348
	B：Y Φ6@130	5.1	0.222	1.132	26	29.437	2	58.874	
LB2	B：X Φ8@150	4.9	0.395	1.936	47	90.969	2	181.937	448.279
	B：Y Φ8@150	7.2	0.395	2.844	32	91.008	2	182.016	
	温度筋 X Φ6.5@150	2.837	0.26	0.738	30	22.129	2	44.257	
	温度筋 Y Φ6.5@150	5.137	0.26	1.336	15	20.034	2	40.069	
LB3	B：X Φ6@130	4.9	0.222	1.088	13	14.141	2	28.283	114.040
	B：Y Φ6@130	1.8	0.222	0.400	37	14.785	2	29.570	
	T：Y Φ8@200	2.2	0.395	0.869	24	20.856	2	41.712	
	板顶分布筋 Φ6@200	4.075	0.222	0.905	8	7.237	2	14.474	
LB4	B：X Φ8@150	5.525	0.395	2.182	32	69.836	2	139.672	334.904
	B：Y Φ8@150	5	0.395	1.975	36	71.100	2	142.200	
	温度筋 X Φ6.5@150	3.437	0.26	0.894	16	14.298	2	28.596	
	温度筋 Y Φ6.5@150	2.937	0.26	0.764	16	12.218	2	24.436	
LB5	B：X Φ6@130	2.9	0.222	0.644	37	23.821	2	47.641	94.261
	B：Y Φ6@130	5	0.222	1.110	21	23.310	2	46.620	
LB6	B：X Φ6@130	5.525	0.222	1.227	10	12.266	2	24.531	106.894
	B：Y Φ6@130	1.5	0.222	0.333	41	13.653	2	27.306	
	T：Y Φ8@200	1.9	0.395	0.751	27	20.264	2	40.527	
	板顶分布筋 Φ6@200	4.675	0.222	1.038	7	7.265	2	14.530	

续表

构 件	钢筋名称	长度 (m)	线密度 (kg/m)	单重 (kg)	根数	总重 (kg)	构件数量	构件总重 (kg)	小计 (kg)
LB7	B：X Φ6@130	2.9	0.222	0.644	10	6.438	2	12.876	54.325
	B：Y Φ6@130	1.5	0.222	0.333	21	6.993	2	13.986	
	T：Y Φ8@200	1.9	0.395	0.751	14	10.507	2	21.014	
	板顶分布筋Φ6@200	2.075	0.222	0.461	7	3.225	2	6.449	
①号负筋	Φ8@200	1.04	0.395	0.411	17	6.984	4	27.934	32.463
	分布筋Φ6@200	1.02	0.222	0.226	5	1.132	4	4.529	
②号负筋	Φ8@150	1.04	0.395	0.411	33	13.556	2	27.113	34.827
	分布筋Φ6@200	3.475	0.222	0.771	5	3.857	2	7.715	
③号负筋	Φ8@120	2.89	0.395	1.142	41	46.804	2	93.607	119.559
	LB1 一侧分布筋 6@200	3.475	0.222	0.771	7	5.400	2	10.800	
	LB2 一侧分布筋 6@200	4.875	0.222	1.082	7	7.576	2	15.152	
④号负筋	Φ8@120	1.49	0.395	0.589	18	10.594	2	21.188	20.903
	分布筋Φ6@200			已在③负筋里计算					
⑤号负筋	Φ8@150	1.49	0.395	0.589	32	18.834	4	75.334	91.341
	分布筋Φ6@200	2.575	0.222	0.572	7	4.002	4	16.006	
⑥号负筋	Φ8@150	1.39	0.395	0.549	18	9.883	2	19.766	24.661
	分布筋Φ6@200	1.575	0.222	0.350	7	2.448	2	4.895	
⑦号负筋	Φ8@120	3	0.395	1.185	59	69.915	1	69.915	85.067
	分布筋Φ6@200	4.875	0.222	1.082	14	15.152	1	15.152	
⑧号负筋	Φ8@200	0.64	0.395	0.253	8	2.022	2	4.045	3.918
	分布筋Φ6@200			LB3 板顶 Y 向钢筋替代⑧号支座负筋的分布筋					
⑨号负筋	Φ8@200	1.4	0.395	0.553	8	4.424	1	4.424	4.424
	分布筋 6@200			LB3 板顶 Y 向钢筋替代⑧号支座负筋的分布筋					
⑩号负筋	Φ8@110	1.49	0.395	0.589	49	28.839	4	115.356	135.092
	分布筋Φ6@200	3.175	0.222	0.705	7	4.934	4	19.736	
11 号负筋	Φ8@125	1.49	0.395	0.589	39	22.953	4	91.814	108.442
	分布筋Φ6@200	2.675	0.222	0.594	7	4.157	4	16.628	
12 号负筋	Φ8@200	0.89	0.395	0.352	24	8.437	2	16.874	23.923
	分布筋Φ6@200	3.175	0.222	0.705	5	3.524	2	7.049	
13 号负筋	Φ8@200	1.9	0.395	0.751	24	18.012	1	18.012	25.061
	分布筋Φ6@200	3.175	0.222	0.705	10	7.049	1	7.049	
14 号负筋	Φ8@200	0.89	0.395	0.352	14	4.922	2	9.843	13.340
	分布筋Φ6@200	1.575	0.222	0.350	5	1.748	2	3.497	
15 号负筋	Φ8@200	0.64	0.395	0.253	7	1.770	2	3.539	3.429
	分布筋Φ6@200			LB6 板顶 Y 向纵筋替代 15 号支座负筋的分布筋					

续表

构 件	钢筋名称	线密度(m)	比重(kg/m)	单重(kg)	根数	总重(kg)	构件数量	构件总重(kg)	小计(kg)
16 号负筋	8@200	1.4	0.395	0.553	7	3.871	3	11.613	11.613
	分布筋Φ6@200	LB6 板顶 Y 向纵筋替代 15 号支座负筋的分布筋							
合计									2009.112

三、二层板(3.550m)钢筋计算过程

"二层板(3.550m)钢筋"计算方法与"一层板(−0.050m)"相同,本书不再重复讲解,请读者对照前面讲解的"一层板(−0.050m)钢筋计算过程"进行学习理解。此处只讲解"二层板(3.550m)钢筋"的一些注意事。

1. "小跨板"支座负筋连通

"小跨板"支座负筋连通,见图 7-2-2。

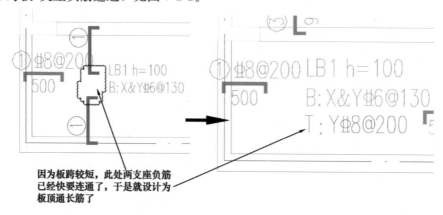

图 7-2-2 "小跨板"支座负筋连通

2. 板顶通长筋替代负筋分布筋

现浇板构件的钢筋骨架,是由纵横两向钢筋组成的网片式钢筋骨架,要注意相邻钢筋之间的位置关系。板顶通长筋替代负筋分布筋,见图 7-2-3。

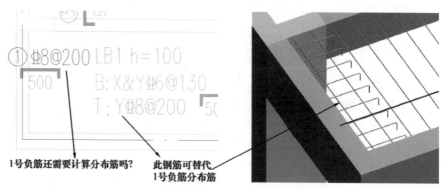

图 7-2-3 板顶通长筋替代负筋分布筋

3. 单向配筋时，注意分布筋计算

此处所说的"单向配筋"是指施工图只标注了单向(X向或Y向)的钢筋，此时要注意另一方向需要布置分布筋，否则就成不了钢筋网片，见图7-2-4。

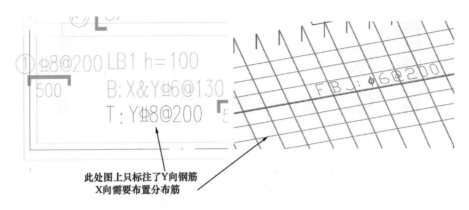

此处图上只标注了Y向钢筋
X向需要布置分布筋

图 7-2-4　单向配筋时布置分布筋

4. 二层板(3.550m)钢筋布置图

二层板(3.550m)钢筋布置图，见图7-2-5。

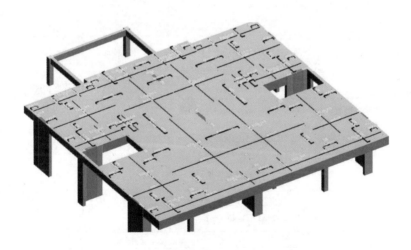

图 7-2-5　二层板(3.550m)钢筋布置图

四、三层屋面板(6.750m)钢筋计算过程

"三层屋面板(6.750m)钢筋"计算方法与"一层板(−0.050m)"相同，本书不再重复讲解，请读者对照前面讲解的"一层板(−0.050m)钢筋计算过程"进行学习理解。

三层屋面板钢筋布置图，见图7-2-6。

五、楼梯间顶板(9.650m)钢筋计算过程

楼梯间顶板(9.650m)钢筋计算过程，见表7-2-26。

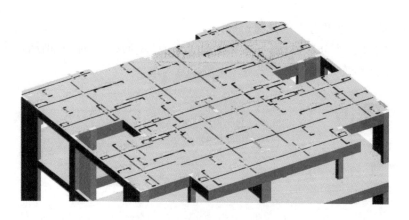

图 7-2-6　三层屋面板钢筋布置图

楼梯间顶板(9.650m)钢筋计算过程

表 7-2-26

钢　筋	计算过程	说明及出处
LB1 B：X⊕6@130	长度＝4700－200＋2×max(5d, 100) 　　　＝4700－200＋2×max(5×6,100) 　　　＝4700mm	《11G101-1》第 92 页
	根数＝(2100－200－130)/130＋1 　　　＝15 根	
LB1 B：Y⊕6@130	长度＝2100－200＋2×max(5d, 100) 　　　＝2100－200＋2×max(5×6,100) 　　　＝2100mm	《11G101-1》第 92 页
	根数＝(4700－200－130)/130＋1 　　　＝35 根	
LB1 T：Y⊕8@175	长度＝2100＋200－2×20＋2×15d 　　　＝2100＋200－2×20＋2×15×8 　　　＝2500mm	《11G101-1》第 92 页
	根数＝(4700－200－175)/175＋1 　　　＝26 根	
板顶 Y 向钢筋 的分布筋 Φ6@200	长度＝4700－2×100－2×850＋2×150＋2×6.25×6 　　　＝3175mm 根数＝(2100－200－200)/200＋1 　　　＝10 根	LB1 板顶在施工图上 只标注了 Y 向钢筋， 所以 X 方向要布置分布筋
①号支座负筋 ⊕8@175	长度＝850＋(120－2×15)×2 　　　＝850＋(120－15×2)×2 　　　＝1030mm	
	根数＝(2100－200－175)/175＋1 　　　＝11 根	
	分布筋：由 LB1 板顶 Y 向钢筋替代	

续表

钢　　筋	计算过程	说明及出处
LB1 钢筋效果图	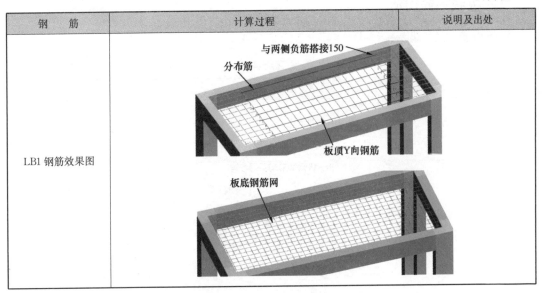	

第三节　现浇板构件钢筋总结

一、现浇板构件钢筋知识体系

现浇板构件钢筋的知识体系，见图 7-3-1。本书将平法钢筋识图算量的学习方法总结为"系统梳理"和"关联对照"，这也是本书的精髓所在，请读者多加理解。

"系统梳理"就是将某类构件的钢筋相关构造进行梳理，例如，我们将现浇板的钢筋构造梳理为"板底钢筋构造"、"板顶钢筋构造"、"支座负筋构造"、"其他钢筋构造"四点，也就是将平法图集上的内容进行分类归纳。

"关联对照"就是将相关的构件，或相关的图集规范进行对照理解。例如，我们对照《11G101-1》、《09G901-4》来理解现浇板钢筋的相关内容。

图 7-3-1　现浇板构件钢筋知识体系

二、板底钢筋构造

板底钢筋构造，见表 7-3-1。

板底钢筋构造

表 7-3-1

构造分类	图例及说明	出 处
端支座	端支座为梁、剪力墙及圈梁： 锚固 max(5d，支座宽/2) 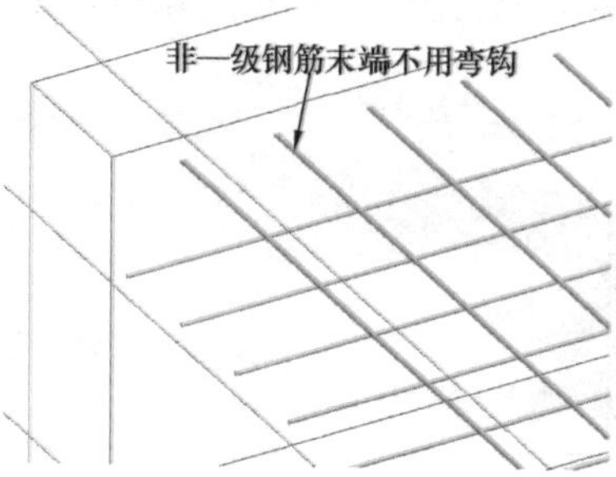 非一级钢筋末端不用弯钩 一级钢筋末端加弯钩 端支座为砌体墙：锚固 max(120，h，墙厚/2)	《11G101-1》第 92 页
中间支座	锚固 max(5d，支座宽/2) 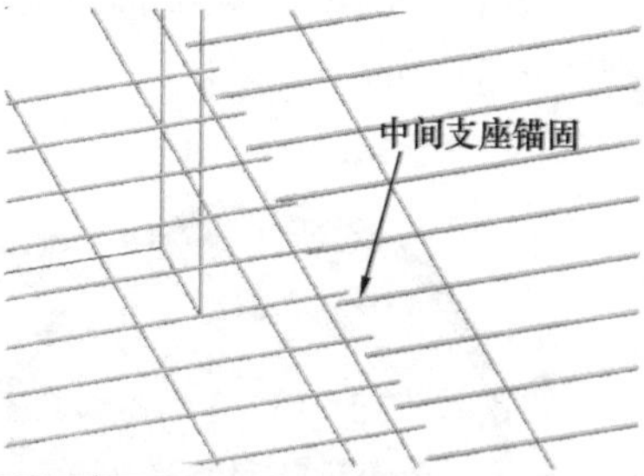 中间支座锚固	《11G101-1》第 92 页
	板底筋也可在中间支座连通 板底筋也可在中间支座连通 	《11G101-1》第 92 页 说明第 2 条

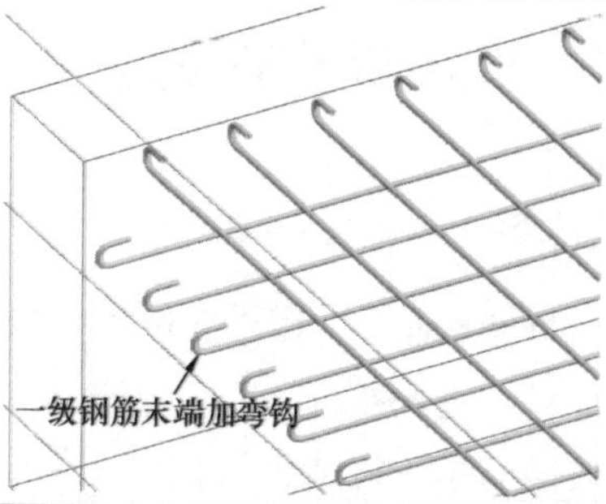

续表

构造分类	图例及说明	出　处
遇洞口	300mm＜洞口尺寸≤1000mm，洞口位置有上部钢筋时： 300mm＜洞口尺寸≤1000mm，洞口位置无上部钢筋时：下部钢筋弯至板顶后再回弯≥5d 洞口尺寸≤300mm：钢筋不断开，从洞边绕过 从洞边绕过 	《11G101-1》第101、102页

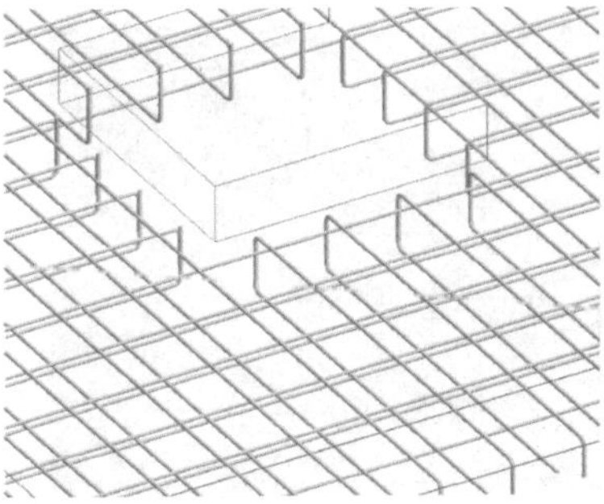

三、板顶钢筋构造

板顶钢筋构造，见表7-3-2。

板顶钢筋构造　　　　　　表7-3-2

构造分类	图例及说明	出　处
端支座	端支座为梁、剪力墙、砌体墙及圈梁： 锚固：$b_b+c+15d$ 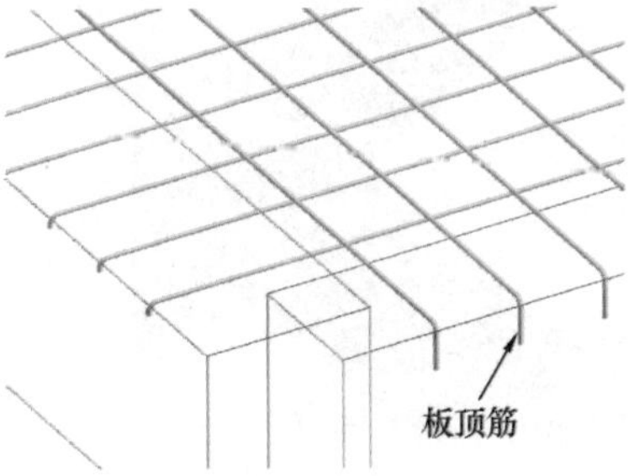 板顶筋	《11G101-1》第92页

续表

构造分类	图例及说明	出　处
中间支座	相邻跨板顶筋贯通中间支座： 相邻跨板顶筋贯通支座	《11G101-1》第 92 页
遇洞口	300mm＜洞口尺寸≤1000mm，洞口位置上部钢筋：下弯至板底	《11G101-1》第 101、102 页

四、支座负筋构造

支座负筋构造，见表 7-3-3。

支座负筋构造　　　　　　　　　　　　　　　表 7-3-3

构造分类	图例及说明	出　处
端支座	 支座负筋端支座锚固	《11G101-1》第 92 页
中间支座	两端弯折长度：$h-2\times15$ 中间支座负筋	《11G101-1》第 92 页

续表

构造分类	图例及说明	出　处
支座负筋 分布筋	如果有与支座负筋垂直相交的板顶筋，该板顶筋可替代支座负筋分布筋(参见本章第二节的实例计算)	
	分布筋是一级钢筋时，末端要加弯钩 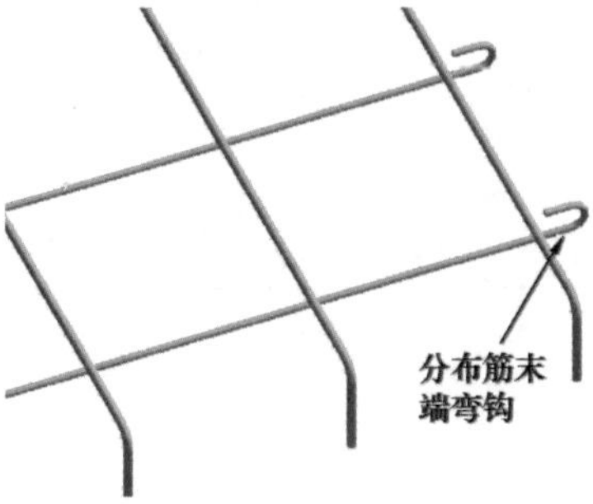 **分布筋末 端弯钩**	《13G101-11》第 5-3 页
	转角处，支座负筋相互交叉，分布筋与另向负筋搭接 150mm 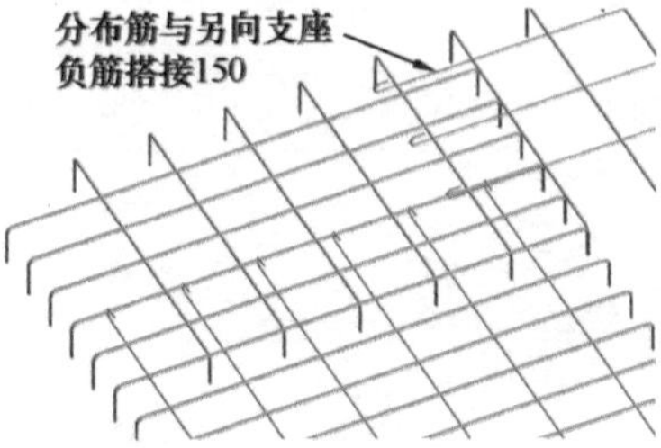 **分布筋与另向支座 负筋搭接150**	《11G101-1》第 94 页

五、其他钢筋构造

其他钢筋构造，见表 7-3-4。

其 他 钢 筋 构 造　　　　　　　　　　表 7-3-4

构造分类	图例及说明	出　处
温度筋	如下图所示，板中间区域上部为素混凝土，为防止开裂，在中间区域板上部配置温度筋(详具体设计) 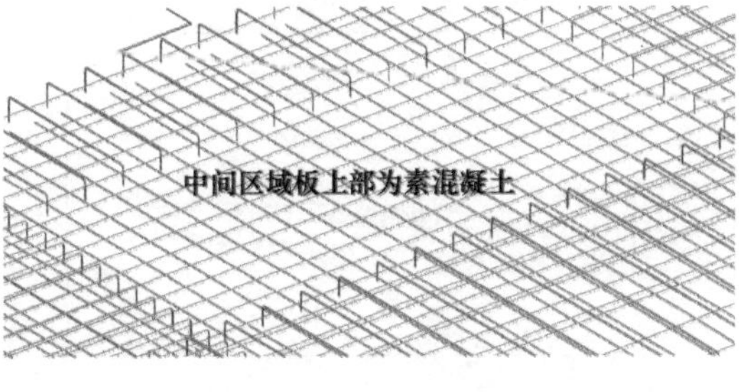 **中间区域板上部为素混凝土**	《11G101-1》第 94 页

构造分类	图例及说明	出　处
温度筋	温度筋与四周支座负筋搭接 l_l 温度筋与四周支座负筋搭接	《11G101-1》第 94 页
洞边加强筋	洞口通长加强筋 洞边加强筋 圆洞口除通长筋加筋，另加斜向加强筋	《11G101-1》第 101、102 页
板角附加钢筋	 板角附加钢筋	《11G101-1》第 103 页
板上加筋	板上隔墙下加筋： 板上隔墙下加筋	详具体工程设计
	板上暗梁： 板内暗梁	详具体工程设计

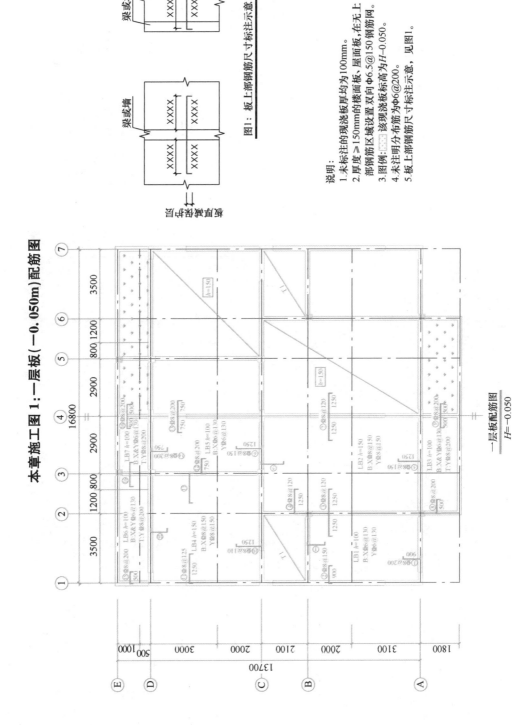

图1：板上部钢筋尺寸标注示意

说明：
1.未标注的现浇板板厚均为100mm。
2.厚度≥150mm的楼面板、屋面板，在无上部钢筋区域设置双向Φ6.5@150钢筋网。
3.图例：该现浇板标高为H=－0.050。
4.未注明分布筋为Φ6@200。
5.板上部钢筋尺寸标注示意，见图1。

本章施工图 1：一层板(－0.050m)配筋图

一层板配筋图
H=－0.050

本章施工图2：二层板（3.550m）配筋图

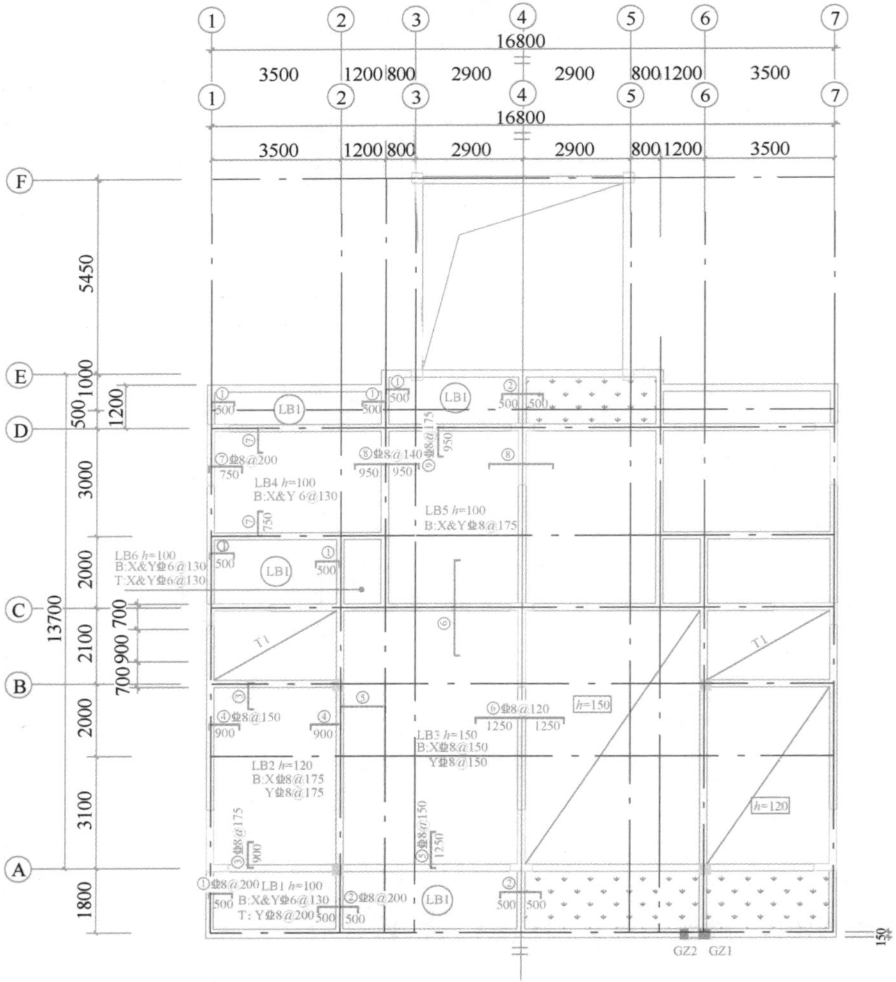

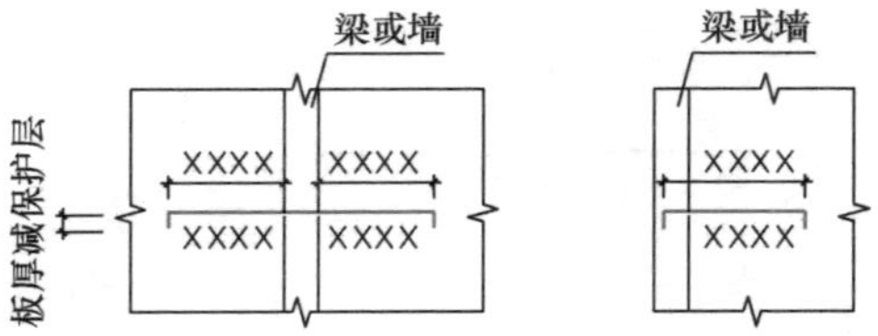

图1：板上部钢筋尺寸标注示意

说明：

1. 未标注的现浇板厚度均为100mm。
2. 厚度≥150mm的楼面板、屋面板，在无上部钢筋的区域设置双向Φ6.5@150钢筋网。
3. 图例：▨▨▨ 该现浇板标高为$H-0.050$。
4. 未注明分布筋为Φ6@200。
5. 板上部钢筋尺寸标注示意，见图1。

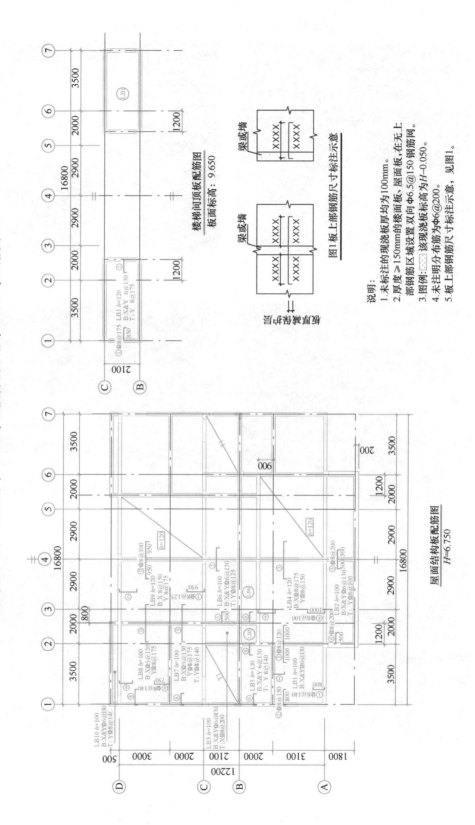

本章附图：彭波各地讲座及现浇板钢筋欣赏

附图7-1　彭波在兴义市讲座

附图7-2　彭波在都匀市讲座

附图7-3　板底筋锚固

附图7-4　板整体钢筋效果

附图7-5　马凳筋

附图7-6　支座负筋及分布筋